21世纪高等学校计算机规划教材

21st Century University Planned Textbooks of Computer Science

C语言程序设计项目教程

C Language Programming Project Tutorial

段善荣 厉阳春 钱涛 陈博 主编

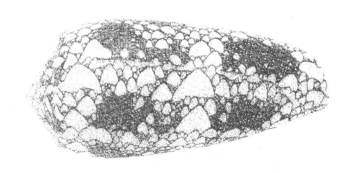

高校系列

人 民 邮 电 出 版 社

北 京

图书在版编目（CIP）数据

C语言程序设计项目教程 / 段善荣等主编. -- 北京
：人民邮电出版社，2013.3
21世纪高等学校计算机规划教材
ISBN 978-7-115-30068-3

Ⅰ. ①C… Ⅱ. ①段… Ⅲ. ①C语言－程序设计－高等
学校－教材 Ⅳ. ①TP312

中国版本图书馆CIP数据核字(2013)第024321号

内 容 提 要

　　本书共分四部分13章，其中第一部分基础篇由C语言概述，数据类型、运算符和表达式，顺序结构、选择结构、循环结构程序设计组成；第二部分提高篇由数组、结构体和共用体、函数及编译预处理组成；第三部分高级篇由指针、链表、文件组成；第四部分扩展篇由算法与数据结构、软件开发基础知识组成。全书结合"学生成绩管理系统"这个典型项目讲解了C语言所有知识点，使读者能够较快地掌握C语言程序设计的基础知识、基本算法和编程思想，同时还提供了内容丰富的、趣味性较强的案例，能有效提高读者的学习兴趣。

　　本书既可以作为非计算机专业本科学生的计算机C语言教材，也可以作为高等院校计算机专业本科和专科学生的基础教材，还可以作为自学者和教师的参考教材。

21世纪高等学校计算机规划教材

C语言程序设计项目教程

◆ 主　编　段善荣　厉阳春　钱　涛　陈　博
　　责任编辑　韩旭光

◆ 人民邮电出版社出版发行　北京市崇文区夕照寺街14号
　　邮编　100061　电子邮件　315@ptpress.com.cn
　　网址　http://www.ptpress.com.cn
　北京隆昌伟业印刷有限公司印刷

◆ 开本：787×1092　1/16
　　印张：24.75　　　　　　　2013年3月第1版
　　字数：657千字　　　　　　2013年3月北京第1次印刷

ISBN 978-7-115-30068-3

定价：45.00元

读者服务热线：**(010)67132746**　印装质量热线：**(010)67129223**
反盗版热线：**(010)67171154**

前言

C 语言是目前较流行的程序设计语言之一。它既具有高级语言程序设计的特点，又具有汇编语言的功能，是当今世界上最具有影响力的程序设计语言之一，也是程序设计者应当熟练掌握的一种语言工具。

本书结合《全国计算机等级考试二级 C 语言考试大纲》，并结合作者多年来的教学经验和软件开发实践，对 C 语言知识点的编排进行了细致的策划和组织，精心选择和设计了趣味性和实用性较强的案例，能有效提高读者的学习兴趣，激发读者的求知欲望。通过一个典型项目"学生成绩管理系统"将分散的知识点进行有机联系，并由浅入深地应用每章所涉及的知识点，强调了知识的层次性和技能培养的渐进性，学习者可以借鉴项目中的经验，最终用于开发其他项目，真正达到学以致用的目的。每章均附有习题，有利于巩固和提高学习者的学习水平。

本书由段善荣和厉阳春主编，第 1 章 ~ 第 5 章由钱涛编写，第 6 章 ~ 第 8 章由段善荣编写，第 9 章 ~ 第 11 章由陈博编写，第 12 章、第 13 章、附录由厉阳春编写，全书由段善荣统稿和主审。

由于编者水平有限，书中难免出现疏漏或处理不当之处，恳请读者批评指正。

编　者

2012 年 12 月

目录

第1章
C语言概述

电子计算机自从诞生以来，在人类的各个领域都取得了丰硕的成果。但计算机本身是无生命的，要使它能够运行起来，为人类完成各种各样的工作，就必须让它执行相应的程序，这些程序都是依靠程序设计语言编写出来的。

C语言就是众多程序设计语言中的一种，是国际上广泛流行的、很有发展前途的计算机高级语言。它具备方便性、灵活性和通用性等特点，同时还向程序员提供了直接操作计算机硬件的功能，既可用来写系统软件，也可以用来写应用软件，深受软件工作者欢迎。

本章从C语言的发展入手，从程序设计的角度，介绍了C语言程序的基本结构和开发环境等内容。

1.1 C语言的发展及主要特点

本节主要介绍C语言的发展史、主要特点及C语言程序的基本结构。

1.1.1 C语言的发展史

C语言是当今社会应用广泛的、并受到众多程序开发人员欢迎的一种计算机算法语言。C语言的出现是与UNIX操作系统紧密联系在一起的。

从历史发展来看，C语言起源于1968年发表的CPL语言（Combined Programming Language），它的许多重要思想来自于Martin Richards在1969年研制的BCPL语言，以及以BCPL语言为基础的由Ken Thompson在1970年研制成的B语言。Ken Thompson用B语言写了第一个UNIX操作系统，用在PDP-7计算机上。D.M.Ritchie 1972年在B语言的基础上研制了C语言，并用C语言写成了第一个在PDP-11计算机上实现的UNIX操作系统。1977年出现了独立于机器的C语言编译文本《可移植C语言编译程序》，从而大大简化了把C语言编译程序移植到新环境所需做的工作，使UNIX操作系统迅速地在众多的机器上实现。随着UNIX操作系统的广泛使用，C语言也迅速得到了推广。

1983年美国国家标准化协会（ANSI）根据C语言问世以来的各种版本，对C语言的发展和扩充制定了新的标准，称为ANSI C。1987年ANSI又公布了新的标准——87 ANSI C。1990年，国际标准化组织（ISO）接受87 ANSI C为ISO C的标准。目前流行的C编译系统都是以它为基础的。

目前在微型机上使用的有Quick C、Turbo C、BORLAND C、Visual C++等多种版本。这些不同的 C 语言版本，基本部分是相同的，但在有关规定上又略有差异。本书结合全国计算机等级考试二级（C 语言）的要求，在 Visual C++的环境下运行 C 语言程序，也使读者在继续学习时，能更快地熟悉面向对象程序设计的环境。

1.1.2　C 语言的主要特点

任何一种程序设计语言，都有其特点和主要的应用领域。在有众多程序设计语言存在的环境中，一种语言之所以能存在和发展，并具有生命力，总是有其不同于（或优于）其他语言的特点。事实证明，C 语言是一种极具生命力的语言，它的特点是多方面的，主要特点归纳如下。

（1）语言简洁、紧凑，使用方便、灵活。

C 语言一共只有 32 个关键字，9 种控制语句，程序书写形式自由，主要用小写字母表示，压缩了一切不必要的成分，使程序设计人员在输入源程序时，尽可能地减少工作量。

（2）C 语言运算符丰富。

C 语言运算符包含的范围很广泛，共有 34 种运算符。C 语言把括号、赋值、强制类型转换等都作为运算符处理。从而使 C 语言的运算类型极其丰富，表达式类型多样化，灵活使用各种运算符可以实现在其他高级语言中难以实现的运算。

（3）C 语言数据结构丰富，具有现代化语言的各种数据结构。

C 语言的数据类型有：整型、浮点型、字符型、数组类型、指针类型、结构体类型、共用体类型等，能用来实现各种复杂的数据结构（如链表、树、栈等）的运算，尤其是指针类型数据，使用起来比其他语言更为灵活、多样。

（4）C 语言具有结构语言的特点。

它具有结构化的流程控制语句（如 if-else 语句、while 语句、do-while 语句、for 语句），支持若干种循环结构，允许编程者采用缩进书写形式编程。因此，用 C 语言设计出的程序层次结构清晰。

（5）C 语言程序的基本单位是函数，函数可以在程序中完成独立的任务，独立地编译成代码，以实现程序的模块化，符合现代编程风格要求，并且程序之间很容易实现共享。

（6）语法限制不太严格，程序设计自由度大。

例如，对数组下标越界不做检查，由程序编写者自己保证程序的正确。对变量的类型使用比较灵活。例如，整型数据、字符型数据和逻辑型数据可以通用，一般的高级语言语法检查比较严，能检查出几乎所有的语法错误。而 C 语言允许程序编写者有较大的自由度，因此放宽了语法检查。这样使 C 语言能够减少对程序员的束缚。程序员应当仔细检查程序，保证其正确，而不要过分依赖 C 编译程序去查错。"限制"与"灵活"是一对矛盾体，限制严格，就失去灵活性；而强调灵活，就必然放松限制。一个不熟练的人员，编一个正确的 C 程序可能会比编一个其他高级语言程序难一些。从这个角度来说，对用 C 语言的人，要求其对程序设计更熟练一些。

（7）C 语言允许直接访问物理地址。

C 语言可直接对硬件进行操作，实现汇编语言的大部分功能，因此 C 语言既具有高级语言的功能，又具有低级语言的许多功能。C 语言的这种双重性，使它既是成功的系统描述语言，又是通用的程序设计语言。有人把 C 称为"高级语言中的低级语言"，也有人称它为"中级语言"，意为兼有高级和低级语言的特点。

（8）生成目标代码质量高，程序执行效率高。

一般只比汇编程序生成的目标代码效率低 10%~20%。

（9）用C语言写的程序可移植性好（与汇编语言比）。

基本上不做修改就能用于各种型号的计算机和操作系统。

上面只介绍了C语言的最容易理解的一般特点，至于C语言内部的其他特点将结合以后各章的内容做介绍。由于C语言的这些优点，使C语言应用面很广。许多软件都用C语言编写，这主要是由于C语言的可移植性好、硬件控制能力高、表达和运算能力强。许多以前只能用汇编语言处理的问题现在可以改用C语言来处理了。

C语言优点很多，但是它也存在一些缺点，如运算符优先级太多，数值运算能力方面不像其他的一些语言那样强，语法定义不严格等。尽管C语言目前还存在一些不足之处，但由于它目标代码质量高、使用灵活、数据类型丰富、可移植性好而得到广泛的普及和迅速的发展，成为一种受到广大用户欢迎的实用的程序设计语言，同时也是一种在系统软件开发、科学计算、自动控制等各个领域被广泛应用的程序设计语言。

1.1.3　C语言程序的基本结构

在学习C语言的具体语法之前，我们先通过两个简单的C语言程序示例，来初步了解C语言程序的基本结构。

【例1.1】有两个瓶子A和B，分别装着水和酒，要求将两个瓶子中的液体交换。

【问题分析】

上例可以抽象为将两个数a和b的值交换。

【程序代码】

```
#include <stdio.h>
void main()                          /*主函数*/
{
    int a,b,c ;
    printf("请输入两个整数：");
    scanf("%d%d",&a,&b);             /*输入两个数*/
    /*下面三行语句实现两个数交换*/
    c=a;
    a=b;
    b=c;
    printf("a=%d,b=%d\n",a,b);       /*输出交换后的结果*/}
}
```

【运行结果】（见图1.1）

图 1.1　【例 1.1】运行结果

【例1.2】输入3个整数，求最大的数。

【程序代码】

```
#include <stdio.h>
int max(int x,int y)   /*定义函数，用来求两个数当中较大的一个数*/
{
```

```
    int  z;
    if (x>y)  z=x;
    else  z=y;
    return (z);    /*将 z 的值返回*/
}
void main()                          /*主函数*/
{
    int a,b,c,p;                     /*声明部分，定义变量*/
    printf("请输入三个整数：");
    scanf("%d%d%d",&a,&b,&c);        /*输入 3 个整数*/
    p=max(a,max(b,c));               /*调用 max 函数，得到最大值赋给 p*/
    printf("最大值为%d\n",p);         /*输出 p 的值*/
}
```

【运行结果】（见图 1.2）

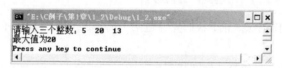

图 1.2 【例 1.2】运行结果

上面两个例子虽然都比较简单，但我们可以从中看出 C 语言程序的基本结构和书写格式。

（1）C 语言程序的基本单位是函数。

一个 C 语言源程序可以由一个或多个源文件组成，每个源文件可以由一个或多个函数组成，每个函数可以由一条或多条语句组成。程序是运行单位，文件是编译单位，每个文件可以单独编译，而函数是 C 语言的基本单位。每一个 C 语言程序都必须有且仅有一个 main()函数，称为主函数。main()函数可以在程序的开头，也可以在其他位置，但不能包含在其他函数内部。它的作用是标识整个程序开始执行的位置和程序运行结束的位置。其他函数是为了实现程序的功能而设置的小模块，C 语言的这种结构符合现代程序设计中模块化的要求。C 语言的函数除了标准库函数外，用户还可以根据需要自己定义函数，如上面例 1.2 中的 max 函数。

（2）一个 C 语言函数由以下两部分组成。

① 函数的首部，即函数的第一行。包括函数名、函数的类型、函数属性、函数参数（形参）名、参数类型。上面例子中，第一个 int 为函数的类型，max 为函数的名称，括号内的 x、y 为函数的参数（形参），用来定义 x、y 的 int 为参数的类型。一个函数名后面必须跟一对小括号（），函数的参数可以没有，如 main()。

② 函数体，即函数首部下面的大括号{}内的部分，如果一个函数内有多个大括号，则最外一层的一对大括号为函数体的范围。

函数体一般包括以下两部分。

a. 声明部分：在这部分中定义本函数内部所用到的一些变量，如例 1.2 中的 max()函数中的 int z;，main()函数中的 int a,b,c,p;。

b. 执行部分：由若干条语句组成，是函数功能的实现过程的描述。

在某些情况下，函数可以没有声明部分。甚至可以既无声明部分，也无执行部分。这样的函数称为空函数。

（3）C 程序书写格式自由，一行内可以写几个语句，一个语句可以分写在多行上。C 程序没有行号。

（4）每个语句和数据定义的最后都必须有一个分号。分号是 C 语句的必要组成部分，是构成语句所必不可少的，即使是程序中最后一个语句也应包含分号。

（5）"/*" 与 "*/" 之间的内容构成 C 语言程序的注释部分。

"/*" 和 "*/" 之间的内容可以是一行，也可以是多行。注释部分不参与程序的编译和运行，只是起到说明作用，增强程序的可读性。一个好的、有使用价值的源程序都应当加上必要的注释。

了解了 C 语言程序的基本结构之后，在进行程序设计编写时，就可以先进行各个功能函数的编写，然后通过主函数的调用或函数与函数之间的调用，将整个程序组装起来，实现完整的、复杂的功能。因此，在编写程序时，读者首先不要有畏惧感，任何一个大程序都可以把它划分成大小不等的各种功能，每个功能由一个函数来实现，再将这些函数通过合理的方式组合起来，就构成了一个大型的程序。一个较完整的 C 语言程序大致包括：头文件、用户函数说明部分、全局变量定义、主函数、若干用户自己定义编写的函数。

1.2　C 语言上机过程

编写好的 C 语言程序要经过编辑（输入）、编译和链接后才能形成可执行的程序。图 1.3 表示了 C 语言程序设计的上机步骤。

图 1.3　C 语言程序的上机步骤

C 语言的编译系统有多种，本书采用 Visual C++ 6.0 集成开发环境，本节介绍在此环境下如何编辑、编译、链接和运行 C 程序。

1.2.1　启动 VC++6.0

启动 Visual C++6.0 的操作步骤如下。

（1）单击任务栏中的开始菜单按钮，选择"程序"菜单项，选择该菜单项下的"Microsoft Visual Studio6.0"下的"Microsoft Visual C++6.0"，即可启动 Visual C++6.0。

（2）如果是第一次启动或出现 Tip of　Day 对话框，里面会显示一些使用 Visual C++6.0 的一些小技巧。点击"Next Tip"会显示下一条技巧，点击"Close"关闭小技巧对话框。如果不想下次启动 Visual C++6.0 时出现该对话框，则取消复选框"show Tips at startup"，则下次启动 Visual C++6.0 时就不会出现这个对话框。

（3）关闭 Tips of Day 对话框后，就进入了 Visual C++6.0 的主窗口，如图 1.4 所示。主窗口主要由标题栏、菜单栏、工具栏、项目工作区窗口、程序和资源编辑窗口、信息输出窗口、状态栏等组成。

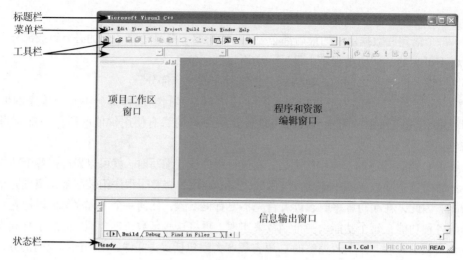

图 1.4   Visual C++6.0 主窗口

从图 1.4 可以看到，主窗体主要由 3 个窗体组成：项目工作区窗口、程序和资源编辑窗口、信息输出窗口。其中，项目工作区窗口和信息输出窗口是可停靠窗口，也就是说，这两个窗口可以放到主窗体的任意位置，将鼠标放到这两个窗口的停靠控制区，就可以拖动窗口到任意位置。

1.2.2   Visual C++6.0 的菜单栏

菜单是使用 Visual C++6.0 的主要操作方式，所以下面就逐一地介绍 Visual C++6.0 的各个菜单。

1. 文件菜单（File）

文件菜单是处理与文件操作相关的命令菜单，主要包括以下的菜单项。

New：提供新建文件、项目、工作区和其他文档功能。

Open：打开已存在的文件。

Close：关闭当前打开的活动文件。

Open Workspace：打开工作区文件。

Save Workspace：保存工作区文件。

Close Workspace：关闭工作。

Save：保存当前打开文件，如果该文件是第一次编辑，则会打开"Save As"对话框。

Save As：另存当前打开文件。

Save All：保存所有打开文件。

Page Setup：打印页设置。

Print：打印当前文件内容。

Recent Files：最近打开文件列表。

Recent Workspace：最近打开工作区列表。

Exit：退出系统。

2. 编辑菜单（Edit）

Undo：撤销上次操作。

Redo：重做上次操作。

Cut：剪切。

Copy：复制。

Parse：粘贴。

Delete：删除。

Select All：选择所有内容。

Find：在当前文件中查找指定内容。查找是一个很重要的功能，下面对查找对话框做一下介绍，如图 1.5 所示。

（1）Find what：输入要查找的内容。

Direction：查找的方向，向上是 Up，向下是 Down。

Match whole word only：只匹配整个单词。

Match case：区分大小写。

Regular expression：按照正则表达式匹配文本。

Search all open documents：在所有打开的文档中查找。

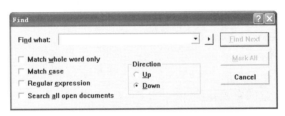

图 1.5　Find 对话窗口

Regular expression：按照正则表达式匹配文本，是指用特殊的字符序列去匹配文本字符串模式，通常称这些特殊字符为通配符，表 1.1 列出了这些通配符及其含义。

表 1.1　　　　　　　　　　　　　　　　　通配符及其含义

通　配　符	含　　义
.	匹配任何单个字符。例如，正则表达式 r.t 匹配这些字符串：rat、rut、r t，但是不匹配 root
$	匹配行结束符。例如，正则表达式 weasel$ 能够匹配字符串"He's a weasel"的末尾，但是不能匹配字符串 "They are a bunch of weasels."
^	匹配一行的开始。例如，正则表达式^When in 能够匹配字符串 "When in the course of human events" 的开始，但是不能匹配 "What and When in the"。
*	匹配 0 或多个正好在它之前的那个字符。例如，正则表达式.*意味着能够匹配任意数量的任何字符
\	这是引用府，用来将这里列出的这些元字符当作普通的字符来进行匹配。例如，正则表达式 \$被用来匹配美元符号，而不是行尾，类似地，正则表达式\.用来匹配点字符，而不是任何字符的通配符
[ ] [c1-c2] [^c1-c2]	匹配括号中的任何一个字符。例如，正则表达式 r[aou]t 匹配 rat、rot 和 rut，但是不匹配 ret；可以在括号中使用连字符-来指定字符的区间，例如，正则表达式[0-9]可以匹配任何数字字符；还可以制订多个区间，例如，正则表达式[A-Za-z]可以匹配任何大小写字母。另一个重要的用法是 "排除"，要想匹配除了指定区间之外的字符，也就是所谓的补集：在左边的括号和第一个字符之间使用^字符，例如，正则表达式[^269A-Z] 将匹配除了 2、6、9 和所有大写字母之外的任何字符
\(\)	将 \(和 \)之间的表达式定义为 "组"（group），并且将匹配这个表达式的字符保存到一个临时区域（一个正则表达式中最多可以保存 9 个），它们可以用 \1~\9 的符号来引用

通 配 符	含 义
+	匹配 1 或多个正好在它之前的那个字符。例如正则表达式 9+匹配 9、99、999 等。注意：这个元字符不是所有的软件都支持的

Find in files：在给定目录、给定类型的所有文件中查找指定的内容。

Replace：在指定的文件中替换查找到的内容。

Go to：光标移到指定的位置。

Breakpoints：在指定的位置设置断点。

（2）查看菜单（View）

查看菜单可以用来设置和改变窗口和工具栏的工作方式，可以设置窗口按全屏显示，打开工作区窗口，打开信息输出窗口和各种调试窗口等。

（3）插入菜单（Insert）

主要用于项目及资源的创建和添加，主要功能如下：

New class：插入新类；

New Form：新建窗体；

Resource：新建资源；

Resource copy：对选定的资源备份；

File As Text：插入文本；

New ATL Object：插入新的 ATL 对象。

（4）项目菜单（Project）

管理项目和工作区，所谓项目是指一些彼此相关联的源文件，经过编译、链接后产生为一个可执行文件的程序或者是动态链接库函数。该菜单可以把选定的项目指定为工作区中的活动项目，也可以把一些文件、文件夹、数据链接以及可重用部件添加到项目中，也可以编辑或修改项目间的依赖关系。

（5）编译菜单（Build）

编译菜单包括用于编译、建立和执行应用程序的命令。主要的命令如下。

Compile：编译源文件，在编译的时候能判断源程序的语法错误。在编译过程中出现的语法错误或警告会在信息输出窗口显示。可以向前或者向后浏览错误信息，通过双击或点击<F4>键会在源文件中显示错误的相关代码行。

Build：构建项目中的所有文件。如果在构建项目过程中出现了错误或者警告信息都会在信息输出窗口显示。

Rebuild all：重新构建所有的文件。

Batch build：批构建文件，可以指定构建 release 版，或者 debug 版的，或者两者都构建。

Clean：清除构建的文件。

Start debug：该菜单项下有几个子菜单，都是用于调试时用的。分别是，Go：调试时，进入函数体；Step into：调试时，进入函数体；Run to cursor：执行到光标处；Step over：单步调试时，跳过函数体；Step out：该命令和 step into 配合使用。如果使用 step into 在调试某一函数体时，发现该函数体不需要调试，可以使用 step out 退出。

Profile：该命令是用于检查程序运行行为的强有力的工具。它不是为了检查程序的错误，而是为了使程序更好地运行。

Tools 菜单：用于选择或定制开发环境中的一些实用工具，打开一些调试窗口，改变窗口的显示模式等。

1.2.3 Visual C++6.0 的工具栏

工具栏是一序列的命令组合，它们以图形的方式显示在屏幕上，如图 1.6 所示。工具栏是以一种直观快捷的方式使用 Visual C++6.0 系统提供的操作命令。熟悉工具栏按钮，可以提高使用 Visual C++6.0 的开发效率。下面就对一些常用的工具栏做介绍。

（1）标准工具栏（Standard）

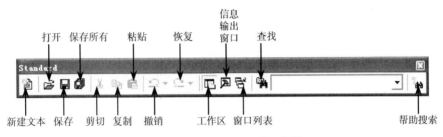

图 1.6 Visual C++6.0 的工具栏

表 1.2 工具栏按钮命令及功能

按 钮 命 令	功 能 描 述
新建文件	新建一个文本文件
打开	打开已经存在的文件
保存	保存当前活动文件
保存所有	保存所有打开的文件
剪切	将选中的内容删除掉，并复制到剪贴板中
复制	将选中的内容复制到剪贴板中
粘贴	将剪贴板中的内容复制到指定的位置
撤销	撤销上次的操作，点击旁边的小三角，可以直接撤销已做过的指定步骤
恢复	恢复刚刚撤销的步骤，点击旁边的小三角，可以直接恢复指定的步骤
工作区	显示或隐藏工作区窗口
信息输出窗口	显示或隐藏信息输出窗口
窗口列表	显示已打开的窗口列表
查找	在文件中查找指定的内容
帮助搜索	在当前文件中查找指定的字符串

（2）向导工具栏

向导工具栏如图 1.7 所示，其按钮命令及功能见表 1.3。

图 1.7 向导工具栏

表 1.3   向导工具栏按钮命令及功能

按 钮 命 令	功 能 描 述
类	显示当前编辑的类，通过此下拉列表可以迅速地定位到指定的类
过滤器	显示正在操作的资源标示
成员函数	显示当前正在操作的成员函数名，和前两个配合，可以快速地定位到指定的函数中
功能按钮	帮助快速找到当前编译的代码的相关位置，如果当前编辑的是成员函数，通过此按钮可以快速地定位到类的定义处或成员函数的声明处

（3）小型构建工具栏

小型构建工具栏如图 1.8 所示，其按钮命令功能见表 1.4。

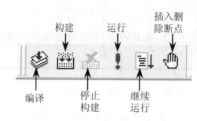

图 1.8   小型构建工具栏

表 1.4   小型构建工具栏按钮命令及功能

按 钮 命 令	功 能 描 述
编译	编译 C 或 C++源文件
构建	从项目中构建出应用程序的 exe 文件
停止构建	在构建过程中按该按钮可以停止构建项目
运行	执行应用程序，如果程序没有构建，则先构建程序，再执行
继续运行	单步执行
插入删除断点	插入或删除断点

1.2.4   Visual C++6.0 编辑、编译、链接和运行程序的步骤

1. 建立源程序

编写 C 语言程序的第一步就是建立 C 语言源程序。在以往的 Turbo C 环境下，C 语言源程序的扩展名是.c，而在 Visual C++6.0 环境下面建立的 C 语言源程序的扩展名默认是.cpp，Visual C++6.0 也可以识别.c 的源文件。不论是.c 文件还是.cpp 文件，它们都是字符文件，所以建立源程序的方法就有很多了，可以使用任何编写字符文件的工具，比如常用的记事本就可以用作编写 C 语言源程序，只是文件在保存时，一定要将扩展名改为.c 或.cpp 而不是.txt。

虽然可以用记事本编写 C 语言源程序，然后在 Visual C++6.0 环境下面编译链接，但是 Visual C++6.0 提供了更好的编写 C 语言源程序的方法。AppWizard 能帮助用户迅速地生成应用程序框架，如 Windows 应用程序、控制台应用程序等。在本书中编写的程序都是控制台程序，所谓控制台程序是指运行在 DOS 环境的程序，这类程序一般没有很好的用户界面。

下面介绍利用 Visual C++6.0 建立一个简单的 C 语言源程序的步骤。本程序是在控制台输出"hello world"。

准备工作：先在 D 盘的根目录下面建立一个名为"MyProject"的文件夹。

（1）打开 Visual C++6.0，选择"文件"（File）菜单，在其中选择"新建"（New）子菜单项。

（2）在新建对话框中选择"项目"（Projects）属性卡。在该属性页选择"Win32 Console Application"，如图 1.9 所示。

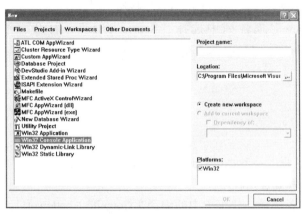

图 1.9　新建项目对话框

（3）在 Project name 文本框中输入控制台应用程序的工程文件名，如"helloworld"。在 Location 文本框中选择工程文件保存的路径，此处选择刚刚建立的文件夹路径。如果是第一次使用，则在 Location 文本框中会出现默认的工程项目路径，可以点击 Location 文本框右边的有 3 个小黑点的按钮，会出现工程文件路径选择对话框，选择为 D:\MyProject，单击"OK"按钮。

（4）进入到 Win32 Console Application-Step 1of 1 对话框，如图 1.10 所示，选中"An empty project"项。

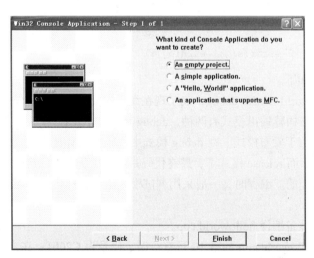

图 1.10　Win32 Console Application-Step 1 of 1 对话框

（5）单击"Finish"按钮，系统将出现 AppWizard 的创建信息，直接单击"OK"按钮。系统会建立所要求的应用程序框架。

（6）如图 1.11 所示，在该窗口的项目工作区窗口中，可以看到 ClassView 和 FileView 两个属性标签。本书中使用的都是 FileView 属性标签。

（7）在"FileView"属性标签下，选中"Source Files"，然后在菜单"File"下选择"New"，出现"New"对话框，如图 1.11 所示。

在"Files"属性列中选择"C++ Source File"，在 File 文本框中输入"Helloworld.cpp"，在"Location"文本框中输入文件保存的位置，一般选择默认位置，不做修改，然后点击"OK"按钮。

（8）在"FileView"属性列中选择"Source Files"，打开"helloworld.cpp"，在 helloworld.cpp 文件中输入下列代码：

```
#include "stdio.h"
void main()
{
    printf("hello world!\n);
}
```

然后保存项目，这样，一个 C 语言源程序就编好了。

图 1.11 "New"对话框

2．编译源程序，构建应用程序

按<Ctrl+F7>键或者选择构建菜单中的编译（Compile）helloworld.cpp 命令，系统开始对 helloworld 进行编译，或者按下<F7>键或选择构建菜单中的构建（Build）helloworld.exe 命令。系统开始对 helloworld 进行编译、链接。在编译结束时我们会发现在信息输出窗口中出现如下信息：

```
--------------------Configuration: helloworld - Win32 Debug--------------------
Compiling...
helloworld.cpp
D:\MYPROJECT\helloworld\helloworld.cpp(10) : error C2001: newline in constant
D:\MYPROJECT\helloworld\helloworld.cpp(11) : error C2143: syntax error : missing ')'
before 'return'
D:\MYPROJECT\helloworld\helloworld.cpp(12) : warning C4508: 'main' : function should
return a value; 'void' return type assumed
Error executing cl.exe.

helloworld.obj - 2 error(s), 1 warning(s)
```

这些信息的含义如下。

（1）配置：helloworld-win32 debug，表示现在编译的配置构建输出结果是 win32 debug 输出模式，在配置应用程序构建输出模式有两种，debug 模式和 release 模式，其中 debug 模式是调试模式，release 模式是用于发布模式。在 debug 模式中代码并没有被优化，最终代码行和源代码行具有一定的对应关系，而 release 模式下，最终代码是经过了优化的，产生的最终代码的长度，执行时间和空间都是最优的。编程时，一般采用调试模式生成目标代码，当测试项目无误，准备发布时就改为 release 模式。

（2）编译开始，准备编译 helloworld.cpp。

（3）helloworld\helloworld.cpp 的第 10 行有错误，代号为 C2001：在常量中有新行；第 11 行有错误，语法错误：在 return 前少了')'；第 12 行有警告，警告代码 C4508：函数应该返回一个值；自动转化为 void 返回类型。

（4）编译 helloworld.obj 出现两个错误，1 个警告。

出现了错误，下面就改正错误，从错误出现的最开始行第 10 行开始，检查代码，发现第 10 行为：printf("hello world!\n);，在这句的括号内少了一个"，加上这个引号。再次编译，没有错误，输出窗口中出现如下信息：

```
--------------------Configuration: helloworld - Win32 Debug--------------------
Compiling...
helloworld.cpp

helloworld.obj - 0 error(s), 0 warning(s)
```

查看最后一行 helloworld.obj-0 错误 0，警告 0，说明这段代码语法没有任何问题。

然后构建应用程序，按<F7>键或者在构建菜单中选择构建（build）helloworld.exe 命令，信息输出窗口出现：

```
--------------------Configuration: helloworld - Win32 Debug--------------------

helloworld.exe - 0 error(s), 0 warning(s)
```

表示构建应用程序成功没有错误，没有警告。

按<Ctrl+F5>键运行程序出现如图 1.12 所示结果。

图 1.12　程序运行结果

表示程序输出的结果也符合要求，至此有关在 VC++6.0 下编写、编译、调试和链接 C 语言程序的基本步骤就结束了。

本章小结

本章主要介绍了 C 语言的发展过程、C 语言的特点、C 语言程序的基本构成，作为 C 语言的初学者，要了解 C 语言的一些常识，更要掌握一个 C 程序是由哪些基本内容组成的、C 语言的执行过程又是如何的，理解了这些，对于读程序或者自己动手编写程序都有好处。

习题 1

一、选择题

1. 下列叙述中错误的是（　　）。

　　A．计算机不能直接执行用 C 语言编写的源程序。

B．C 语言程序经 C 编译程序编译后，生成后缀为.obj 的文件是一个二进制文件。

C．后缀为.obj 的文件，经链接程序生成后缀为.exe 的文件是一个二进制文件。

D．后缀为.obj 和.exe 的二进制文件都可以直接运行。

2．以下叙述中错误的是（　　　）。

A．C 语言是一种结构化程序设计语言。

B．结构化程序有顺序、选择、循环 3 种基本结构组成。

C．使用 3 种基本结构构成的程序只能解决简单问题。

D．结构化程序设计提倡模块化的设计方法。

3．对于一个正常运行的 C 语言程序，以下叙述中正确的是（　　　）。

A．程序的执行总是从 main 函数开始，在 main 函数结束。

B．程序的执行总是从程序的第一个函数开始，在 main 函数结束。

C．程序的执行总是从 main 函数开始，在程序的最后一个函数中结束。

D．程序的执行总是从程序的第一个函数开始，在程序的最后一个函数中结束。

4．一个 C 语言源程序是由（　　　）。

A．一个主程序和若干子程序组成

B．函数组成

C．若干过程组成

D．若干子程序组成

二、简述题

1．简述 C 语言的主要特点。

2．写出一个 C 语言程序的主要构成。

三、读下面的程序，写出程序的运行结果

1．以下程序的运行结果是（　　　）。

```
#include <stdio.h>
void main()

{ printf("This is a C program.\n");
}
```

2．以下程序的运行结果是（　　　）。

```
#include <stdio.h>
void main()

{ int a,b,sum;
    a=123;
    b=456;
    sum=a+b;
    printf("sum is %d\n",sum);
}
```

四、算法和程序设计题

1．上机运行本章所给出的例题及习题第三题。

2．参照本章的习题，用*号输出字母 C 的图案。

第2章
数据类型、运算符和表达式

计算机语言与普通的自然语言从构成上来讲，并没有什么区别。自然语言由笔划（或字母）构成字（或单词），由字（或单词）构成句子，最后由句子来组成文章。一个 C 语言程序则是由一系列符号构成的，由符号构成词，词构成语句，语句构成程序。在由符号构成词，由词构成语句的过程中，都有相应的一些规则。

本章主要介绍构成 C 语言程序的字符、数据类型、运算符及表达式等基础知识。

2.1　标识符与关键字

2.1.1　标识符

1. 字符集

任何一个计算机系统所能使用的字符都是固定的、有限的，它要受硬件设备的限制。要使用某种计算机语言来编写程序，就必须使用符合该语言规定的、并且计算机系统能够使用的字符。

C 语言的基本字符集包括英文字母、阿拉伯数字以及其他一些符号。具体如下：

（1）英文字母：大小写各 26 个，共计 52 个；

（2）阿拉伯数字：0～9，共计 10 个；

（3）下划线：_；

（4）其他特殊符号：主要指运算符，标点符号及其他用途的特殊符号共有 34 个。运算符通常由一至两个特殊符号组成，特殊符号集如下：

```
+    –    *    /    %    ++    --    <    >
=    >=   <=   ==   !=   !     ||    &&   ∧
~    |    &    <<   >>   ()    []    {}   "
?    :    .    ,    ;    '     \
```

2. 标识符

标识符用来表示函数、类型、变量、常量、标号等的名称，它只能由字母、下划线和数字组成，并且第一个字符不能是数字。

C 语言编译系统是识别大小写的，即在程序中大小写字母含义是不同的，在编程时要特别注意这一点。如在程序设计时，定义了一个变量 student，但在语句部分中，不小心写成了 Student，则在编译时就会出现错误，系统会将 student 和 Student 当作两个不同的变量来看待。

一般的编译系统对程序中标识符长度都有自己的规定，如 IBM PC 的 MS C 规定程序中标识符只有前 8 个字符是有意义的，超过 8 个字符以外的字符不做识别。Visual C++6.0 中规定标识符的最长长度为 32 个字符。读者编程时应注意所使用系统对标识符长度的规定，有的系统对标识符的使用往往有较多的限制。对于初学者来讲，建议在程序中标识符不要取太长。

在用户为自己定义的函数、类型、变量、常量、标号等取名时，要符合标识符的组成原则，并且不能是 C 语言中所特有的关键字。在取名时，最好还能做到"见名知义"，如我们定义一个变量用来保存成绩，最好不要用简单的 a 或 b 等，而使用有意义的如 score 或 chengji 等，这样做的目的是为了提高程序的可读性。

下面给出一些合法与不合法的用户自定义的标识符：

合法标识符：a, a123, _a12, A45, _BV34, day, year, myteacher

不合法标识符：a-123, 4day, Mr.li, #ab, x+y, auto, typedef

2.1.2　关键字

关键字是一种语言中规定的具有特定含义的标识符。关键字不能作为变量、函数、常量、标号来使用，用户只能根据系统的规定使用它们。

根据 ANSI 标准，C 语言可使用以下 32 个关键字：

auto	break	case	char	const	continue	default	do
double	else	enum	extern	float	for	goto	if
int	long	register	return	short	signed	sizeof	static
struct	switch	typedef	union	unsigned	void	volatile	while

这些关键字在以后各章节的学习中都会出现，在这里暂时不展开介绍它们的含义，读者也不需要去死记硬背这些关键字。在程序设计时，这些关键字会经常用到，用多了自然就熟悉了。

2.2　数据类型

一个程序应包括对数据的描述和对操作步骤的描述。对数据的描述，即数据结构，在计算机语言中，数据结构是以数据类型的形式出现的；对操作步骤的描述，即程序的算法。算法处理的对象是数据，而数据都是以某种特定的形式存在的，而这种形式的差别来自于这些数据的类型。类型不同，数据在内存中的存储形式也不相同，则所能施加于这些数据上的操作也不相同。随着处理对象的复杂化，数据类型也要变得丰富。数据类型的丰富程度，直接反映了程序设计语言处理问题的能力。

C 语言的一个重要特点就是它的数据类型十分丰富，C 语言所提供的数据类型如图 2.1 所示。

通常将数组类型、结构体类型、共用体类型和指针类型统称为复杂类型或构造类型，构造类型是由基本类型构造而成的。任何一个数据，都应当属于某一种数据类型。数据在内存中所占字节数由编译器决定，Turbo C2.0 的编译器为 16 位，Visual C++6.0 的编译器为 32 位。为了简便起见，本教材理论分析部分使用 16 位，程序举例部分由于所使用的系统是 Visual C++6.0，因此使用 32 位。

本节介绍基本类型中的整型、实型和字符型，其他类型在以后各章中再做介绍。

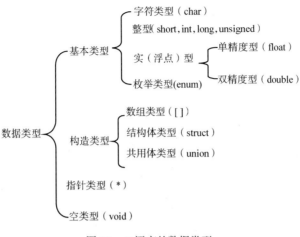

图 2.1 C 语言的数据类型

2.2.1 常量

常量是指在程序运行过程中，其值不能被改变的量。常量可以有不同的类型，常量又可以分为直接常量和符号常量。C 语言中的常量归纳如图 2.2 所示。

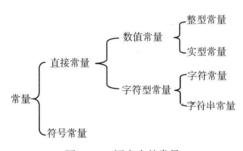

图 2.2 C 语言中的常量

1. 整型常量

整型常量即通常所说的整常数，不带有小数部分。整常数可以用八进制、十六进制和十进制 3 种形式来表示。

（1）八进制整型常量

八进制整型常量必须以 0 开头，即以 0 作为八进制数的前缀，每位数码取值为 0~7。八进制整型常量不带符号，用来表示无符号整数。

合法的八进制整型常量举例如下：

0237, 0101, 0621, 0177777

不合法的八进制整型常量举例如下：

256, 096, -027

（2）十六进制整型常量

十六进制整型常量必须以 0x 或 0X 开头，即以 0x 或 0X 作为十六进制数的前缀，每位数码取值为 0~9、A~F 或 a~f。同样，十六进制整型常量不带符号，也用来表示无符号整数。

合法的十六进制整型常量举例如下：

0x28AF, 0x237, 0xFFFF, 0x5f

不合法的十六进制整型常量举例如下：

28AF, 5a, 0x4K, -0x237

（3）十进制整型常量

十进制整型常量没有前缀，每位数码取值为 0~9。这是日常生活中最常见的整数形式，也是 C 语言中用得最多的一种形式。

整型常量在内存中的存储空间为 16 位长度，如果要扩大存储空间，以使程序能用更大的整型常量，可以用长整数来表示。长整数是指在上面所述的各种表示方式后面加"L"或"l"来表示的整数。如：25L, 0127L, 0x5AL，这些数与不加 L 时在数值大小上并没有区别，只是在内存中的表示形式不同，因此，在运算和输出形式上读者要注意，避免出错。

十进制整型常量可表示正、负数，在 16 位机器中表示数的范围为–32768~32767，在有些问题中，如果不可能出现负数，可以将十进制整型常量表示成无符号数，表示方式是在数的后面加一个"U"或"u"后缀，如 256U，表示无符号的 256，用这种方式进行处理后，在 16 位机器中表示数的范围就变成了 0~65535，但在输出时一定要注意，也应当以无符号方式来输出，否则就会出错。

2．实型常量

实型常量即通常所说的实数，只能用十进制小数形式或指数形式表示。

（1）十进制小数形式

由数字和小数点组成，其中小数点是必须有的，小数点左右两侧至少有一侧必须要有数字。如：2.4, -3.5, 6., .45 等都是合法的小数形式。

（2）指数法形式

由十进制小数加阶码标志"E"或"e"以及阶码组成。其一般形式为 aEn，其中，a 为小数部分，"E"或"e"为阶码标志，n 为阶码，其表示的数为 $a*10^n$，a 可用的位数决定了数的精度，n 可用的位数决定了数可表示的大小，a 和 n 都可以有正负之分，但 n 必须为整数。

如：2.34E+8, -5.6E-3, .6E4, -2.1e+2 等都是合法的指数形式。

3．字符常量

字符常量包括两种：普通的字符常量和转义字符。

（1）普通的字符常量

指用单引号括起来的单个字符。成对出现的单引号是字符常量的标志，在单引号里面可出现的字符为 ASCII 码表中所有的字符。

如：'x'、'4'、'+'、' '等都是合法的字符常量。

普通的字符常量在内存中一般用一个字节，即 8 位的空间来存储，并且在内存中存储的是该字符的 ASCII 码值。如字符'A'，在内存中表现出来是存储了 ASCII 码值 65。

（2）转义字符

转义字符是一种特殊的字符常量。转义字符以反斜杠"\"开头，后跟一个字符或若干个数字构成。转义字符具有特定的含义，不同于字符原来的意义。转义字符常用于输出格式的控制。常用的转义字符及其含义如表 2.1 所示。

表2.1	常用的转义字符及其含义
转 义 字 符	转 义 字 符 的 含 义
\n	回车换行
\t	横向跳到下一制表位置
\v	竖向跳格
\b	退格
\r	回车
\f	走纸换页
\\	反斜杠 "\"
\'	单引号
\ddd	1～3 位八进制数所代表的字符,如\103 代表的字符 C,其中 ddd 代表的八进制数不能超过 377
\xhh 或 \Xhh	1～2 位十六进制数所代表的字符,如\x46 代表的字符 F

【例 2.1】转义字符的使用。

【程序代码】

```
#include <stdio.h>
void main()
{
    printf(" ab c\t de\rf\tg\n");
    printf("h\ti\b\bjk\n");
}
```

【运行结果】(见图 2.3)

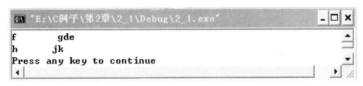

图 2.3　【例 2.1】运行结果

　　程序中没有设字符变量,用函数 printf 直接输出双引号内的各个字符。请注意其中的"转义字符"。第一个 printf 函数先在第一行左端开始输出"ab c",然后遇到"\t",它的作用是"跳格",即跳到下一个"制表位置",在我们所用的系统中一个"制表区"占 8 列,下一制表位置从第 9 列开始,故在第 9~11 列上输出" de"。下面遇到"\r",它代表"回车"(不换行),返回到本行最左端(第 1 列),输出字符"f",然后遇到"\t"再使当前输出位置移到第 9 列,输出"g"。下面是"\n",作用是"使当前位置移到下一行的开头"。第二个 printf 函数先在第 1 列输出字符"h",后面的"\t"使当前位置跳到第 9 列,输出字符"i",然后当前位置应移到下一列(第 10 列)准备输出下一个字符。下面遇到两个"\b","\b"的作用是"退一格",因此"\b\b"的作用是使当前位置回退到第 8 列,接着输出字符"j k"。

　　程序运行时在打印机上得到以下结果:

```
fab c   gde
h       jik
```

19

但在显示屏上最后看到的结果是:

```
f    gde
h    j k
```

小贴士

造成这种差别的原因是打印机上打印结果是不可"抹掉"（覆盖）的，而在显示屏上结果是可以被"抹掉"的。

4. 字符串常量

字符串常量是指用双引号括起来的若干个字符的序列。例如:"I am a student"、"China"等都是合法的字符串常量。双引号中的可用字符也是 ASCII 码表中的字符。

字符串常量和字符常量不同，这点一定要注意区分，它们之间主要有以下区别。

（1）字符常量由单引号括起来，而字符串常量由双引号括起来。

（2）字符常量只能是一个字符，而字符串常量可以是 0 个、1 个或多个字符。当字符串中字符个数为 0 时，用""来表示，它表示一个空串。

（3）在 C 语言中有字符变量，但没有字符串变量，所以可以将一个字符赋给一个字符变量，但不能将一个字符串赋给一个变量。在 C 语言中字符串通常用字符数组或字符指针来实现其功能。

（4）在内存中，字符常量只占一个字节的空间，而字符串常量所占的内存字节数等于字符串中字符的个数加 1。增加的 1 个字节中存放字符串结束标记 '\0'。例如，字符串 "China" 在内存中的存储形式如图 2.4 所示。

| C | h | i | n | a | \0 |

图 2.4　字符串 "China" 在内存中的存储形式

5. 符号常量

在 C 语言中，可以用一个标识符来表示一个常量，称为符号常量。符号常量在使用之前必须先定义，其定义形式为:

```
#define 标识符  字符串
```

其中，#define 是一条预处理命令，称为宏定义命令，其功能是把该标识符定义为其后的字符串的值。一经定义，程序中所有出现该标识符的地方，在程序进行编译之前，就代之以该字符串，这个过程称为"宏展开"，然后程序才开始正式编译。习惯上符号常量的标识符用大写字母，而变量的标识符用小写字母，以示区别。

【例 2.2】符号常量的应用举例。

【程序代码】

```c
#define PI 3.1415926
#include <stdio.h>
void main()
{
    float l,s,r,v;
    printf("请输入半径 r: ");
    scanf("%f",&r);
    l=2.0*PI*r;
```

```
s=PI*r*r;
v=4.0/3*PI*r*r*r;
printf("周长=%f\n面积=%f\n体积=%f\n",l,s,v);
}
```

【运行结果】（见图 2.5）

图 2.5　【例 2.2】运行结果

该程序的功能是输入一个半径 r，求圆的周长 l、面积 s 和球的体积 v。

程序在执行时，先将程序中所有的 PI 都替换成 3.1415926，然后再开始编译，称这个过程为预编译或预处理。

使用符号常量有以下几点好处。

（1）可以提高程序的可读性。当取的符号常量的名称与自然语言中的名称相同时，可以提高程序的可读性。

（2）使用符号常量来代替一个字符串，可以减少程序中重复书写某些字符串的工作量。在上面这个程序中，书写 PI 显然比书写 3.1415926 要来得方便，工作量更小。

（3）方便程序的修改，提高程序的通用性。

在上面的程序中，如果所要求的精度发生变化，就要修改圆周率的值，如果没有定义符号常量 PI，那么修改就只能直接在程序的语句中进行，要进行多个地方的修改，这样做会带来两个方面的问题，一个问题是工作量大，另一个问题是当程序较大时，出现 PI 的地方会很多，在修改的过程中有可能会遗漏某些地方，造成程序运行的错误。而如果定义了符号常量 PI，则只需要在定义的位置进行修改，工作量小，而且不会发生遗漏错误。

2.2.2　变量

在程序的运行过程中，其值可以发生改变的量称为变量。一个变量必须有一个名字，在内存中占据一定的存储单元，在该存储单元中存放该变量的值。

变量代表内存中具有特定属性的一个存储单元，它用来存放数据，这就是变量的值，在程序运行期间，这些值是可以改变的。

变量名实际上是一个名字，用来对应内存中的一个地址，在对程序编译链接时由编译系统给每一个变量名分配对应的内存地址。从变量中取值，实际上是通过变量名找到相应的内存地址，从该存储单元中读取数据。

读者一定要注意区分变量名和变量值以及变量在内存中的存储单元这 3 个不同的概念，三者之间的关系如图 2.6 所示。

变量必须具有一个名字，这个名字由用户在编写程序时，按照标识符的命名原则进行命名。在 C 语言程序中，所有的变量必须加以说明，没有任何隐含的变量。变量说明主要是指出变量的名称，确定变量的数据类型。

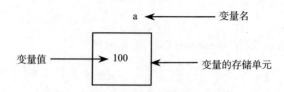

图 2.6　变量名、变量值与存储单元的关系

在 C 语言程序中，变量必须**"先定义，后使用"**。

1. 变量的定义

变量定义的一般形式为：

类型标识符　变量名 1 [，变量名 2…]；

其中：方括号[]内的为可选项。类型标识符是指各种数据类型的标识符，既可以是基本类型，也可以是复杂类型。基本类型可以直接使用基本类型标识符来进行定义，如果是复杂类型，则在用它来定义具体变量之前，先要定义相应的复杂数据类型的名称，然后再用该名称来定义变量。类型标识符决定了变量的属性，变量的属性有 3 个方面的内容，变量的取值范围、变量所占存储单元的字节数、所能施加于该变量的操作类型。

变量名 1、变量名 2 等是用户为自己的程序中出现的各个变量所取的名称。

用户在一条语句中可以为属于同一种数据类型的多个变量进行定义，但不同类型的变量必须在不同的语句中分开定义。例如：

```
int i,j,k;            /*定义了 3 个整型变量 i、j、k*/
float x,y;            /*定义了两个单精度型变量 x、y*/
char ch1,ch2;         /*定义了两个字符型变量 ch1、ch2*/
```

2. 变量的值

变量经过定义后，就具有了相应的属性，但还没有具体的值。在用变量进行各种运算来实现程序设计的目的之前，变量必须有确定的值。如果没有给变量赋过值而使用变量来进行操作，系统会将一个随机值赋给变量，这样很容易引起错误。

变量获得一个确定的值，一般有 3 种方式。

（1）变量的初始化

在定义变量时就给变量赋一个值。

例如：

```
int i=1,j=1,k=0;
float x=2.4,y;
char ch1='A',ch2;
```

在定义变量 i、j、k、x、ch1 的时候就给它们赋了值，使它们分别等于"1"、"1"、"0"、"2.4"、'A'，在对变量进行初始化时，可以只给部分变量初始化，而其他的变量用其他的方式来获得值，如上面的 y、ch2 没有进行初始化。

（2）变量赋值

可以在使用变量之前，用赋值运算符 "=" 对变量进行赋值。例如，有过上面的定义之后，就可以用下面的方式对 y、ch2 进行赋值。

y=4.75；ch2='B'；

通过这两条语句，使 y、ch2 也有了确定的值。

（3）利用各种输入函数来输入变量的值

例如：

```
int n;
scanf("%d",&n);
```

scanf 是一个标准输入函数，详细介绍在后面章节中。

用这种方式，n 值的获得是在程序的运行过程中，由外界根据需要输入，程序每次运行时，可以输入不同的值给 n，使程序每次运行的时候所处理的对象发生变化。也可以只调用一次 scanf 函数来输入多个值给多个变量，如：

```
scanf("%d%d%f%c",&i,&j,&x,&ch1);
```

这时，可以一次性地将 4 个值输入，分别赋值给 i、j、x、ch1 4 个变量。

下面通过有关程序来说明变量定义及赋值。

【例 2.3】变量定义及赋值示例 1。

【程序代码】

```
#include <stdio.h>
void main()
{
    int x,y,z,w;
    unsigned int k;
    x = 10;    y= -20;    k = 30;
    z=x+k;    w=y+k;
    printf("x+k=%d,y+k=%d\n",z,w);
}
```

【运行结果】（见图 2.7）

图 2.7 【例 2.3】运行结果

【例 2.4】变量定义及赋值示例 2。

```
#include <stdio.h>
void main()
{
    char c1,c2;
    c1='a';c2='b';
    c1=c1-32;c2=c2-32;
    printf("%c  %c\n",c1,c2);
}
```

【运行结果】（见图 2.8）

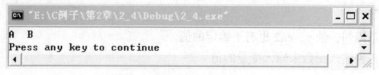

图 2.8 【例 2.4】运行结果

在 C 语言中，要求对所有用到的变量作强制定义，也就是"先定义，后使用"，这样做的目的如下。

（1）每一个变量被指定为一个确定的类型，在编译时就能为其分配相应的存储单元。如指定 a、b 为 int 型，则编译系统为 a 和 b 各分配两个字节，并按整数方式存储数据。

（2）指定每一个变量属于一个类型，这就便于在编译时，据此检查该变量所进行的运算是否合法。例如，整型变量 a 和 b，可以进行求余运算 a%b，得到 a/b 的余数。而如果将 a、b 指定为实型变量，则不允许进行求余运算，在编译时会给出有关错误信息。

（3）凡未被事先定义的，不作为变量名，这就能保证程序中变量名使用得正确。例如，如果在定义部分写了

```
int student;
```

而在执行语句中错写成 Statent，如：

```
Statent=30;
```

在编译时检查出 Statent 未被定义，不作为变量名，就会给出错误的提示信息，便于用户发现错误，改正错误。

2.2.3 整型变量

1. 分类

根据占用内存字节数的不同，整型变量又分为 4 类。

（1）基本整型（类型关键字为 int）。

（2）短整型（类型关键字为 short　[int]）。

（3）长整型（类型关键字为 long　[int]）。

（4）无符号整型。无符号整型又分为无符号基本整型（unsigned　[int]）、无符号短整型（unsigned short）和无符号长整型（unsigned　long）3 种，只能用来存储无符号整数。

2. 占用内存字节数与值域

上述各类型整型变量占用的内存字节数，随系统而异。在 16 位编译器中，一般用 2 字节表示一个 int 型变量，且 long 型（4 字节）≥int 型（2 字节）≥short 型（2 字节）。而在 32 位编译器中，int 型变量占 4 个字节，long 型占 4 个字节，short 型占 2 个字节。

显然，不同类型的整型变量，占用内存字节数不同，其所能表示数的范围是不同的。占用内存字节数为 n 的（有符号）整型变量，其值域为：$-2^{n*8-1} \sim (2^{n*8-1}-1)$；无符号整型变量的值域为：$0 \sim (2^{n*8}-1)$。

例如，在 16 位 PC 机中的一个 int 型变量，其值域为 $-2^{2*8-1} \sim (2^{2*8-1}-1)$，即 -32768 ~ 32767；一个 unsigned 型变量的值域为：$0 \sim (2^{2*8}-1)$，即 0 ~ 65535。表 2.2 和表 2.3 分别列举了 16 位及 32 位编译环境下常用基本数据类型描述。

表2.2　　　　　　　　　　　　　16 位编译环境下常用基本数据类型描述

类　　型	说　　明	长度（字节）	表　示　范　围	备　　注
char	字符型	1	$-128 \sim 127$	$-2^7 \sim (2^7-1)$
unsigned char	无符号字符型	1	$0 \sim 255$	$0 \sim (2^8-1)$
signed char	有符号字符型	1	$-128 \sim 127$	$-2^7 \sim (2^7-1)$
int	整型	2	$-32768 \sim 32767$	$-2^{15} \sim (2^{15}-1)$
unsigned int	无符号整型	2	$0 \sim 65535$	$0 \sim (2^{16}-1)$
signed int	有符号整型	2	$-32768 \sim 32767$	$-2^{15} \sim (2^{15}-1)$
short int	短整型	2	$-32768 \sim 32767$	$-2^{15} \sim (2^{15}-1)$
unsigned short int	无符号短整型	2	$0 \sim 65535$	$0 \sim (2^{16}-1)$
signed short int	有符号短整型	2	$-32768 \sim 32767$	$-2^{15} \sim (2^{15}-1)$
long int	长整型	4	$-2147483648 \sim 2147483647$	$-2^{31} \sim (2^{31}-1)$
signed long int	有符号长整型	4	$-2147483648 \sim 2147483647$	$-2^{31} \sim (2^{31}-1)$
unsigned long int	无符号长整型	4	$0 \sim 4294967295$	$0 \sim (2^{32}-1)$
float	浮点型	4	$-3.4 \times 10^{38} \sim 3.4 \times 10^{38}$	7 位有效位
double	双精度	8	$-1.7 \times 10^{308} \sim 1.7 \times 10^{308}$	15 位有效位
long double	长双精度	10	$-3.4 \times 10^{4932} \sim 1.1 \times 10^{4932}$	19 位有效位

表2.3　　　　　　　　　　　　　32 位编译环境下常用基本数据类型描述

类　　型	说　　明	长度（字节）	表　示　范　围	备　　注
char	字符型	1	$-128 \sim 127$	$-2^7 \sim (2^7-1)$
unsigned char	无符号字符型	1	$0 \sim 255$	$0 \sim (2^8-1)$
signed char	有符号字符型	1	$-128 \sim 127$	$-2^7 \sim (2^7-1)$
int	整型	4	$-2147483648 \sim 2147483647$	$-2^{31} \sim (2^{31}-1)$
unsigned int	无符号整型	4	$0 \sim 4294967295$	$0 \sim (2^{32}-1)$
signed int	有符号整型	4	$-2147483648 \sim 2147483647$	$-2^{31} \sim (2^{31}-1)$
short int	短整型	2	$-32768 \sim 32767$	$-2^{15} \sim (2^{15}-1)$
unsigned short int	无符号短整型	2	$0 \sim 65535$	$0 \sim (2^{16}-1)$
signed short int	有符号短整型	2	$-32768 \sim 32767$	$-2^{15} \sim (2^{15}-1)$
long int	长整型	4	$-2147483648 \sim 2147483647$	$-2^{31} \sim (2^{31}-1)$
signed long int	有符号长整型	4	$-2147483648 \sim 2147483647$	$-2^{31} \sim (2^{31}-1)$
unsigned long int	无符号长整型	4	$0 \sim 4294967295$	$0 \sim (2^{32}-1)$
float	浮点型	4	$-3.4 \times 10^{38} \sim 3.4 \times 10^{38}$	7 位有效位
double	双精度	8	$-1.7 \times 10^{308} \sim 1.7 \times 10^{308}$	15 位有效位
long double	长双精度	10	$-3.4 \times 10^{4932} \sim 1.1 \times 10^{4932}$	19 位有效位

小贴士

　　如果不清楚某种数据类型在内存中占有多少字节数，那么可以使用 sizeof(数据类型) 让系统给出答案，如：sizeof(int)；在 VC 环境下是 4，在 TC 环境下是 2。

　　注意：如无特别说明，本书所有例子统一使用 VC 编译环境，即 32 位编译器环境。

3. 在内存中的存放形式

一个数值在内存中是以二进制补码形式存放的。正数的补码等于原码。如果一个数是负数，则复杂一些，求负数的补码的方法是将该数的绝对值的二进制形式，按位取反再加 1。如图 2.9 分别表示基本整型数 20 和–20 在内存中的存放形式。

（a）20 在内存中的存放形式

（b）–20 在内存中的存放形式

图 2.9　基本整型在内存中的存放形式

其中最高位（图 2.9 中所示的最左边一位）为符号位，"0"为正，"1"为负。但是对于无符号类型数据，在存放时就没有符号位，所有的 32 位都用来存放实际整数值。图 2.10 表示了 short int 类型和 unsigned short 类型数据所能表示的最大数和最小数在内存中的存放形式。

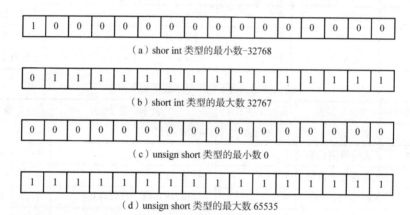

（a）shor int 类型的最小数–32768

（b）short int 类型的最大数 32767

（c）unsign short 类型的最小数 0

（d）unsign short 类型的最大数 65535

图 2.10　shot int 类型和 unsigned short 类型所能表示的最大数和最小数在内存中的存放

4. 整型数据的溢出

每一种数据类型表示数值的范围是有限的，如一个 int 型变量的最大值允许为 32767。但在运算中，并不一定清楚结果是什么，有时会使计算结果超过了所能表示的数的最大值，这种情况通常称为"溢出"。在程序编译时，对于"溢出"是不报错的，但"溢出"肯定会造成结果的错误。

【例 2.5】整型数据的溢出示例。

【程序代码】

```
#include <stdio.h>
void main()
{
    int a,b;
    a=2147483647;
    b=a+1;
    printf("%d,%d\n",a,b);
}
```

【运行结果】（见图 2.11）

图 2.11 【例 2.5】运行结果

小贴士　　　C 的用法比较灵活，往往出现副作用，而系统又不给出"出错信息"，要靠程序员的细心和经验来保证结果的正确。编写程序时一定要注意，如果所描述的对象有可能超过范围，则可以用 long 型来定义该对象，就可以避免"溢出"的发生。

请结合数据在内存中的存放形式理解为什么会是这种结果。

2.2.4　实型变量

1. 分类

C 语言的实型变量，分为以下两种。

（1）单精度型。类型关键字为 float，一般占 4 字节（32 位）、提供 6~7 位有效数字。

（2）双精度型。类型关键字为 double，一般占 8 个字节（64 位）、提供 15~16 位有效数字。

2. 实型数据在内存中的存放形式

一个实型数据一般在内存中占 4 个字节。与整型数据的存储方式不同，实型数据是按照指数形式存储的。系统把一个实型数据分成小数部分和指数部分，分别存放。指数部分采用规范化的指数形式。实数 512.345 在内存中的存放形式如图 2.12 所示。

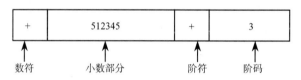

图 2.12　实数在内存中的存放形式

其中：数符占一位，用来表示整个实型数的正、负；阶符占一位，用来表示指数部分的符号，有正负之分；小数部分和阶码部分占据剩余的 30 位，具体各占多少位不同的系统有不同的规定。其中小数部分是规范化形式存放的，即小数点前面没有数值，并且小数点后面第一位不为 0；阶码部分必须是整数。小数部分占的位数愈多，数的有效数字愈多，精度愈高。阶码部分占的位数愈多，则能表示的数值范围愈大。

图 2.7 中是用十进制数来示意的，实际上在计算机中是用二进制数来表示小数部分以及用 2 的幂次来表示指数部分的。

3. 实型数据的舍入误差

由于实型变量是用有限的存储单元存储的，因此能提供的有效数字总是有限的，在有效位以外的数字将被舍去。由此可能会产生一些误差。例如下面的程序。

【例 2.6】实型数据的舍入误差。

【程序代码】

```
#include <stdio.h>
void main()
{
```

```
        float a,b;
        a=123456.789e5;
        b=a+20;
        printf("%f\n",b);
}
```

【运行结果】（见图 2.13）

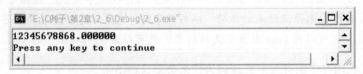

图 2.13 【例 2.6】运行结果

程序运行时，输出的值不等于 12345678920。原因是：a 的值比 20 大很多，a+20 的理论值是 12345678920，而一个实型变量只能保证的有效数字是 6~7 位，后面的数字是无意义的，并不准确地表示该数。运行程序得到的 a 和 b 的值都是 12345678848.000，可以看到，前 8 位是准确的，后几位是不准确的，把 20 加在后几位上，是无意义的。应当避免将一个很大的数和一个很小的数直接相加或相减，否则就会"丢失"小的数。与此类似，用程序计算 1.0/3*3 的结果并不等于 1。

2.2.5 字符变量

字符变量的类型关键字为 char，一般占用 1 个字节内存单元。

1. 变量值的存储

字符变量用来存储字符常量。将一个字符常量存储到一个字符变量中，实际上是将该字符的 ASCII 码值（无符号整数）存储到内存单元中。

例如：

```
char ch1,ch2;          /*定义两个字符变量：ch1, ch2*/
ch1='a';               /*给字符变量赋值*/
ch2='b';
```

则 ch1 和 ch2 在内存中存放形式如图 2.14 所示。

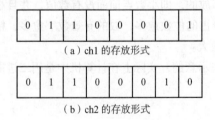

（a）ch1 的存放形式

（b）ch2 的存放形式

图 2.14 字符在内存中的存放形式

2. 特性

字符数据在内存中存储的是字符的 ASCII 码值——一个无符号整数，其形式与整数的存储形式一样，所以 C 语言允许字符型数据与整型数据之间通用。

（1）一个字符型数据，既可以字符形式输出，也可以整数形式输出。

【例 2.7】字符变量的字符形式输出和整数形式输出。

【程序代码】

```
#include <stdio.h>
void main()
{
    char ch1,ch2;
    ch1='a'; ch2='b';
    printf("ch1=%c,ch2=%c\n",ch1,ch2);
    printf("ch1=%d,ch2=%d\n",ch1,ch2);
}
```

【运行结果】（见图 2.15）

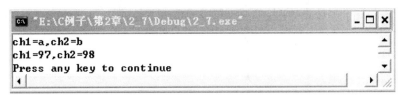

图 2.15　【例 2.7】运行结果

（2）允许对字符数据进行算术运算，此时就是对它们的 ASCII 码值进行算术运算。

【例 2.8】 字符数据的算术运算。

【程序代码】

```
#include <stdio.h>
void main()
{
    char ch1,ch2;
    ch1='a'; ch2='B';
    /*字母的大小写转换*/
    printf("ch1=%c,ch2=%c\n",ch1-32,ch2+32);
    /*用字符形式输出一个大于 256 的数值*/
    printf("ch1+200=%d\n", ch1+200);
    printf("ch1+200=%c\n", ch1+200);
    printf("ch1+256=%d\n", ch1+256);
    printf("ch1+256=%c\n", ch1+256);
}
```

【运行结果】（见图 2.16）

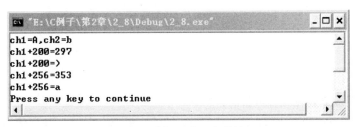

图 2.16　【例 2.8】运行结果

思考：用字符形式输出一个大于 256 的数值，会得到什么结果？

2.2.6　数据类型转换

C 语言中，整型、单精度型、双精度型和字符型数据可以混合运算。字符型数据可以与整型数据通用。例如：100+'A'+8.65-2456.75*'a'是一个合法的运算表达式。在进行运算时，不同类型的数据要先转换成同一类型，然后再进行运算。

C 语言数据类型转换可以归纳成 3 种转换方式：自动转换、赋值转换和强制类型转换。

1．类型自动转换

在进行运算时，不同类型的数据要转换成同一类型。自动转换的规则如图 2.17 所示。

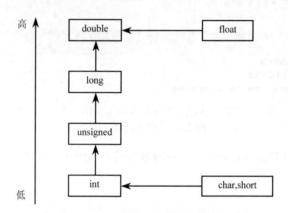

图 2.17　数据类型转换规则示意图

（1）float 型数据自动转换成 double 型；

（2）char 与 short 型数据自动转换成 int 型；

（3）int 型与 double 型数据运算，直接将 int 型转换成 double 型；

（4）int 型与 unsigned 型数据运算，直接将 int 型转换成 unsigned 型；

（5）int 型与 long 型数据运算，直接将 int 型转换成 long 型。

如此等等，总之是由低级向高级转换。对于图中自动类型转换，不要错误地理解为先将 char 型或 short 型转换成 int 型，再转换成 unsigned 型，再转换成 long 型，直至 double 型。

例如：

```
char ch='a';
int i=13;
float x=3.65;
double y=7.528e-6;
```

若表达式为：

```
i+ch+x*y
```

则表达式的类型转换是这样进行的：

先将 ch 转换成 int 型，计算 *i*+ch，由于 ch='a'，而'a'的 ASCII 码值为 97，故计算结果为 110，类型为 int 型。再将 *x* 转换成 double 型，计算 *x**y，结果为 double 类型。最后将 *i*+ch 的值 110 转换成 double 型，表达式的值最后为 double 型。

2．赋值转换

如果赋值运算符两侧的类型不一致，但都是数值型或字符型时，在赋值过程中就要进行类型转换。转换的基本原则为：

（1）将整型数据赋给单、双精度型变量时，数值不变，但以浮点数形式存储到变量中；

（2）将实型数据（包括单、双精度）赋给整型变量时，舍弃实数的小数部分，如 x 为整型变量，执行"x=4.25"时，取值为 x=4；

（3）字符型数据赋给整型变量，字符型数据只占一个字节，而整型变量占 2 个字节，因此将字符数据放入整型变量低 8 位中，整型变量高 24 位视机器系统处理有符号量或无符号量两种不同情况，分别在高位补 1 或补 0，如图 2.18 所示；

（4）带符号的整型数据（int）赋给 long int 型数据变量，要进行符号扩展。如果 int 型数据为正值，则 long int 型变量的高 16 位补 0，反之则补 1。

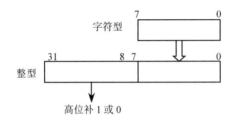

图 2.18　字符型数据转换成整型数据示意图

（5）unsigned int 型数据赋给 long int 型数据变量时，不存在符号扩展，只需将高位补 0 即可。例如：

```
int a,b;
float x1=2.5,x2;
double y1-2.2,y2;
a=x1;                    /*x1 的值转换成整数 2 赋给 a，小数部分截掉了*/
x2=3.14159*y1*y1;       /*右边表达式为双精度型，先转换成单精度再赋给 x2*/
b='a';                   /*将'a'的一字节 ASCII 码转换成两个字节的整数，再赋给 b，b 的值为 97*/
```

精度高的数据类型向精度低的数据类型转换时，数据的精度有可能降低。同时，也可能会导致整个运算结果的错误，对于这一类转换，在进行程序设计时，读者一定要注意。

3. 强制类型转换

可以利用强制类型转换运算符将一个表达式转换成所需类型。如：

```
(int)(a+b)              /*强制将 a+b 的值转换成整型*/
(double)x               /*将 x 转换成 double 型*/
(float)(10%3)           /*将 10%3 的值转换成 float 型*/
```

强制类型转换的一般形式为：

（类型名）（表达式）

例如：

```
int a=7,b=2;
float y1,y2;
y1=a/b;                 /*y1 的值 a/b 为 3*/
y2=(float)a/b;          /*y2 的值为 3.5，对 a 进行强制转换为实型，b 也随之自动转换为实型*/
```

注意：

（1）初学者要注意区分强制类型转换的格式和变量定义的格式。

（2）（int）（x+y）和（int）x+y 强制类型转换的对象是不同的。（int）（x+y）是对 x+y 进行强制类型转换；而（int）x+y 则只对 x 进行强制类型转换。

（3）在强制类型转换时，得到一个所需类型的中间变量，原来变量的类型并没有发生变化。例如：（int）x，如果 x 原来指定为 float 型，进行强制类型运算后得到一个 int 型的中间变量，则它的值等于 x 的整数部分，而 x 的类型不变，x 的值也不变。

【例 2.9】 强制类型转换举例。

【程序代码】

```
#include <stdio.h>
void main()
{
    float x;
    int i;
    x=3.6;
    i=(int)x;
    printf("x=%f,i=%d\n",x,i);
}
```

【运行结果】（见图 2.19）

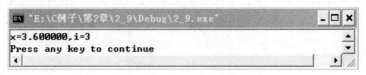

图 2.19 【例 2.9】运行结果

由此可见，i 的值为 x 的整数部分，但 x 的类型仍为 float 型，x 的值仍等于 3.6。

2.3　运算符和表达式

在 C 语言中，除控制语句和输入输出函数外，其他所有基本操作都作为运算符处理。运算符是一种向编译程序说明一个特定的数学或逻辑运算的符号。C 语言的运算符非常丰富，共有 35 种之多（**具体见附录Ⅱ**），由此也使 C 语言的功能非常强大。C 语言的运算符按照参与运算的对象的个数不同，可分为单目运算符、双目运算符和三目运算符。

2.3.1　运算符的优先级和结合性

1. C 语言规定了运算符的优先级和结合性

所谓优先级，是指不同的运算符共同来构成表达式时，运算符运算的先后顺序。优先级高的先运算，优先级低的后运算。但括号运算符可以改变表达式的求值顺序。

所谓结合性是指，当一个运算对象两侧的运算符具有相同的优先级时，该运算对象是先与左边的运算符结合，还是先与右边的运算符结合。自左至右的结合方向，称为左结合性。反之，称为右结合性。

结合性是 C 语言的独有概念。除单目运算符、赋值运算符和条件运算符是右结合性外，其他运算符都是左结合性。

2．表达式求值

（1）表达式的概念

用运算符和括号将运算对象（常量、变量和函数等）连接起来的、符合 C 语言语法规则的式子，称为表达式。

单个常量、变量或函数，可以看做是表达式的一种特例。将单个常量、变量或函数构成的表达式称为简单表达式，其他表达式称之为复杂表达式。

（2）表达式的求值顺序

① 按运算符的优先级高低次序执行。例如，先乘除后加减。

② 如果在一个运算对象（或称操作数）两侧的运算符的优先级相同，则按 C 语言规定的结合方向（结合性）进行。

例如，算术运算符的结合方向是"自左至右"，即在执行"a - b + c"时，变量 b 先与减号结合，执行"a - b"；然后再执行加 c 的运算。

2.3.2　算术运算符及其表达式

1．五种基本算术运算符

五种基本运算符分别为：+、-（减法/取负）、*、/、%（求余数）

（1）"+"、"-"、"*"：这 3 种运算符和其他语言中的含义一样。

（2）除法运算"/"：C 语言规定，两个整型数相除，其商为整数，小数部分被舍弃。例如，5 / 2 = 2。

（3）求余数运算"%"："%"操作要求两侧的运算对象必须均为整型数据，否则出错，结果是两数相除后的余数。

（4）算术运算符都属于双目运算符。

2．算术运算符的优先级

从附录Ⅱ可以看到，算术运算符的优先级较高，除了单目运算符、成员运算符、下标运算符、括号运算符外，算术运算符的优先级是最高的。

在 5 个算术运算符中，"*"、"/"、"%"运算符的优先级相同，它们的优先级都高于"+"、"-"运算符，而"+"和"-"的优先级也是相同的。

3．算术表达式

由算术运算符和括号将运算对象连接起来的式子称为算术表达式。

例如，3 + 6 * 9、(x + y) / 2-1 等，都是算术表达式。

良好的源程序书写习惯：在表达式中，在双目运算符的左右两侧各加一个空格，可增强程序的可读性。

请比较表达式"(x + y) / 2 - 1"与"(x+y)/2 - 1"，你认为哪个的可读性更好一些？

2.3.3　自增、自减运算符及其表达式

1．两种运算符：++（自增）、--（自减）

（1）自增运算使单个变量的值增 1，自减运算使单个变量的值减 1。

（2）这两种运算符都是单目运算符。它们的优先级都高于算术运算符，但比成员运算符、括

号运算符和下标运算符低。

2. 用法与运算规则

自增、自减运算符都有两种用法。

（1）前置运算——运算符放在变量之前：++变量、--变量。

先使变量的值增（或减）1，然后再以变化后的值参与其他参数运算，即先增减、后运算。

（2）后置运算——运算符放在变量之后：变量++、变量--。

变量先参与其他参数运算，然后再使变量的值增（或减）1，即先运算、后增减。

3. 表达式

它们的表达式形式都很简单，如：++i、a--。

【例 2.10】自增、自减运算符的用法与运算规则示例。

【程序代码】

```c
#include <stdio.h>
void main()
{
    int x=6, y;
    printf("x=%d\n",x);              /*输出 x 的初值*/
    y = ++x;                         /*前置运算*/
    printf("y=++x: x=%d,y=%d\n",x,y);
    y = x--;                         /*后置运算*/
    printf("y=x--: x=%d,y=%d\n",x,y);
}
```

【运行结果】（见图 2.20）

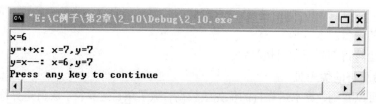

图 2.20 【例 2.10】运行结果

思考：如果将"y=++x;"语句中的前置运算改为后置（y=x++;)，"y=x--;"语句中的后置运算改为前置（y=--x;)，程序运行结果会如何？

4. 说明

（1）自增、自减运算，常用于循环语句中，使循环控制变量加（或减）1，以及指针变量中，使指针指向下（或上）一个地址。

（2）自增、自减运算符，不能用于常量和表达式。例如，5++、--(a+b)等都是非法的。

（3）自增、自减运算符要求所操作的对象的值为一个整数类型，而不能是一个浮点类型的数。如有一个浮点类型变量 f，则 f++是一种错误的使用。

（4）在表达式中，连续使同一变量进行自增或自减运算时，很容易出错，所以最好避免这种用法。如：有一整型变量 i，则++++i，是一个合法的表达式，其作用是连续使 i 进行两次自增操作，但最好避免这种用法，可以把它改成两个表达式为：++i；++i；，这样做可以避免不同系统在编译时的相异性，另一方面也提高了程序的可读性。

2.3.4　赋值运算符与赋值表达式

1. 简单赋值运算符及表达式

赋值运算符 "=" 就是简单赋值符号，它的作用是将一个表达式的值赋给一个变量。

简单赋值表达式的一般形式为：

变量　=　表达式

说明：赋值号 "=" 的左边只能是单个的变量，赋值号右边可以是简单表达式，也可以是复杂表达式，一般要求表达式的类型和被赋值的变量的类型要相容。

例如：

x = 5
y = x+5/2

如果表达式值的类型，与被赋值变量的类型不一致，但都是数值型或字符型时，系统自动地将表达式的值转换成被赋值变量的数据类型，然后再赋值给变量。

2. 复合赋值运算符及表达式

复合赋值运算符由双目运算符加一个赋值符号构成，C 语言规定的 10 种复合赋值运算符如下：

+=, -=, *=, /=, %=;　　/*复合算术运算符（5 个）*/
&=, ^=, |=, <<=, >>=;　/*复合位运算符（5 个）*/

复合赋值表达式的一般形式为：

变量　复合赋值运算符　表达式

它等价于：变量 = 变量 双目运算符（表达式）。

当表达式为简单表达式时，表达式外的一对圆括号才可缺省，否则可能出错。

例如：

x += 3　　　　/* 等价于 x=x+3 */
y *= x + 6　　/* 等价于 y=y*(x+6)，而不是 y=y*x+6 */

利用复合的赋值运算符，可以使程序在书写时显得更为简练。

3. 赋值运算符的优先级

赋值运算符的优先级较低，仅比逗号运算符高，比其他运算符的优先级都低。

2.3.5　关系运算符及其表达式

所谓 "关系运算" 实际上就是 "比较运算"，即将两个数据进行比较，判定两个数据是否符合给定的关系。

例如，"$a > b$" 中的 ">" 表示一个大于关系运算。如果 a 的值是 5，b 的值是 3，则大于关系运算 ">" 的结果为 "真"，即条件成立；如果 a 的值是 2，b 的值是 3，则大于关系运算 ">" 的结果为 "假"，即条件不成立。

1. 关系运算符

C 语言提供 6 种关系运算符：

<(小于)   <=(小于或等于)   >(大于)

>=(大于或等于)   ==（等于）   !=(不等于)

注意：在 C 语言中，"等于"关系运算符是双等号"= ="，而不是单等号"= "（赋值运算符）。

2. 关系的优先级

关系运算符的优先级比算术运算符低，比位运算符高。在这 6 种关系运算符中，又分为两种优先级，"<"、"<="、">"、">="的优先级高于"=="、"! ="。

3. 关系表达式

（1）关系表达式的概念

所谓关系表达式是指用关系运算符将两个表达式连接起来进行关系运算的式子。例如，下面的关系表达式都是合法的：

a>b, a+b>c-d, (a=3)<=(b=5), 'a'>= 'b', (a>b) = =(b>c)

（2）关系表达式的值——逻辑值（"真"或"假"）

C 语言没有逻辑型数据，用整数"1"表示"逻辑真"，用整数"0"表示"逻辑假"。例如：

num1=3, num2=4, num3=5,

则：

num1>num2 的值为 0。
(num1>num2)!=num3 的值为 1。
num1<num2<num3 的值为 1。

思考：任意改变 num1 或 num2 的值，会影响整个表达式的值吗？为什么？

再次强调：C 语言用整数"1"表示"逻辑真"，用整数"0"表示"逻辑假"。所以，关系表达式的值，还可以参与其他种类的运算，如算术运算、逻辑运算等。

例如：(num1<num2)+num3 的值为 6，因为 num1<num2 的值为 1，1+5=6。

2.3.6 逻辑运算符及其表达式

关系表达式只能描述单一条件，如"x>=0"。如果需要描述"x>=0"且"x<10"，就要借助于逻辑表达式了。

1. 逻辑运算符及其运算规则

（1）C 语言提供 3 种逻辑运算符

① &&：逻辑与（相当于"同时"）

② ||：逻辑或（相当于"或者"）

③ !：逻辑非（相当于"否定"）

例如，下面的表达式都是逻辑表达式：

(x>=0) && (x<10) , (x<1) || (x>5) , ! (x= =0),
(year%4==0)&&(year%100!=0)||(year%400==0)

（2）运算规则

① &&：1&&1=1、1&&0=0、0&&1=0、0&&0=0

即当且仅当两个运算对象的值都为"真"时，运算结果为"真"，否则为"假"。

② ‖：1‖1=1、1‖0=1、0‖1=1、0‖0=0

即当且仅当两个运算对象的值都为"假"时，运算结果为"假"，否则为"真"。

③ !：!1=0、 !0=1

即当运算对象的值为"真"时，运算结果为"假"；当运算对象的值为"假"时，运算结果为"真"。

例如，假定 $x=5$，则$(x>=0)$ && $(x<10)$的值为"真"，$(x<-1)$ ‖ $(x>5)$的值为"假"。

2. 逻辑运算符的优先级

逻辑运算符中，"!"属于单目运算符，它的优先级很高，只比成员运算符、括号运算符、下标运算符低；而"‖"、"&&"属于双目运算符，它们的优先级比位运算符低，但比条件运算符、赋值运算符和逗号运算符高；而"&&"的优先级又高于"‖"。

3. 逻辑表达式

（1）逻辑表达式的概念

所谓逻辑表达式是指，用逻辑运算符将 1 个或多个表达式连接起来，进行逻辑运算的式子。在 C 语言中，用逻辑表达式表示多个条件的组合。

例如，$(year\%4==0)$&&$(year\%100!=0)$‖$(year\%400==0)$就是一个判断一个年份是否是闰年的逻辑表达式。

逻辑表达式的结果值也是一个逻辑值（"真"或"假"）。

（2）逻辑运算对象的真假判定——"0"和"非0"

C 语言用整数"1"表示"逻辑真"、用"0"表示"逻辑假"。但在判断一个运算对象的"真"或"假"时，却以"0"和"非0"为依据：如果为"0"，则判定为"逻辑假"；如果为"非0"，则判定为"逻辑真"。

例如，假设 num=12，则!num 的值为 0，num ‖ num>31 的值为 1。

（3）说明

① 逻辑运算符两侧的运算对象，除了可以是"0"和"非 0"的整数外，还可以是其他任何类型的数据，如实型、字符型等。

② 在计算逻辑表达式时，只有在必须执行下一个表达式才能求解时，才求解该表达式（即并不是所有的表达式都被求解）。换句话说：

（a）对于逻辑"与"运算，如果第一个运算对象被判定为"假"，系统不再判定或求解第二运算对象。

（b）对于逻辑"或"运算，如果第一个运算对象被判定为"真"，系统不再判定或求解第二运算对象。

例如：$n1=1$、$n2=2$、$n3=3$、$n4=4$、$x=1$、$y=1$，则求解表达式"$(x=n1>n2)$&&$(y=n3>n4)$"后，x 的值变为 0，而 y 的值不变，仍等于 1。

2.3.7　条件运算符及其表达式

1. 条件运算符

（1）一般形式

表达式 1? 表达式 2：表达式 3

条件表达式中的"表达式1"、"表达式2"、"表达式3"的类型，可以各不相同。

（2）运算规则

如果"表达式1"的值为非0（即逻辑真），则运算结果等于"表达式2"的值；否则，运算结果等于"表达式3"的值。

条件运算符可以用来表示简单的双分支选择结构，当双分支选择结构中语句部分都较为简单时，可以用条件运算符来代替，使程序更为简练。

2. 条件运算符的优先级

条件运算符的优先级较低，仅比赋值运算符和逗号运算符高。

【例2.11】从键盘上输入一个字符，如果它是大写字母，则把它转换成小写字母输出；否则，直接输出。

【程序代码】

```
#include <stdio.h>
void main()
{
    char ch;
    printf("请输入一个字符：");
    scanf("%c",&ch);
    ch=(ch>='A' && ch<='Z') ? (ch+32) : ch;
    printf("ch=%c\n",ch);
}
```

【运行结果】（见图2.21）

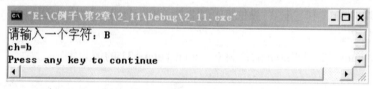

图2.21 【例2.11】运行结果

2.3.8 逗号运算符及其表达式

1. 逗号运算符

逗号运算符又称顺序求值运算符。逗号运算符为","。

2. 逗号运算符的优先级

逗号运算符的优先级是所有运算符中最低的。

3. 逗号表达式

由逗号运算符将运算对象连接起来的式子称为逗号表达式，其一般形式为：

表达式1，表达式2，……，表达式n

求解过程：

自左至右，依次计算各表达式的值，"表达式n"的值即为整个逗号表达式的值。

例如，逗号表达式"a =3*5,a* 4"的值为60：先求解a=3*5，得a=15；再求a*4=60，所以逗号表达式的值等于60。

又例如，逗号表达式 "(a =3*5,a*4),a+5" 的值为 20：先求解 a=3*5，得 a=15；再求 a*4=60；最后求解 a+5=20，所以逗号表达式的值为 20。

注意：并不是任何地方出现的逗号，都是逗号运算符。很多情况下，逗号仅用作分隔符。例如：int a,b,c;中的逗号就作为分隔符使用。

2.3.9　位运算符及其表达式

所谓位运算是指进行二进制位的运算。在系统软件中，常要处理二进制位的问题。C 语言提供位运算的功能，与其他高级语言相比，它显然具有很大的优越性。

1. 位运算符

C 语言提供了 6 种位运算符：

按位与 "&"、按位或 "|"、按位异或 "^"、按位取反 "~"、按位左移 "<<"、按位右移 ">>"。

在这 6 种运算符中，除按位取反是单目运算符外，其他都属于双目运算符。

2. 位运算符的优先级

在这 6 种运算符中，优先级从高到低的顺序为按位取反 "~"、按位左移 "<<"、按位右移 ">>"、按位与 "&"、按位异或 "^"、按位或 "|"。

注意，按位左移 "<<" 和按位右移 ">>" 的优先是相同的。

3. 位运算符的运算规则

（1）按位与——&

① 格式：x&y。

② 规则：1&1=1、1&0=0、0&1=0、0&0=0。

例如：

```
10&20=0:            000000000001010
           &        000000000010100
                    ───────────────
                    000000000000000=0
```

（2）按位或——|

① 格式：x|y。

② 规则：1|1=1、1|0=1、0|1=1、0|0=0。

```
例如，10|20=30:          000000000001010
                    |    000000000010100
                         ───────────────
                         000000000011110=30
```

（3）按位异或——^

① 格式：x^y。

② 规则：1^1=0、1^0=1、0^1=1、0^0=0。

```
例如，10^20=30:       000000000001010
                  ^  000000000010100
                     ───────────────
                     000000000011110=30
```

（4）按位取反——~

① 格式：~x。

② 规则：~1=0、~0=1。

例如，~10=-11：

$$\sim\ \frac{000000000001010}{1111111111110101=-11}$$

·（5）按位左移——<<

① 格式：x<< 位数。

② 规则：使运算对象的各位左移，低位补0，高位溢出。

例如，5<<2=20。

$$\frac{0000000000000101}{0000000000010100=20}\quad <<2$$

（6）按位右移——>>

① 格式：x>>位数。

② 规则：使运算对象的各位右移，移出的低位舍弃；而空出来的高位部分按下面的原则处理：

（a）对无符号数和有符号中的正数，补0；

（b）有符号数中的负数，取决于所使用的系统：补0的称为"逻辑右移"，补1的称为"算术右移"。

例如，20>>2=5。

$$\frac{000000000010100}{000000000000101=5}\quad >>2$$

4. 对位运算操作的说明

（1）x、y 和"位数"等运算对象，都只能是整型或字符型数据。除按位取反为单目运算符外，其余均为双目运算符。

（2）参与运算时，运算对象 x 和 y，都必须首先转换成二进制形式，然后再执行相应的位运算。

【例2.12】从键盘上输入一个正整数给变量num，输出由8~11位构成的数（从低位、0号开始编号）。

【问题分析】

（1）使变量num右移8位，将8~11位移到低4位上。

（2）构造1个低4位为1、其余各位为0的整数。

（3）与num进行按位与运算。

【程序代码】

```c
#include <stdio.h>
void main()
{
    int num, mask;
    printf("请输入一个整数：");
    scanf("%d",&num);
```

```
    num >>= 8;                  /*右移 8 位，将 8~11 位移到低 4 位上*/
    mask = ~ ( ~0 << 4);        /*间接构造 1 个低 4 位为 1、其余各位为 0 的整数*/
    printf("结果=0x%x\n", num & mask);
}
```

【运行结果】（见图 2.22）

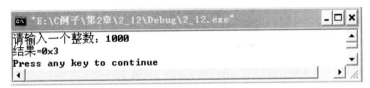

图 2.22　【例 2.12】运行结果

程序说明：

~0 为全 1；左移 4 位后，其低 4 位为 0，其余各位为 1；再按位取反，则其低 4 位为 1，其余
各位为 0。

【例 2.13】从键盘上输入一个正整数给变量 num，按二进制位输出该数。

【程序代码】

```
#include <stdio.h>
void main()
{
    int num, mask, i;
    printf("请输入一个正整数：");
    scanf("%d",&num);
    mask = 1<<15;  /*构造 1 个最高位为 1、其余各位为 0 的整数(屏蔽字)*/
    printf("%d=" , num);
    for(i=1; i<=16; i++)
    {
        putchar(num&mask ? '1' : '0');   /*输出最高位的值(1/0)*/
        num <<= 1;                       /*将次高位移到最高位上*/
        if(i%4==0 )
            putchar(',');                /*4 位一组，用逗号分开*/
    }
        printf("\bB\n");
}
```

【运行结果】（见图 2.23）

图 2.23　【例 2.13】运行结果

说明：

（1）除按位取反运算外，其余 5 个位运算符均可与赋值运算符一起，构成复合赋值运算符：
&=、|+、^=、<<=、>>=。

（2）在内存中占据不同长度的数据之间进行位运算时，低字节对齐，位数少的数的高字节按最高位补位：

① 对无符号数和有符号中的正数，补 0；

② 有符号数中的负数，补 1。

本章小结

本章是 C 语言的基础知识的介绍，包括标识符、关键字、常量、变量、数据类型、运算符和表达式等内容，是正确进行程序设计的前提，读者必须掌握这些知识，并且要做到能灵活运用。C 语言的字符集比较丰富，读者要能正确地进行用户自定义标识符的定义。要理解常量和变量在程序中的表现形式和作用，并了解不同类型的数据在内存中的存放形式，表示数的范围大小，要注意一些特殊常量的使用，如符号常量、转义字符常量等。C 语言拥有丰富的运算符，这是 C 语言具有强大的功能的基础，C 语言中运算符的结合性问题是 C 语言所特有的性质，读者要熟练掌握各种运算符的运算规则和结合性，对各种表达式要能进行正确的运算。在 C 语言中，各种数据类型可以混合运算，这时，一定要清楚理解数据类型之间的各种转换。

习题 2

一、选择题

1. C 语言中的标识符只能由字母、数字和下划线 3 种字符组成，且第一个字符（　　）。

    A．必须为字母   B．必须为下划线

    C．必须为字母或下划线   D．可以是字母、数字和下划线中任一种字符

2. 下列数据中是合法的整型常量的是（　　）。

    A．3E2   B．-32768   C．100000

    D．0xfffff   E．029   F．0x123H

3. 下列数据中是合法的字符常量的是（　　）。

    A．"A"   B．'!'   C．'AB'

    D．h   E．'\\'   F．"\1234'

    G．'\x123'   H．'\0'   I．'\k'

4. 设有定义：int $k=0$;,以下选项的 4 个表达式中与其他 3 个表达式的值不相同的是（　　）。

    A．k++   B．k+=1   C．++k D．k+1

5. 有以下程序，其中%u 表示按无符号整数输出

```
main()
{unsigned int x=0xFFFF;   /* x 的初值为十六进制数 */
  printf( "%u\n",x);
}
```

    程序运行后的输出结果是（　　）。

    A．-1   B．65535   C．32767   D．0xFFFF

6. 设变量 x 和 y 均已正确定义并赋值，以下 if 语句中，在编译时将产生错误信息的是（   ）。

A．if(x++);   B．if(x>y&&y!=0);

C．if(x>y) x-- else y++;   D．if(y<0) {;} else x++;

7. 以下选项中，当 x 为大于 1 的奇数时，值为 0 的表达式（   ）。

A．x%2==1   B．x/2   C．x%2!=0   D．x%2==0

8. 已知大写字母 'A' 的 ASCII 码值是 65，小写字母 'a' 的 ASCII 码值是 97，以下不能将变量 c 中大写字母转换为对应小写字母的语句是（   ）。

A．c=(c-A)%26+'a'   B．c=c+32

C．c=c-'A'+'a'   D．c=('A'+c)%26-'a'

9. 若有说明语句：char c='\72'; 则变量 c（   ）。

A．包含 1 个字符   B．包含 2 个字符

C．包含 3 个字符   D．说明不合法，c 的值不确定

10. 有以下程序

```
void main()
{unsigned char a=2,b=4,c=5,d;
 d=a|b;  d&=c;  printf("%d\n",d); }
```

程序运行后的输出结果是（   ）。

A．3   B．4   C．5   D．6

二、填空题

1. 设 x=2.5，a=7，y=4.7，则 x+a%3*(int)(x+y)%2/4 的值为_____。

2. 设 a=2，b=3，x=3.5，y=2.5，则 (float)(a+b)/2+(int)x%(int)y 的值为_____。

3. 设 a=12，n=5，则计算了表达式 a%=(n%=2) 后，a 的值为_____，计算了表达式 a+=a-=a*=a 后，a 的值为_____。

4. 设 a=3，b=4，c=5，计算下面各表达式的值。

（1）a+b>c&&b==c   （2）a||b+c&&b-c

（3）!(a>b)&&!c||1   （4）!(x=a)&&(y=b)&&0

（5）!(a+b)+c-1&&b+c/2

三、写出下面赋值的结果

格中写了数值的是要将它赋给其他类型变量，将所有空格填上赋值后的数值。

int	99				42	
char		'd'				
unsigned int			76			65535
float				53.65		
long int				68		

四、写出下面程序运行后的结果

1. 以下程序的运行结果是（   ）。

```
#include "stdio.h"
void main()
{
    int a,b;
    a=077;
    b=a&3;
```

```
        printf("\40: The a & b(decimal) is %d \n",b);
        b&=7;
        printf("\40: The a & b(decimal) is %d \n",b);
    }
```

2. 以下程序的运行结果是（   ）。

```
#include <stdio.h>
void  main()
{
    int  i,j,m,n;
    i=8;
    j=10;
    m=++i;
    n=j++;
    printf("%d,%d,%d,%d",i,j,m,n);
}
```

3. 以下程序的运行结果是（   ）。

```
#include <stdio.h>
void  main()
{
    char c1='a',c2='b',c3='c',c4='\101',c5='\116';
    printf("a%cb%c\tc%c\tabc\n",c1,c2,c3);
    printf("\t\b%c %c",c4,c5);
}
```

4. 以下程序的运行结果是（   ）。

```
#include "stdio.h"
void  main()
{
    int a,b;
    a=077;
    b=a|3;
    printf("\40: The a & b(decimal) is %d \n",b);
    b|=7;
    printf("\40: The a & b(decimal) is %d \n",b);
}
```

5. 以下程序的运行结果是（   ）。

```
#include "stdio.h"
void  main()
{
    int a,b;
    a=077;
    b=a^3;
    printf("\40: The a & b(decimal) is %d \n",b);
    b^=7;
    printf("\40: The a & b(decimal) is %d \n",b);
}
```

五、程序设计题

1. 利用条件运算符的嵌套来完成此题：学习成绩>=90 分的同学用 A 表示，60 ~ 89 分的用 B 表示，60 分以下的用 C 表示。

2. 取一个整数 a 从右端开始的 4 ~ 7 位。

第 3 章
顺序结构程序设计

一个程序包括两部分：对数据的定义和对数据的处理。而这些都是由一系列的语句所完成的。数据定义语句主要用来定义数据的类型、完成数据的初始化等；数据处理语句由一系列的控制语句组成，其作用是向计算机系统发出操作指令，以完成对数据的处理和流程控制。

程序流程主要由 3 种基本结构组成：顺序结构、选择结构和循环结构。顺序结构为程序最基本的结构，其包含的语句是按书写的顺序执行，且每条语句都执行。

本章主要介绍 C 语言的基本语句及输入/输出函数的使用。

3.1 C 语言基本语句

一个 C 程序由数据定义语句及数据处理语句组成（如图 3.1 所示）。数据处理语句又可分为表达式语句、函数调用语句、空语句、复合语句、流程控制语句。数据定义语句在第 2 章已经讲解，本章将详细讲解表达式语句、函数调用语句、空语句、复合语句，流程控制语句将在后续章节中讲述。

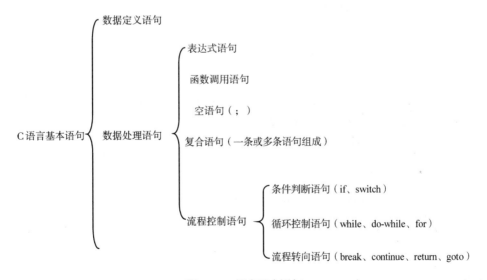

图 3.1 C 语言基本语句

顺序结构程序由表达式语句、函数调用语句组成，程序流程按语句书写顺序执行。本节简要介绍 C 基本语句的相关内容。

1．表达式语句

由表达式加上"；"组成的语句称为表达式语句。表达式语句的一般形式为：

表达式；

注意：分号是 C 语句的结束标志。

表达式语句可分为运算符表达式语句和赋值表达式语句，其作用是计算表达式的值或改变变量的值。

例如：

```
i++;        /* 自增运算语句，其功能是使变量 i 的值增 1 */
--j;        /* 自减运算语句，其功能是使变量 j 的值减 1 */
y+ z ;      /* 加法运算语句，但计算结果未保留，无实际意义 */
x=y+z;      /* 赋值语句，先计算 y+z 的值，然后将此值赋给 x */
```

赋值语句是程序中使用最多一种语句，在使用中要注意以下几种情况。

（1）由于在赋值符"="右边的表达式也可以是一个赋值表达式，因此，下述形式

变量=（变量=表达式）；

是成立的，从而形成嵌套的情形。

其展开之后的一般形式为

变量=变量=…=表达式；

例如：

```
a=b=c=d=e= 4 ;
```

按照赋值运算符的右结合性，因此实际上等效于：

```
e= 4 ;
d=e;
c=d;
b=c;
a=b;
```

（2）变量赋初值和赋值语句的区别。

给变量赋初值是属于数据定义语句一部分，赋初值后的变量与其后的其他同类变量之间仍必须用逗号间隔，而赋值语句则必须用分号结尾。

例如：

```
int a= 4 ,b,c;
```

在变量说明中，不允许连续给多个变量赋初值。

如下述说明是错误的：

```
int  a=b=c= 4 ;
```

必须写为

```
int  a=4, b=4, c=4;
```

而赋值语句允许连续赋值。

（3）赋值表达式和赋值语句的区别。

赋值表达式是一种表达式，它可以出现在任何允许表达式出现的地方，而赋值语句则不能。下述语句是合法的：

```
if  ((x=y+5)>0)  z = x;
```

该语句的功能是，若表达式 x=y+5 大于 0 则 z=x。

下述语句是非法的：

```
if ((x=y+5;)>0)  z=x;
```

因为 x=y+5; 是语句，不能出现在表达式中。

2．函数调用语句

函数调用语句由函数调用表达式后加上"；"组成，一般形式为

函数名（参数表列）；

例如：

```
pirntf("%d", a);  /* 输出函数调用语句：表示向显示器输出变量 a 的值 */
scanf("%d", &a);  /* 输入函数调用语句：表示从键盘输入数据赋给变量 a */
```

C 语言有丰富的标准函数库，可提供各类函数供用户调用（参见附录 II）。标准库函数完成预先设定好的功能，可直接调用。可进行输入/输出操作、求数学函数值等。

3．空语句

空语句用一个分号表示，其一般形式为

;

空语句是什么也不执行的语句。在程序中空语句可用来作为空循环体。

4．复合语句

把多个语句用大括号"{}"括起来组成的一个语句称复合语句。在程序中应把复合语句看成是单条语句，而不是多条语句。

例如：

```
{
    x=y+z;
    a=b+c;
    printf("%d%d", x, a);
}
```

是一条复合语句。复合语句内的各条语句都必须以分号"；"结尾，在括号"}"外不能加分号。

5．C 语言数据的输入与输出

输入／输出是相对于计算机主机为主体而言的，从计算机向外部输出设备（如显示器、打印机等）输出数据称为"输出"，从外部输入设备（如键盘、鼠标等）向计算机输入数据称为"输入"。

为了让计算机处理各种数据，首先应该把源数据输入到计算机中；计算机处理结束后，再将

目标数据信息以人能够识别的方式输出。

C 语言本身不提供输入／输出语句，C 语言的输入输出操作，是由 C 语言提供的库函数来实现的。如前面所提到的 printf 和 scanf 函数。注意：printf 与 scanf 不是 C 语言的关键字，而只是函数的名字，也可以不用这两个函数名，而要重新编写输入输出函数。

C 语言具有丰富的输入／输出函数，有用于键盘输入和显示器输出的输入／输出函数、还有用于磁盘文件读写的输入／输出函数等。本节主要介绍与键盘输入和显示器输出相关的输入／输出函数。

在使用 C 语言库函数时，要用预编译命令 "#include" 将有关的 "头文件" 包含在用户源文件中。头文件包含了与用到的函数有关的信息。例如，标准输入／输出函数的相关信息放在 "stdio.h" 头文件中。因此在调用标准输入／输出函数时要在源文件开头包含以下内容：

```
# include <stdio.h>
或
#include "stdio.h"
stdio 是 standard input and output 的意思。
```

3.2 字符数据的输入／输出

对于单个字符输入与输出，C 语言标准 I/O 函数库中提供两个函数：putchar( ) 与 getchar( )。下面简要介绍这两个函数的使用。

3.2.1 字符数据的输出 putchar 函数

putchar 函数是单个字符输出函数，其功能是在标准输出设备上输出单个字符。
其调用的一般格式为

putchar(字符变量);

【例 3.1】用 putchar 函数输出数据。
【程序代码】

```
#include <stdio.h>
void main()
{
    char ch1='B';
    int i=66;
    putchar(ch1);;            /*输出字符变量 ch1 的值*/
    putchar('\n');            /*换行*/
    putchar(i);               /*输出字符'B'，字符'B'的 ASCII 的值是 66*/
    putchar('\n');
    putchar('B');             /*输出字符'B'*/
    putchar('\n');
}
```

【运行结果】（见图 3.2）

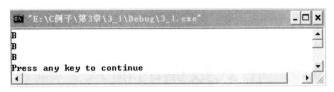

图 3.2　【例 3.1】运行结果

使用 puthcar 函数时要注意以下几点。

（1）putchar 函数可输出一个字符变量、字符常量及整型变量，即将一个整型作为 ASCII 编码，输出相应的字符；也可以是一个转义字符。

（2）putchar 函数只能用于单个字符的输出，且一次只能输出一个字符。

3.2.2　字符数据的输入 getchar 函数

getchar 函数是单个字符输入函数，其功能是从键盘上输入一个字符，并赋值给相应的字符变量或整型变量。

其调用的一般格式为

```
getchar();
```

【例 3.2】用 getchar() 函数输入数据。

【程序代码】

```
#include <stdio.h>
void main()
{
    char  ch;
    printf("请输入两个字符: ");
    ch=getchar();                      /*输入一个字符并赋给 ch */
    putchar(ch);putchar('\n');
    putchar(getchar());                   /*输入一个字符并输出*/
    putchar('\n');
}
```

【运行结果】（见图 3.3）

图 3.3　【例 3.2】运行结果

使用 getchar 函数时要注意以下几点。

（1）getchar() 函数只能接收单个字符，输入数字也按字符处理。输入多于一个字符时，只接收第一个字符。

（2）执行 getchar() 函数输入字符时，键入字符后需要按回车键，回车后，程序才会响应输入，继续执行后面语句。

（3）getchar() 函数也将回车键作为一个回车符读入，因此，在用 getchar() 函数连续输入两个字符时要注意回车符。

3.3 格式数据的输入／输出

3.3.1 标准格式输出 printf 函数

printf 函数是格式化输出函数，它的作用是按指定的格式，把指定的数据显示到标准输出设备（显示器）上。

1. printf 函数的一般调用格式

printf 函数的一般调用格式为

```
printf("格式控制字符串", 输出项表列);
```

如：printf("x=%d,y=%c\n", x, y);

括号内包含两部分内容：

（1）格式控制字符串必须用双引号括起来，它的作用是控制输出项的格式和输出一些提示信息，包含以下 3 种信息。

① 格式控制符，由"%"和格式字符组成。

如"%d"表示将输出的数据以整型数据类型输出；"%c"表示将输出的数据以字符类型数据输出。

② 普通字符，这些字符按原样输出。如上面例子格式控制字符串中的"x="、","与"y="都是普通字符。

③ 转义字符，指明特定的操作，如"\n"表示换行，"\t"表示水平制表符。

（2）输出项表列列出要输出的一些数据，如常量、变量、表达式等，它可以是 0 个、1 个或多个，每个输出项之间用逗号","分隔。输出的数据可以是整数、实数、字符和字符串。

例如：

```
int i = 65;
printf("i=%d, %c\n", i, i);
```

输出结果为：

```
i=65,A
```

语句 printf("i=%d, %c\n", i, i);中的两个输出项都是变量 i，但却以不同的格式输出，一个输出 65，另一个输出字符 A，其格式分别由"%d"和"%c"来控制；格式控制字符串中的"i="是普通字符，按原样输出；"\n"是转义字符，其作用是换行。

2. 格式控制符

格式控制符，由"%"和格式字符组成，以说明输出数据的类型、形式、长度、小数位数等。对不同类型的数据用不同的格式控制符。常用的有以下几种格式字符。

（1）d 格式字符。以十进制形式输出整数。主要有以下几种用法。

① %d，按整型数据的实际长度输出。例如：

```
printf ("%d", 1234);
```

输出结果为:

```
1234
```

② %md,m 为指定为输出数据的宽度,即控制输出宽度,为一非负整数。如果数据的位数小于 m,则左端补以空格;若大于 m 位,则按实际位数以十进制数形式输出。例如:

```
int a =123, b = 123456;
printf ("%5d, %5d", a, b);
```

输出结果为:

```
└ └ 123,123456          //本教材中用"└"表示一个空格符
```

%-md,如果数据的位数小于 m,则右端补空格,若大于 m 位,则按实际位数据输出。例如:

```
printf ("-5d, %-5d", a, b);
```

输出结果为:

```
123└ └ ,123456
```

③ %ld,输出长整型数据。例如:

```
long a = 123456789;
printf("%ld",a);
```

输出结果为:

```
123456789
```

也可指定数据输出宽度,例如:

```
printf("%10ld",a);
```

输出结果为:

```
└123456789
```

一个 int 型数据可以用%d 或%ld 格式输出。

(2)o 格式字符。以八进制形式输出整数。

输出的数值不带符号,即将符号位也一起作为八进制数的一部分输出。例如:

```
int a = -1;
printf("%d,%o",a,a);
```

在 32 位编译系统中,a 在内存中的存放形式(以补码形式存放)如下:

1	1 1 1 1 1 1 1 1 1 1 1 1 1 1 1 1 1 1 1 1 1 1 1 1 1 1 1 1 1 1 1

因此其输出结果为:

```
-1,37777777777
```

可以看出,八进制形式输出的整数是不考虑符号的,在使用时要注意。

对长整数(long 型)可以用"%lo"格式输出。同样也可以指定数据的输出宽度。

例如：

```
printf("%12o, -12o",a,a);
```

输出结果为：

╘ 37777777777,37777777777╛

（3）x 或 X 格式字符。以十六进制形式输出整数。

同 o 格式字符一样，十六进制形式输出为整数是不考虑符号的。

例如：

```
int a = -1;
printf("%x,%X,%d",a,a,a);
```

输出结果为：

ffffffff,FFFFFFFF,-1

（4）u 格式字符，以十进制形式输出 unsigned 型数据。

例如：

```
int a=-1;
printf("%d,%u",a,a);
```

输出结果为：

-1,4294967295

（5）c 格式字符。用来输出一个字符。

【例 3.3】字符数据的输出。

【程序代码】

```
#include <stdio.h>
void main()
{
    char c='b';
    int a=66;
    printf("%c,%d,%3c\n",c,c,c);
    printf("%c,%d,%3c\n",a,a,a);
}
```

【运行结果】（见图 3.4）

图 3.4 【例 3.3】运行结果

一个整数，只要它的值在 0～255，也可以字符形式输出。在输出前，系统会将该整数作为 ASCII 码转换成相应的字符；反之，一个字符也可以作为一个整数输出，输出其所对应的 ASCII 码值。

%3c 指定输出的宽度为 3 位，因此左端补 3 个空格。

（6）s 格式字符。用来输出一个字符串。

主要有以下几种形式。

① %s，例如：

```
printf("%s","China");
```

输出结果为：

```
China
```

② %ms，表示当字符串长度小于指定的输出宽度 m 时，则在左端补空格；若当长度大于 m 时，则按字符串的实际长度输出。

③ %-ms，表示当字符串长度小于指定的输出宽度 m 时，则在右端补空格；若当长度大于 m 时，则按字符串的实际长度输出。

④ %m.ns，表示输出的字符串占 m 个字符宽度，但只输出字符串中开头的 n 个字符，且字符串右对齐，不足 m 位左边补空格。

【例 3.4】字符串的输出。

【程序代码】

```
#include <stdio.h>
void main()
{
  printf("%s,%5s,%.4s,%5.2s,%-5.3s\n","Hello", "Hello", "Hello", "Hello", "Hello");
}
```

【运行结果】（见图 3.5）

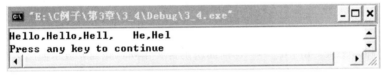

图 3.5　【例 3.4】运行结果

其中第 3 个输出项，格式说明为 "%.4s" 即只指定了 n，没指定 m，自动使 $m=n=4$，故输出 4 列。第 4 个输出项左边补 3 个空格，第 5 个输出项右边补 2 个空格。

（7）f 格式字符。以小数形式输出十进制实数（包括单、双精度），可以指定格式宽度，也可指定小数位数。

f 格式字符主要有以下几种用法。

① %f，不指定宽度，整数部分全部输出，并输出 6 位小数。注意，并非全部数字都是有效数字。单精度实数的有效位数一般为 7 位，双精度实数的有效位数一般为 16 位。

② %m.nf，表示输出的实数共占 m 个字符宽度，其中 n 位小数，不足则左端补空格。

③ %-m.nf 与 %m.nf 基本相同，只是使输出的数值向右补空格。

【例 3.5】实数的输出。

【程序代码】

```
#include <stdio.h>
void main()
```

```
{
    float x = 123.456;
    double y = 123.456;
    printf("%f,%8f,%8.2f,%.2f,%-8.2f\n",x,x,x,x,x);
    printf("%lf,%8lf,%8.2lf,%.2lf,%-8.2lf\n",y,y,y,y,y);
}
```

【运行结果】（见图 3.6）

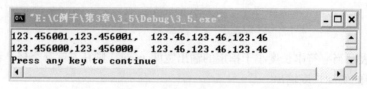

图 3.6 【例 3.5】运行结果

其中第一行的第 3 个输出项左边补 2 个空格，第 4 输出项右边补 2 个空格。

注意：x 的值应为 123.456，而按%f 格式所输出的是 123.456001，这是因为单精度实数的有效位数是 7 位，即只有前面的 7 位是有效数字，数尾的 01 是由于实数在内存中的存储误差引起的。而双精度实数的有效位数是 16 位，所以本例中 y 输出的全是有效数字。

（8）e 格式字符。用来以指数形式输出十进制实数。

e 格式字符主要有以下几种用法。

① %e 按标准宽度输出。标准宽度共占 13 位，分别为：整数部分占 1 位，小数点占 1 位，小数部分占 6 位，e 占 1 位，指数正（负）号占 1 位，指数占 3 位。

```
printf ("%e",123.4567);
```

输出结果为：

```
1.234567e+002
```

② %m.ne 和%-m.ne。m、n、"-"与前面所讲含义相同。此处 n 表示输出数据的小数部分的小数位数。例如：

```
float f = 321.654;
printf ("%e,%9e,%9.1e,%.1e,%-9.1e",f,f,f,f,f);
```

输出结果为：

```
3.216540e+002,3.216540e+002, ↩ 3.2e+002,3.2e+002,3.2e+002↩
```

此外，还有%g 格式符，用以输出浮点数，它根据数值的大小，自动选取 f 格式或 e 格式。如果要输出%本身，则双写%。例如：

```
printf ("%f%%", 1.0/3);
```

输出结果为：

```
0.333333%
```

以上详细介绍了各种格式控制符的使用。下面对格式控制符做归纳总结。

格式控制符的一般形式为

%[标志][输出最小宽度][．精度][长度]类型

其中方括号[]中的项为可选项。

各部分说明如下。

① 标志：标志字符为－、+、# 3 种，其意义如表 3.1 所示。

表 3.1　　　　　　　　　　　　　　　　　．　　　标志符及意义

标　　志	说　　　　明
－	结果左对齐，右边填空格
+	输出符号（正号或负号）
#	对 c、s、d、u 类无影响；对 o 类，在输出时加前缀 o；对 x 类，在输出时加前缀 0x；对 e、g、f 类当结果有小数时才给出小数点

② 输出最小宽度：用十进制整数来表示输出的最少位数。若实际位数多于定义的宽度，则按实际位数输出；若不足，则在输出数据的左边或右边补足空格（依据标志符）；若在"输出最小宽度"符前面加前缀"0"，则不足位补 0。

③ 精度：精度格式符以"."开头，后跟十进制整数。本项的意义是如果输出整数，则表示至少要输出的数字个数，不足在左边补足数字 0，多则原样输出；如果输出实数，则表示小数的位数；如果输出的是字符，则表示输出字符的个数；若实际位数大于所定义的精度数，则截去超过的部分。

④ 长度：长度格式符为 h 和 l 两种，h 表示按短整型数据输出，l 表示按长整型数据输出。

⑤ 类型：类型字符用以表示输出数据的类型，其格式字符和意义如表 3.2 所示。

表 3.2　　　　　　　　　　　　　　　　printf 函数格式字符

格　式　字　符	说　　　　明
d	以十进制形式输出带符号整数（正数不输出符号）
o	以八进制形式输出无符号整数（不输出前缀 0）
x,X	以十六进制形式输出无符号整数（不输出前缀 0x）
u	以十进制形式输出无符号整数
c	输出单个字符
s	输出字符串
f	以小数形式输出单、双精度实数
e,E	以指数形式输出单、双精度实数
g,G	以%f 或%e 中较短的输出宽度输出单、双精度实数
%	输出百分号（%）

3.3.2　标准格式输入 scanf 函数

scanf 函数是格式化输入函数，它的作用是按指定的格式，从键盘输入数据给指定的变量。

1．scanf 函数的一般调用格式

scanf 函数的一般调用格式为

```
scanf ("格式控制字符串",地址表列);
```

括号内包括以下两部分内容。

（1）格式控制字符串。与 printf 函数类似，控制字符串可以包含两种类型的字符：格式控制符、普通字符。

格式控制符与 printf() 函数的相似，普通字符在输入有效数据时，必须原样输入。

（2）地址表列由若干个地址组成的列表，相邻两个地址之间，用逗号"，"分开。

地址表列中的地址，可以是变量的首地址，也可以是字符数组名或指针变量。它与格式控制字符串中的格式控制符一一对应。

变量首地址的表示方法：

&变量名

其中，"&"是取地址运算符。

【例 3.6】用 scanf 函数输入数据。

【程序代码】

```
#include <stdio.h>
void main()
{
    int x, y, z;
    printf("请输入 3 个数：");
    scanf ("%d%d%d", &x,&y,&z);        /*从键盘上输入 x、y、z 的值*/
    printf("%d,%d,%d\n",x,y,z);        /*输出 x、y、z 的值*/
}
```

【运行结果】（见图 3.7）

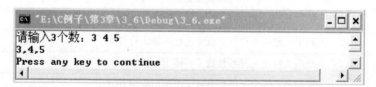

图 3.7 【例 3.6】运行结果

"&x"指变量 x 在内存中的地址。上面 scanf 语句的含义是从键盘上输入 3 个数分别赋给变量 x、y、z。

"%d%d%d"表示按十进制整数形式输入数据，输入数据时，两个数据之间以一个或多个空格，或回车键、跳格键 tab 分隔。下面输入均合法：

① 2└─ └─ └─ 3└─ └─ └─ 4✓

② 2✓

　　3└─ └─ 4✓

③ 2（按<tab>键）3✓

　　4✓

2．格式控制符

与 printf 函数类似，由"%"和格式字符组成。

格式控制符的一般形式为

%[*][输入数据宽度][长度]类型

其中有方括号[]的项为可选项。各项的意义如下。

（1）类型：表示输入数据的类型，其格式字符和意义如表 3.3 所示。

表 3.3　　　　　　　　　　　　　　scanf 函数格式字符

格　　式	字　符　意　义
d	输入有符号的十进制整数
o	输入无符号的八进制整数
x	输入无符号的十六进制整数
u	输入无符号的十进制整数
f 或 e	输入实数(可用小数形式或指数形式)
c	输入单个字符
s	输入字符串

（2）"*"符称为输入赋值抑制符：表示该输入项读入后不赋予相应的变量，即跳过该输入值。例如：

```
scanf("%d%*d%d",&a,&b);
```

当输入为：1 ⊢ 2 ⊢ 3✓时，把 1 赋予 a，2 被跳过，3 赋予 b。

（3）输入数据宽度：表示输入项最多可输入的字符个数。如遇空格或不可转换的字符，读入的字符将减少。例如：

```
scanf("%5d",&a);
```

输入：12345678✓

只把 12345 赋值给变量 a，其余部分被截去。

例如：

```
scanf("%4d%5d%f",&a,&b,&c);
```

输入：200812⊢5.1✓

将把 2008 赋给 a，而把 12 赋给 b，将 5.1 赋给 c。"%4d"控制第一个数据只取 4 个字符，所以将前面 4 个字符转换成整型数 2008；"%5d"控制第 2 个数据只取后面的 5 个字符，但由于"12"后是空格，读入的字符将减少，因此只把"12"赋给 b。

（4）长度：长度格式符为 l 和 h，l 表示输入长整型数据（如%ld）和双精度浮点数（如%lf）。h 表示输入短整型数据。

3．使用 scanf 函数的注意事项

（1）scanf 函数中的"格式控制字符串"后面应当是变量地址，而不应是变量名。例如：

```
int a,b;
scanf ("%d,%d", a, b);     /*错误*/
scanf ("%d,%d", &a, &b);  /*正确*/
```

（2）用 scanf 函数输入实数时，对于 float 型变量，格式控制符必须为"%f"；对于 double 型变量，格式控制符必须为"%lf"，否则，会得到不正确的数据。

例如：

```
float f;
double e;
scanf ("%f", f);   /*正确 */
scanf ("%lf", f);  /*错误*/
scanf ("%lf", e);  /*正确 */
scanf ("%f",e);    /*错误*/
```

也不允许规定精度。

例如：

```
float f;
scanf ("%10.4f", f); /*错误*/
```

（3）如果输入时类型不匹配，scanf 函数将停止处理。

例如：

```
int x, y;
char ch;
scanf ("%d%c%3d", &x, &ch, &y);
```

若输入为：23␣a␣56↙，则函数将 23 存入赋给 x，空格作为字符赋给 ch，字符'a'作为整型数据读入。

（4）如果在"格式控制字符串"中除了格式字符以外还有其他字符，则在输入数据时应输入与这些字符相同的字符。例如：

```
scanf("a=%d,b=%d",&a,&b);
```

输入时应用以下形式：

```
a=1,b=2↙
```

3.4　顺序结构精选案例

在顺序结构程序中，一般包括以下几个部分。

1．编译预处理命令

在程序的编写过程中，若要使用标准函数，应使用编译预处理命令，将相应的头文件包含进来。

2．函数

在函数体中，包含顺序执行的各部分语句，主要由以下几部分组成：

（1）变量的说明部分；

（2）提供数据部分；

（3）运算部分；

（4）输出结果部分。

下面介绍几个顺序结构程序设计的例子。

【例 3.7】从键盘输入梯形的上底、下底和高，计算梯形的面积。

【问题分析】

根据梯形的面积= (a+b)*h/2 可如下设计程序：

（1）定义实型变量 a、b、h、s，分别用于存放上底、下底、高和面积；

（2）调用输入函数，从键盘上输入数据给变量 a、b、c；

（3）运用梯形的面积公式求出面积 s；

（4）输出面积 s。

【程序代码】

```c
#include <stdio.h>
void main()
{
    float a,b,h,s;
    printf("请输入上底、下底和高: ");
    scanf("%f%f%f",&a,&b,&h);        /*输入浮点数赋给变量 a,b,h*/
    s=(a+b)*h/2.0;                   /*计算面积，赋给变量 s*/
    printf("s=%6.2f \n",s);          /*输出面积，数据共占 6 个字符宽，2 位小数*/
}
```

【运行结果】（见图 3.8）

图 3.8 【例 3.7】运行结果

【例 3.8】从键盘输入一个字符，求出与该字符前后相邻的两个字符，按从小到大的顺序输出这 3 个字符的 ASCII 码。

【问题分析】

ASCII 码的大小关系与字符的大小关系一致，且相邻字符的 ASCII 码编码连续。用顺序结构即可如下设计：

（1）定义字符型变量 ch；

（2）调用字符输入函数，输入一个字符存入变量 ch 中；

（3）分别输入与该字符前后相邻的两个字符及其 ASCII 码。

【程序代码】

```c
#include<stdio.h>
void main()
{
    char ch;
    printf("请输入一个字符: ");
    ch=getchar();
    printf("%c 的 ASCII 值为%d\n",ch-1,ch-1);
    printf("%c 的 ASCII 值为%d\n",ch,ch);
    printf("%c 的 ASCII 值为%d\n",ch+1,ch+1);
}
```

【运行结果】（见图 3.9）

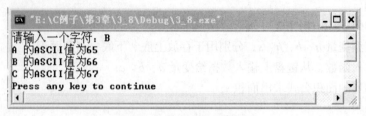

图 3.9 【例 3.8】运行结果

【例 3.9】输入任意 3 个整数，求它们的平均值。

【问题分析】

（1）定义整型变量 num1、num2、num3 及实型变量 average，分别存放 3 个整数及平均值；

（2）从键盘上输入 3 个整数存入变量 num 1 、num2、num3 中；

（3）求 3 个数的平均值，赋给变量 average；

（4）输出 average。

【程序代码】

```
#include<stdio.h>
void main()
{
    int num1,num2,num3;
    float average;
    printf("请输入 3 个整数：\n");
    scanf("%d,%d,%d",&num1,&num2,&num3);        /*输入 3 个用逗号分隔的整数*/
    average = (num1+num2+num3)/3.0;             /*求平均值*/
    printf("平均值为%8.2f\n",average);          /*输出平均值*/
}
```

【运行结果】（见图 3.10）

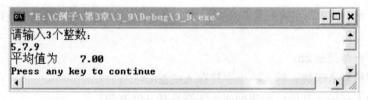

图 3.10 【例 3.9】运行结果

思考：为什么求平均值语句是 average = (num1+num2+num3)/3.0，能不能改为 average = (num1+num2+num3)/3？

【例 3.10】求方程 $ax^2+bx+c=0$ 的实数根（$a\neq0$ 且 $b^2-4ac>0$）。

【问题分析】

一元二次方程的实数根为：$x_{1,2}=\dfrac{-b\pm\sqrt{b^2-4*a*c}}{2*a}$

（1）输入实型数据 a、b、c；

（2）求判别式 b^2-4ac；

（3）调用求平方根函数 sqrt()，求方程的根；

（4）输出实数根。

【程序代码】

```
#include<stdio.h>
#include<math.h>
void main()
{
    float a,b,c,disc,x1,x2;
    printf("请输入a,b,c:\n");
    scanf("%f,%f,%f",&a,&b,&c);
    disc=b*b-4*a*c;
    x1=(-b+sqrt(disc))/(2*a);
    x2=(-b-sqrt(disc))/(2*a);
    printf("x1=%7.2f    x2=%7.2f\n",x1,x2);
}
```

【运行结果】（见图 3.11）

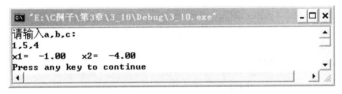

图 3.11 【例 3.10】运行结果

注意：因为程序中使用了求平方根库函数 sqrt()，因此在预处理命令中应包含#include<math.h>。

3.5 项目实例

本书在各章节中的"项目实例"小节中，将以"学生成绩管理系统"为项目实例，应用各章节所学内容，展示"学生成绩管理系统"的整个开发过程。通过该项目实例的学习，读者能掌握所学知识并灵活运用所学知识解决实际问题。

"学生成绩管理系统"是一套用计算机来管理学生成绩的应用软件，其主要功能定义如下：

① 查询学生成绩；

② 添加学生成绩；

③ 修改学生成绩；

④ 删除学生成绩；

⑤ 保存数据到文件；

⑥ 浏览数据；

⑦ 退出。

本节主要运用输入/输出函数及顺序结构，设计"学生成绩管理系统"主功能界面。（具体功能后面陆续实现。）

【程序代码】

```
#include <stdio.h>
```

```
void main()
{
    printf("\n\t★☆    欢迎使用学生成绩管理系统    ☆★\n\n");
    printf("\t请选择(1-7): \n");
    printf("\t=================================\n");
    printf("\t\t1.查询学生成绩\n");
    printf("\t\t2.添加学生成绩\n");
    printf("\t\t3.修改学生成绩\n");
    printf("\t\t4.删除学生成绩\n");
    printf("\t\t5.保存数据到文件\n");
    printf("\t\t6.浏览数据\n");
    printf("\t\t7.退出\n");
    printf("\t=================================\n");
}
```

【运行结果】（见图 3.12）

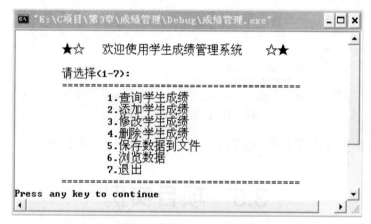

图 3.12 【例 3.11】运行结果

本章小结

一个 C 程序由数据定义语句及数据处理语句组成。数据处理语句又可分为表达式语句、函数调用语句、空语句、复合语句、流程控制语句。顺序结构程序由表达式语句、函数调用语句组成。程序流程按语句书写顺序执行。

程序设计的一般步骤是：

（1）变量的说明部分；

（2）提供数据部分；

（3）运算部分；

（4）输出结果部分。

在编写程序时要有良好的源程序书写风格，顺序程序段中的所有语句（包括说明语句），一律与本顺序程序段的首行左对齐。

习题 3

一、单选题

1. printf 函数中用到格式符%5s，其中数字 5 表示输出的字符串占用 5 列，如果字符串长度大于 5，则输出按方式（　　）。

  A．从左起输出该字符串，右补空格　　 B．按原字符长从左向右全部输出

  C．右对齐输出该字串，左补空格　　 D．输出错误信息

2. 已有定义 int $a=-2$; 和输出语句 printf("%8x",a); ，以下正确的叙述是（　　）。

  A．整型变量的输出形式只有%d 一种。

  B．%x 是格式控制符的一种，它可以适用于任何一种类型的数据。

  C．%x 是格式控制符的一种，其变量的值按十六进制输出，但%8x 是错误的。

  D．%8x 不是错误的格式控制符，其中数字 8 规定了输出数据的宽度。

3. 若 x、y 均定义成 int 型，z 定义为 double 型，以下不合法的 scanf 函数调用语句是（　　）。

  A．scanf("%d %x %le", &x, &y, &z);

  B．scanf("%2d *%d%lf", &x, &y, &z);

  C．scanf("%x %*d %o", &x, &y);

  D．scanf("%x %o%6.2f", &x, &y, &z);

4. 以下说法正确的是（　　）。

  A．输入项可以为一个实型常量，如 scanf("%f",3.5);。

  B．只有格式控制字符串，没有输入项，也能进行正确输入，如 scanf("a=%d,b=%d");。

  C．当输入一个实型数据时，格式控制部分应规定小数点后的位数，如 scanf("%4.2f",&f);。

  D．当输入数据时，必须指明变量的地址，如 scanf("%f",&f);。

5. 以下程序的输出结果是（　　）。

```
#include<stdio.h>
void main( )
{
    int k=17;
    printf("%d,%o,%x\n",k,k,k);
}
```

  A．17, 021, 0x11　　 B．17, 17, 17

  B．17, 0x11, 021　　 D．17, 21, 11

6. 下列程序的运行结果是（　　）。

```
#include <stdio.h>
void main()
{
    int a=2,c=5;
    printf("a=%d,b=%d\n",a,c);
}
```

  A．a=%2,b=%5　　 B．a=2,b=5

    C. *a=d,b=d*　　　　　　　　　　　　D. *a*=2,*c*=5

7. 有如下程序，若要求 *a*1、*a*2、*c*1、*c*2 的值分别为 10、20、'A'、'B'，正确的数据输入是（　　　　）。

```
#include<stdio.h>
void main()
{
    int a1,a2;
    char c1,c2;
    scanf("%d%d",&a1,&a2);
    scanf("%c%c",&c1,&c2);
}
```

    A. 1020AB✓　　　B. 10 20✓　　AB✓　　C. 10 20　ABC✓　　D. 10 20AB✓

8. 以下 C 程序正确的运行结果是（　　　　）。

```
#include<stdio.h>
void main()
{
    long y=-43456;
    printf("y=%-8ld\n",y);
    printf("y=%-08ld\n",y);
    printf("y=%08ld\n",y);
    printf("y=%+8ld\n",y);
}
```

    A. y= −43456　　　　　　　　B. y=−43456

       y=−　43456　　　　　　　　　　y=−43456

       y=−0043456　　　　　　　　　　y=−0043456

       y=−43456　　　　　　　　　　　y=+ 43456

    C. y=−43456　　　　　　　　D. y= −43456

       y=−43456　　　　　　　　　　　y=−0043456

       y=−0043456　　　　　　　　　　y=00043456

       y= −43456　　　　　　　　　　　y=+43456

9. 以下 C 程序正确的运行结果是（　　）。

```
#include<stdio.h>
void main()
{
    long y=23456;
    printf("y=%3x\n",y);
    printf("y=%8x\n",y);
    printf("y=%#8x\n",y);
}
```

    A. y = 5ba0　　　　　　　　B. y =　　5ba0

       y =　　5ba0　　　　　　　　　y =　　　5ba0

       y =　0x5ba0　　　　　　　　　y =　0x5ba0

    C. y = 5ba0　　　　　　　　D. y = 5ba0

       y = 5ba0　　　　　　　　　　y =　　5ba0

       y = 0x5ba0　　　　　　　　　y = # # # #5ba0

10. 阅读以下程序，当输入数据的形式为：25，13，10↙，正确的输出结果为（　　　）。

```c
#include<stdio.h>
void main()
{
    int x,y,z;
    scanf("%d%d%d",&x,&y,&z);
    printf("x+y+z=%d\n",x+y+z);
}
```

　A．x+y+z=48　　B．x+y+z=35　　　　C．x+z=35　　　　　　D．不确定值

二、看程序，写运行结果

1. 以下程序的运行结果是（　　　）。

```c
#include <stdio.h>
void main()
{
    int x=10;float pi=3.1416;
    printf("%d\n",x);
    printf("%6d\n",x);
    printf("%f\n",56.1);
    printf("%14f\n",pi);
    printf("%e\n",568.1);
    printf("%14e\n",pi);
    printf("%g\n",pi);
    printf("%12g\n",pi);
}
```

2. 以下程序的运行结果是（　　　）。

```c
#include <stdio.h>
void main()
{
    float a=123.456;
    double b=8765.4567;
    printf("%f\n",a);
    printf("%14.3f\n",a);
    printf("%6.4f\n",b);
    printf("%lf\n",b);
    printf("%14.3f\n",b);
    printf("%8.4f\n",b);
    printf("%.4f\n",b);
}
```

3. 以下程序的运行结果是（　　　）。

```c
#include <stdio.h>
void main()
{
    int x =7281;
    printf("x=%3d,x=%6d,x=%6o,x=%6x,x=%6u\n",x,x,x,x,x);
    printf("x=%-3d,x=%-6d,x=%$-06d,x=%$06d,x=%%06d\n",x,x,x,x,x);
    printf("x=%+3d,x=%+6d,x=%+08d\n",x,x);
    printf("x=%o,x=%#o\n",x,x);
    printf("x=%x,x=%#x\n",x,x);
}
```

4. 以下程序的运行结果是 (　　　)。

```
#include<stdio.h>
void main()
{
    int sum,pad;
    sum=pad=5;
    pad=sum++;
    pad++;
    ++pad;
    printf("%d\n",pad);
}
```

5. 以下程序的运行结果是 (　　　)。

```
#include<stdio.h>
void main()
{
    int i=010,j=10;
    printf("%d,%d\n",++i,j--);
}
```

6. 以下程序的运行结果是 (　　　)。
已知字母 A 的 ASCII 码是 65。

```
#include<stdio.h>
void main()
{
    char c1='A',c2='Y';
    printf("%d,%d\n",c1,c2);
}
```

三、填空

1. 在 printf 格式字符中，只能输出一个字符的格式字符是_____；用于输出字符串的格式字符是_____；以小数形式输出实数的格式字符是_____；以标准指数形式输出实数的格式字符是_____。

2. 假设变量 a 和 b 为整型，以下语句可以不借助任何变量把 a、b 中的值进行交换。请填空 $a+=$_____;$b=a-$_____;$a-=$_____;

3. 有一输入函数 scanf("%d",k); 则不能使用 float 变量 k 得到正确数值的原因是_____和_____。

scanf 语句的正确形式应该是：_____。

4. 已有定义 int a;float b,x;char c1,c2;，为使 $a=3$，$b=6.5$，$x=12.6$，$c1$='a'，$c2$='A'正确的输入函数调用语句是_____，输入数据的方式是_____。

5. 若有以下定义的语句，为使变量 $c1$ 得到字符'A'，变量 $c2$ 得到字符'B'，正确的格式输入形式是_____。

```
char c1,c2;
scanf("%4c%4c",&c1,&c2);
```

6. 以下程序的执行结果是_____。

```
#include<stdio.h>
```

```
void main()
{
    char c='A'+10;
    printf("c=%c\n",c);
}
```

7. 输入任意一个 3 位数，将其各位数字反序输出（如输入 123，输出 321）。

```
#include<stdio.h>
void main()
{
    int x ,a ,b, c ;
    printf("请输入一个三位数：");
    scanf("%d", &x);
    a=x/100;
    _____;
    _____;
    printf("反序为：%d%d%d",c,b,a);
}
```

8. 用 getchar 函数读入两个字符给 c1、c2，然后分别用 putchar 函数和 printf 函数输出这两个字符。

```
#include<stdio.h>
void main()
{
    char c1, c2;
    printf("请输入两个字符给 c1 和 c2：\n");
    _____;
    _____;
    printf("用 putchar 函数输出结果为：\n") ;
    _____;
    _____;
    printf("\n 用 printf 函数输出结果为：\n") ;
    _____;
}
```

四、编程题

1. 输入一个非负数，计算以这个数为半径的圆周长和面积。

2. 从键盘输入一个大写字母，输出其对应的小写字母。

3. 输入三角形的边长，求三角形面积（面积=$\sqrt{s*(s-a)*(s-b)*(s-c)}$，s=(a+b+c)/2）。

4. 编写摄氏温度、华氏温度转换程序。要求：从键盘输入一个摄氏温度，屏幕就显示对应的华氏温度，输出取两位小数。转换公式：$F=(C+32)\times 9/5$。

第4章
选择结构程序设计

选择结构是程序流程的 3 种基本结构之一，它的作用是根据指定的条件是否满足，自动决定执行所给的两组选择操作之一。设计选择结构程序，要考虑两个方面的问题：一是在 C 语言中如何来表示条件，二是在 C 语言中实现选择结构用什么语句。在 C 语言中表示条件，一般用关系表达式或逻辑表达式；实现选择结构用 if 语句或 switch 语句。

本章主要介绍如何使用这两种语句来实现选择结构程序设计。

4.1　简单选择结构

if 语句是用来判定所给定的条件是否满足，根据判定的结果（真或假）决定执行给出的两种操作。C 语言的 if 语句有 3 种形式：单分支 if 语句、双分支 if 语句、多分支 if 语句。

4.1.1　单分支 if 语句

单分支 if 语句的形式：

`if (表达式) 语句`

其语义是：如果表达式的值为真，则执行其后的语句，否则不执行该语句。图 4.1 所示为单分支 if 语句的执行过程。

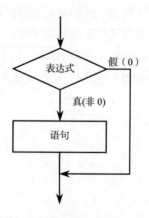

图 4.1　单分支 if 语句的执行过程

【例 4.1】 输入一个数如果该数大于等于 0，则输出它的平方根，如果小于 0，则不做任何处理。

【程序代码】

```
#include <stdio.h>
#include <math.h>
void main()
{
    double x;
    printf("请输入一个数: \n");
    scanf("%lf",&x);
    if (x>=0)
     printf("%10.6lf\n",sqrt(x));    /*sqrt(x)开平方库函数调用*/
}
```

【运行结果】（见图 4.2）

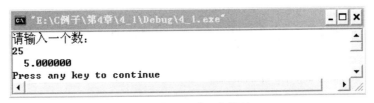

图 4.2　【例 4.1】运行结果

4.1.2　双分支 if 语句

双分支 if 语句的形式：

```
if(表达式)
     语句 1
else
     语句 2
```

其语义是：如果表达式的值为真，则执行语句 1，否则执行语句 2。图 4.3 所示为双分支 if 语句的执行过程。

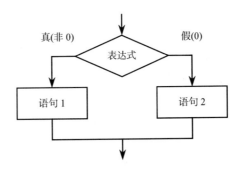

图 4.3　双分支 if 语句的执行过程

【例 4.2】 接上例，如果该数大于等于 0，则输出它的平方根，如果小于 0，则输出数据出错信息 "data error"。

【程序代码】

```c
#include <stdio.h>
#include <math.h>
void main()
{
    double x;
    printf("请输入一个数: \n");
    scanf ("%lf",&x);
    if (x>=0)
        printf("%10.6lf\n",sqrt(x));    /*sqrt(x)开平方库函数调用*/
    else
        printf("数据错误!\n");
}
```

【运行结果】（见图 4.4）

图 4.4　【例 4.2】运行结果

4.2　多分支选择结构

4.2.1　多分支 if 语句

前两种形式的 if 语句一般都用于两个分支的情况。当有多个分支选择时，可采用多分支 if 语句，其一般形式为：

```
if(表达式 1)
        语句 1
else if(表达式 2)
        语句 2
else if(表达式 3)
        语句 3
        …
else if(表达式 m)
        语句 m
else
        语句 n
```

其语义是：首先判断表达式 1 的值，当为真时，则执行对应的语句 1 。然后跳到整个 if 语句之外继续执行程序；如果表达式 1 的值为假，则继续判断表达式 2 的值，依此类推。若所有的表达式都不为真，则执行语句 n ，然后继续执行后续程序。图 4.5 所示为多分支 if 语句的执行过程。

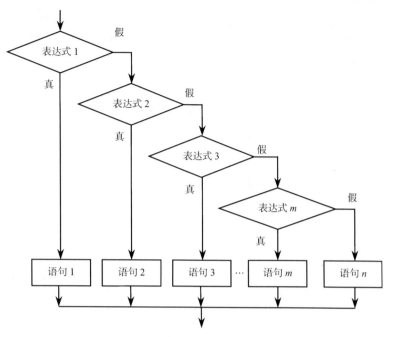

图 4.5　多分支 if 语句的执行过程

【**例 4.3**】从键盘上输入一个百分制成绩，输出相应的等级。90 分以上为 "A"，80~90 分为 "B"，60~79 分为 "C"，60 分以下为 "D"。

【**问题分析**】

这是一个多分支选择问题，先定义一个变量来存放成绩，然后判断成绩是否大于 90 分，若大于 90 分，则输出 "A"；否则判断成绩是否大于 80 分，若大于 80 分，则输出 "B"；否则判断成绩是否大于 60 分，若大于 60 分，则输出 "C"；否则输出 "D"。

【**程序代码**】

```c
#include <stdio.h>
void main()
{
    int score;
    printf("请输入一个成绩:\n");
    scanf("%d",&score);
    if(score >=90)
      printf("A");
    else if(score >=80)
      printf("B");
    else if(score >=60)
      printf("C");
    else
      printf("D");
      printf("\n");
}
```

【**运行结果**】（见图 4.6）

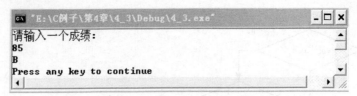

图 4.6 【例 4.3】运行结果

在使用 if 语句中还应注意以下问题。

（1）在 3 种形式的 if 语句中，在 if 关键字之后均为表达式。该表达式通常是逻辑表达式或关系表达式，但也可以是其他表达式，如赋值表达式等，甚至也可以是一个变量。

例如：

```
if(a=5) 语句
if(b) 语句
```

都是允许的。在 if(a=5)…; 中表达式的值永远为非 0，所以其后的语句总是要执行的，当然这种情况在程序中不一定会出现，但在语法上是合法的。

又如：

```
if(a=b)
    printf("%d",a);
else
    printf("a=0");
```

本语句的语义是：把 b 的值赋给 a，如为非 0 则输出 a 的值，否则输出 "a=0" 字符串。

（2）在 if 语句中，条件判断表达式必须用小括号括起来，在语句之后必须加分号。

（3）在 if 语句的 3 种形式中，所有的语句应为单个语句，如果要想在满足条件时执行一组（多个）语句，则必须把这一组语句用 "{}" 括起来组成一个复合语句。但要注意的是在 "}" 之后不能再加分号。

例如：

```
if(a>b)
{
    a++;
    b++;
}
else
{
    a=0;
    b=10;
}
```

4.2.2 if 语句的嵌套

当 if（表达式）或 else 后面的语句本身又是一个 if 语句时，就形成了 if 语句的嵌套。

if 语句嵌套的一般形式如下：

```
if(表达式)
    if(表达式1)
        语句1_1
```

```
        else
            语句1_2
    else
        if(表达式2)
            语句2_1
        else
            语句2_2
```

例 4.3 中关于百分制成绩的转换可以采用以下嵌套程序来完成：

```
if(score>=80)
    if(score>=90)
        printf("A");
    else
        printf("B");
else
    if(score>=60)
        printf("C");
    else
        printf("D");
```

上述程序用流程图表示如图 4.7 所示。

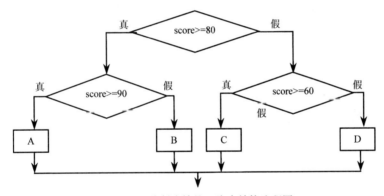

图 4.7　百分制成绩的 if 嵌套结构流程图

使用 if 语句的嵌套时要注意以下几点。

（1）在嵌套内的 if 语句可以是前面讲的 3 种 if 语句形式。

（2）if 语句的嵌套可以是两层甚至是多层，这时要特别注意 if 与 else 配对的规则。例如：

```
if(表达式1)
if(表达式2)
语句1;
else
语句2;
```

其中的 else 究竟是与哪一个 if 配对呢？

应该理解为：

```
if(表达式1)
    if(表达式2)
```

```
        语句 1;
    else
        语句 2;
```

还是应理解为：

```
if(表达式 1)
    if(表达式 2)
        语句 1;
    else
        语句 2;
```

为了避免这种二义性，C语言规定：else 总是与它前面最近的 if 配对，因此对上述例子应按前一种情况理解。

思考：若要按第二种情况理解，程序代码应该如何修改？

4.2.3 多分支 switch 语句

当程序需要处理多个分支选择结构时，需使用 if 语句的嵌套结构。分支越多，嵌套的层数就越多，程序就变得越复杂，可读性降低。C 语言的 switch 语句是另一种多分支控制语句，其特点是可以根据一个表达式的值，选择多个分支，因此也称为分情况语句或开关语句。

其一般形式为：

```
switch(表达式)
{
    case   常量表达式 1：语句组；[break; ]
    case   常量表达式 2：语句组；[break; ]
    ...
    case   常量表达式 n：语句组；[break; ]
    [default: 语句组；[break; ]]
}
```

其中：表达式的值可以是整型或字符型；常量表达式必须是常量，不能是变量，仅代表入口地址，表示当表达式的值等于常量表达式，所执行其后的语句组。

其语义如下。

（1）先求出 switch 后面"表达式"的值。当其值与某个 case 后面的"常量表达式"的值相同时，就执行该 case 后面的语句（组）；或该 case 语句组后不包括 break 语句，则继续执行其后的 case 语句组，直到遇到 break 语句时，跳出 switch 语句，转向执行 switch 语句的下一条语句。

（2）如果没有任何一个 case 后面的"常量表达式"的值与"表达式"的值相同，则执行 default 后面的语句（组）。若 default 在最后，就跳出 switch 语句；若 default 语句在中间，则直到遇到 break 语句时，就跳出 switch 语句。

【例 4.4】用 switch 来完成例 4.3 所示的百分制成绩的转换。

【程序代码】

```
#include <stdio.h>
void main()
{
    int  score, grade;
```

```
printf("请输入一个成绩(0~100): \n");
scanf("%d", &score);
grade = score/10;    /*将成绩整除10，转化成switch语句中的case标号*/
switch (grade)
{
  case  10:
  case  9: printf("A等\n"); break;
  case  8: printf("B等\n"); break;
  case  7:
  case  6: printf("C等\n"); break;
  default : printf("D等\n");
}
}
```

【运行结果】（见图 4.8）

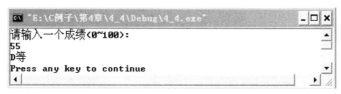

图 4.8 【例 4.4】运行结果

使用 switch 语句时应注意以下几点。

（1）表达式的值可以是整型或字符型。

（2）default 可以省略，也可以放在任何位置，但是建议一般放在最后面。若 default 放在中间时，执行完 default 语句组后，并不一定跳出 switch 语句，必须遇到 break 语句时，才跳出 switch 语句。

（3）每个 case 后面"常量表达式"的值，必须各不相同，否则会出现相互矛盾的现象（即对表达式的同一值，有两种或两种以上的执行方案）。

（4）case 后面的"常量表达式"仅起语句标号作用，并不进行条件判断。系统一旦找到入口标号，就从此标号开始执行，不再进行标号判断，直到遇到 break 语句，就跳出 switch 语句。

（5）各 case 先后次序不影响程序执行结果。

（6）多个 case 子句可共用同一语句（组）。

（7）多分支 if 结构和 switch 结构都可以用来实现多条分支，多分支 if 结构用来实现两条、3 条分支情况比较方便，若包括有 3 条以上分支情况时，使用 switch 结构较为方便。但是，有些问题只能使用多分支 if 结构来实现，例如要判断一个值是否处在某个区间的情况。

4.3 选择结构精选案例

【例 4.5】编制程序要求输入整数 a 和 b，若 $a^2 + b^2 > 100$，则输出 $a^2 + b^2$ 百位及以上的数字，否则输出两数的和。

【问题分析】

程序流程如图 4.9 所示。

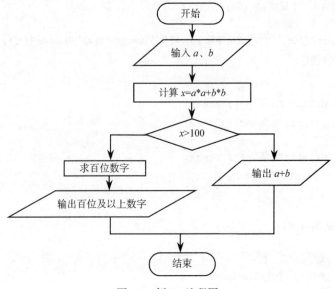

图 4.9　例 4.5 流程图

【程序代码】

```
#include<stdio.h>
void main()
{
    int a,b,x,y;
    printf("请输入两个整数:\n");
    scanf("%d%d",&a,&b);
    x=a*a+b*b;
    if(x>100)
    {
        y=x/100;
        printf("百位及以上的数字为%d\n ",y);
    }
    else
        printf("两数的和为%d\n ",a+b);
}
```

【运行结果】

① 判断条件为假时运行结果如图 4.10 所示。

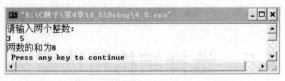

图 4.10　【例 4.5】运行结果 1

② 判断条件为真时运行结果如图 4.11 所示。

【例 4.6】试编程判断输入的正整数是否既是 5 又是 7 的倍数。若是，则输出 yes；否则输出 no。

【问题分析】

判断一个正整数 x 既是 5 又是 7 的倍数的表达式是(x%5==0) && (x%7==0)。

图 4.11 【例 4.5】运行结果 2

【程序代码】

```
#include<stdio.h>
void main()
{
    int x;
    printf("请输入一个整数:\n");
    scanf("%d",&x);
    if(x%5==0 && x%7==0)
        printf("yes\n");
    else
        printf("no\n");
}
```

【运行结果】

① 判断条件为真时运行结果如图 4.12 所示。

图 4.12 【例 4.6】运行结果

② 判断条件为假时运行结果如图 4.13 所示。

图 4.13 【例 4.6】运行结果

【例 4.7】 根据以下分段函数，对输入的每个 x 值，计算出相应的 y 值。

$$y = \begin{cases} x <= 0 & 0 \\ 0 < x <= 10 & x \\ 10 < x <= 20 & 10 \\ 20 < x <= 40 & \updownarrow 0.5x + 20 \\ x > 40 & \updownarrow 1 \end{cases}$$

【问题分析】

该分支共分 5 种情况，可采用多分支 if 语句、if 语句的嵌套或 switch 语句。下面给出采用多分支 if 语句。

【程序代码】

```
#include<stdio.h>
```

```
void main()
{
    double x,y;
    printf("请输入一个数:\n");
    scanf("%lf",&x);
    if(x<=0)              /*当 x<0 时*/
        y=0;
    else if(x<=10)        /*当 0<x<=10*/
        y=x;
    else if(x<=20)        /*当 10<x<=20*/
        y=10;
    else if(x<=40)        /*当 20<x<40*/
        y=-0.5*x+20;
    else
        y=-1;             /*当 x>=40*/
    printf("%g\n",y);     /*输出函数的值*/
}
```

【运行结果】（见图 4.14）

图 4.14 【例 4.7】运行结果

思考：若使用 switch 结构，程序代码该如何编写？

【例 4.8】考察目前银行对整存整取存款不同期限的储蓄利率，计算存入本金和一定期限的存款到期时的利息及利息与本金的和。

当前整存整取年息利率参考：（%）

半年：2.16

一年：2.25

二年：2.43

三年：2.70

五年：2.88

【问题分析】

本题需要根据不同的存款期限决定计算利息使用的利率，可考虑 switch 结构，由于 case 后面的常量表达式为整型和字符型。可用 0 来表示半年，其他不变，程序如下。

【程序代码】

```
#include <stdio.h>
void main()
{
    double benjin,rate,rest,total;
    int term;
    printf("请输入本金: ");
    scanf("%lf",&benjin);
    printf("\n 存款时间:"
```

```
                       "\n  0 -- 半年"
                       "\n  1 -- 一年"
                       "\n  2 -- 二年"
                       "\n  3 -- 三年"
                       "\n  5 -- 五年\n");
           printf("请选择存款时间: ");
           scanf("%d",&term);
           switch (term)
           {
             case 0:rate=0.5*2.16*0.01;        /*半年期利率*/
                 break;
             case 1:rate=2.25*0.01;            /*一年期利率*/
                 break;
             case 2:rate=2.0*2.43*0.01;        /*二年期利率*/
                 break;
             case 3:rate=3.0*2.7*0.01;         /*三年期利率*/
                 break;
             case 5:rate=5.0*2.88*0.01;        /*五年期利率*/
                 break;
             default: rate=0;
           }
           if (rate)
           {
               rest=benjin*rate;            /*利息*/
               total=benjin+rest;           /*求本金和利息之和*/
               printf("利息: %10.5lf\n",rest);
               printf("本息和: %10.2lf\n",total);
           }
           else
               printf("输入错误\n");
       }
```

【运行结果】（见图 4.15）

图 4.15　【例 4.8】运行结果

【例 4.9】编写程序，输入年份和月份，求该月的天数。

【问题分析】

对于 1、3、5、7、8、10、12 月，每月 31 天；对于 4、6、9、11 月，每月为 30 天；对于 2 月则需要判断输入的年份是否闰年，是闰年为 29 天，否则为 28 天。判断闰年的方法是年份能被 400 整除，或年份能被 4 整除但不能被 100 整除。

【程序代码】

```c
#include<stdio.h>
void main()
{
    int year,month,day;
    printf("请输入年和月:");
    scanf("%d%d",&year,&month);
    switch (month)                                    /*月份天数的判断*/
    {
    case 1:
    case 3:
    case 5:
    case 7:
    case 8:
    case 10:
    case 12: day=31;                                  /*每月 31 天*/
        break;
    case 2:
        if ((year%4==0)&&(year%100!=0)||(year%400==0))  /*判断是否为闰年*/
            day = 29;                                 /*闰年 2 月份的天数 */
        else
            day = 28;
        break;
    case 4:
    case 6:
    case 9:
    case 11: day=30;                                  /*每月 30 天*/
        break;
    }
    printf("%d年%d 月的天数为：%d\n",year,month,day);    /*输出年月日*/
}
```

【运行结果】（见图 4.16）

图 4.16 【例 4.9】运行结果

4.4　项目实例

在第 3 章项目实例的基础上，设计"学生成绩管理系统"主功能菜单，当用户选择某一功能后，能进入子功能界面。

【问题分析】

程序可采用多分支 witch 选择结构来选择某一功能。

【程序代码】

```c
#include <stdio.h>
```

```
void main()
{
    char c;          /*存储选择功能的编号*/
    printf("\n\t★☆    欢迎使用学生成绩管理系统    ☆★\n\n");
    printf("\t 请选择(1-7)：\n");
    printf("\t=====================================\n");
    printf("\t\t1.查询学生成绩\n");
    printf("\t\t2.添加学生成绩\n");
    printf("\t\t3.修改学生成绩\n");
    printf("\t\t4.删除学生成绩\n");
    printf("\t\t5.保存数据到文件\n");
    printf("\t\t6.浏览数据\n");
    printf("\t\t7.退出\n");
    printf("\t=====================================\n");
    printf("\t 您的选择是：");  c=getchar();getchar(); /* 或 c=getche() */
    switch (c)
    {
        case '0':return;
        case '1':printf("\t\t...进入查询学生成绩操作界面!\n");
            break;
        case '2':printf("\t\t...进入添加学生成绩操作界面!\n");
            break;
        case '3':printf("\t\t...进入修改学生成绩操作界面!\n");
            break;
        case '4':printf("\t\t...进入删除学生成绩操作界面!\n");
            break;
        case '5':printf("\t\t...进入保存数据到文件操作界面!\n");
            break;
        case '6':printf("\t\t...进入浏览数据操作界面!\n");
            break;
        case '7':printf("\t\t...进入退出操作界面!\n");
            break;
        default: printf("\t\t...输入错误!\n");
    }
}
```

【运行结果】（见图 4.17）

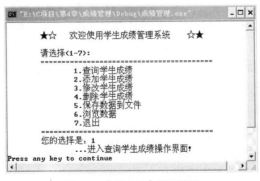

图 4.17 【例 4.10】运行结果

本章小结

在 C 语言中实现选择结构有两种语句：if 语句及 switch 语句。if 语句有 3 种形式：单分支 if 语句、双分支 if 语句、多分支 if 语句。当使用 if 语句的嵌套时，else 总是与它前面最近的 if 配对。switch 语句是另一种分支控制语句，其特点是可以根据一个表达式的多种值，选择多个分支，它使程序结构清楚、可读性强。

多分支 if 结构和 switch 结构都可以用来实现多条分支情况，多分支 if 结构用来实现两条、三条分支比较方便，而 switch 结构实现 3 条以上分支比较方便，在使用 switch 结构时，应注意分支条件要求表达式的值是整型或字符型，而且 case 语句后面必须是常量表达式。但是，有些问题只能使用多分支 if 结构来实现，例如，要判断一个值是否处在某个区间的情况。

习题 4

一、单选题

1. 逻辑运算符两侧运算对象的数据类型是（   ）。
   A. 只能是 0 或 1
   B. 只能是 0 或非 0 正数
   C. 只能是整型或字符型数据
   D. 可以是任何类型的数据

2. 选择出合法的 if 语句（设 int x, a, b, c;）（   ）。
   A. if(a=b)   x++;
   B. if(a=<b)   x++;
   C. if(a<>b)   x++;
   D. if(a=>b)   x++;

3. 能正确表示"当 x 的取值在[1, 10]或[200, 210]范围内为真，否则为假"的表达式是(   )。
   A. (x>=1)&&(x<=10)&&(x>=200)&&(x<=210)
   B. (x>=1)||(x<=10)||(x>=200)||(x<=210)
   C. (x>=1)&&(x<=l0)||(x>=200)&&(x<=210)
   D. (x>=1)||(x<=10)&&(x>=200)||(x<=210)

4. 判断 char 型变量 ch 是否为大写字母的正确表达式是（   ）。
   A. 'A'<=ch<='Z'
   B. (ch>='A')&(ch<='Z')
   C. (ch>='A')&&(ch<='Z')
   D. ('A'<=ch)AND('Z'>=ch)

5. 为了避免在嵌套的条件语句 if-else 中产生二义性，C 语言规定：else 子句总是与（   ）配对。
   A. 缩排位置相同的 if
   B. 同层之前最近的 if
   C. 同层其之后最近的 if
   D. 同一行上的

6. 下列运算符中，不属于关系运算符的是（   ）。
   A. <
   B. >=
   C. ==
   D. !

7. 若希望当 A 的值为奇数时，表达式的值为"真"，A 的值为偶数时，表达式的值为"假"。则以下不能满足要求的表达式是（   ）。
   A. A%2==1
   B. !(A%2==0)
   C. !(A%2)
   D. A%2

8. 两次运行下面的程序，如果从键盘上分别输入 6 和 4，则输出结果是（　　　）。

```c
#include<stdio.h>
void main()
{
    int x;
    scanf("%d", &x);
    if(x++>5) printf("%d", x);
    else printf("%d\n", x--);
}
```

A．7 和 5　　　　　B．6 和 3　　　　　C．7 和 4　　　　　D．6 和 4

9. 已知 int x=10，y=20，z=30；以下语句执行后 x、y、z 的值是（　　　）。

```c
if(x>y)
  z=x; x=y; y=z;
```

A．x=10，y=20，z=30　　　　　　　B．x=20，y=30，z=30

C．x=20，y=30，z=10　　　　　　　D．x=20，y=30，z=20

10. 若运行时给变量 x 输入 12，则以下程序的运行结果是（　　　）。

```c
#include<stdio.h>
void main()
{
    int x,y;
    scanf("%d", &x);
    y=x>12?x+10:x-12;
    printf("%d\n",y);
}
```

A．0　　　　　　　B．22　　　　　　　C．12　　　　　　　D．10

二、看程序，写运行结果

1. 以下程序运行结果是（　　　）。

```c
#include<stdio.h>
void main()
{
    int x=2,y=-1,z=2;
    if(x<y)
        if(y<0) z=0;
    else    z+=1;
        printf("%d\n",z);
}
```

2. 以下程序的执行结果是（　　　）。

```c
#include<stdio.h>
void main()
{
    int a,b,c,d,x;
    a=c=0;
    b=1;
    d=20;
    if(a)  d=d-10;
    if(!c)
```

```
            x=15;
        else
            x=25;
        printf("d=%d\n",d);
    }
```

3. 以下程序的执行结果是（　　　　）。

```
#include<stdio.h>
void main()
{
    int x=1,y=0;
    switch(x)
    {
    case 1:
        switch(y)
        {
        case 0:printf("first\n");break;
        case 1:printf("second\n");break;
        }
    case 2:printf("third\n");
    }
}
```

4. 以下程序在输入 5，2 之后的执行结果是（　　　　）。

```
#include<stdio.h>
void main()
{
    int s,t,a,b;
    scanf("%d,%d",&a,&b);
    s=1;
    t=1;
    if(a>0)  s=s+1;
    if(a>b)  t=s+t;
    else if(a==b)
        t=5;
    else
        t=2*s;
    printf("s=%d,t=%d\n",s,t);
}
```

5. 以下程序的执行结果是（　　　　）。

```
#include<stdio.h>
void main()
{
    int a=2,b=7,c=5;
    switch(a>0)
    {
    case 1:switch(b<0)
        {
        case 1:printf("@");break;
        case 2:printf("!");break;
        }
    case 0:switch(c==5)
        {
```

```
                case 0:printf("*");break;
                case 1:printf("#");break;
                case 2:printf("$");break;
                }
        default:printf("&");
        }
    printf("\n");
}
```

6. 以下程序运行结果是（　　　）。

```
#include <stdio.h>
void main()
{
    int x,y=1;
    if(y!=0) x=5;
    printf("\t%d\n" ,x);
    if(y==0) x=4;
    else x=5;
    printf("\t%d\n" ,x);
    x=1;
    if(y<0)
        if(y>0) x=4;
        else x=5;
        printf("\t%d\n" ,x);
}
```

7. 以下程序的运行结果是(　　)。

```
#include<stdio.h>
void main()
{
    int x , y=-2, z=0;
    if((z=y)<0) x=4;
    else if (y==0)
        x=5;
    else
        x=6;
    printf("\t%d\t%d\n" ,x, z);
    if(z=(y==0))
        x=5;
    x=4;
    printf("\t%d\t%d\n" ,x,z);
    if(x=z=y)  x=4;
    printf("\t%d\t%d\n" ,x,z);
}
```

三、程序填空

1. 输入两个整数，按从大到小的顺序输出。

```
#include<stdio.h>
void main()
{
    int x,y,z;
    scanf("%d,%d",&x,&y);
    if(___)
    {
```

```
        z=x;_____
    }
    printf("%d,%d",x,y);
}
```

2. 输入一个小写字母，将该字母循环后移 5 个位置后输出。如'a'变成'f'，'w'变成'b'。

```
#include <stdio.h>
void main()
{
    char c;
    c=getchar();
    if(c>='a'&&c<='u')_____
    else if(c>='v'&&c<='z')_____
    putchar(c);
}
```

3. 以下程序实现：输入圆的半径 r 和运算标志 m，按照运算标志进行指定运算。其中 a 代表求面积，c 代表求周长，b 代表求二者均计算。

```
#include<stdio.h>
#define PI 3.14159
void main()
{
    char m;
    float r,c,a;
    printf ("input mark a c or b && r\n");
    scanf ("%c%f",&m,&r);
    if (_____)
    { a= PI*r*r;printf ("area is %f",a);}
    if (_____)
    { c=2* PI*r;printf ("circle is %f",c);}
    if (_____)
    { a= PI*r*r;c=2* PI*r;printf ("area && circle are %f %f",a,c);}
}
```

4. 以下程序的功能是计算一元二次方程 $ax^2+bx+c=0$ 的根。

```
#include<math.h>
#include<stdio.h>
void main()
{
    double a,b,c,t,disc,twoa,term1,term2;
    printf("enter a,b,c:");
    scanf("%lf%lf%lf",&a,&b,&c);
    if(_____)
        if(_____)
            printf("input error\n");
        else
            printf("the single root is%lf\n",-c/b);
    else
    {
        disc=b*b-4*a*c;
        twoa=2*a;
        term1=-b/twoa;
        t=fabs(disc);
```

```
            term2=sqrt(t)/twoa;
            if(_____)
                printf("complex root\n real part=%lf imag part=%lf\n",term1,term2);
            else
                printf("real roots\n root1=%lf root2=%lf\n",term1+term2,term1-term2);
        }
    }
```

5．以下程序根据输入的三角形的三边判断是否能组成三角形，若可以，则输出它的面积和三角形的类型。

```
#include <stdio.h>
#include <math.h>
void main()
{
    float a,b,c,s,area;
    scanf("%f%f%f",&a,&b,&c);
    if (_____)
    {
        s=(a+b+c)/2;
        area=sqrt(s*(s-a)*(s-b)*(s-c));
        printf("%f\n",area);
        if(_____)
            printf("等边三角形\n");
        else if(_____)
            printf("等腰三角形\n");
        else if( a*a+b*b==c*c || a*a+c*c==b*b || b*b+c*c==a*a)
            printf("直角三角形\n");
        else printf("一般三角形\n");
    }
    else
        printf("不能组成三角形\n");
}
```

6．服装店经营套服，也单件出售，若买的不少于 50 套，每套 80 元；不足 50 套的每套 90 元；只买上衣每件 60 元；只买裤子每条 45 元。输入所买上衣 c 和裤子 t 的件数，计算应付款 m。

```
#include<stdio.h>
void main()
{
    int c,t,m;
    printf("input the number of coat and trousers your want buy:\n");
    scanf("%d%d",&c,&t);
    if(c==t)
        if(c>=50)
            _____
        else
            _____
    else
        if(c>t)
            if (t>=50)
                _____
            else
                _____
```

```
        else
            if(_____)
                m=c*80+(t-c)*45;
            else
                _____
        printf("%d",m);
    }
```

四、编程题

1. 假设奖金税率如下（a 代表奖金，r 代表税率）

$a<500$ $r=0\%$

$500<=a<1000$ $r=5\%$

$1000<=a<2000$ $r=8\%$

$2000<=a<3000$ $r=10\%$

$3000<=a$ $r=15\%$

输入一个奖金数，求税率和应缴税款以及实得的奖金数（扣除奖金税后）。

2. 某个自动加油站有"a"、"b"、"c" 3 种汽油，单价分别为 1.50、1.35、1.18（元/千克），提供了"自动加"、"自己加"或"协助加" 3 个服务等级，对于享受后两种服务的用户可以得到 5%或 10%的优惠。针对用户输入加油量 x，汽油品种 y 和服务类型 z，编程输出应付款 m。

3. 输入一个整数，判断它能否被 3、5、7 整除，并输出以下信息之一：

（1）能同时被 3、5、7 整除；

（2）能被其中两个数（要指出哪两个）整除；

（3）能被其中一个数（要指出哪一个）整除；

（4）不能被 3、5、7 任一个整除。

4. 编程实现以下功能：读入两个运算数（data1 和 data2）及一个运算符（op），计算表达式 data1 op data2 的值，其中 op 可为"+"，"−"，"*"，"/"（用 switch 语句实现）。

第 5 章
循环结构程序设计

循环结构也是结构化程序的基本结构之一。在许多实际问题中会遇到具有规律性的重复运算问题，反映在程序中就是将完成特定任务的一组语句重复执行多次。重复执行的语句称循环体，每重复一次循环体，都必须做出继续或停止循环的判断，其依据就是一个特定的条件，根据条件成立与否，决定继续或是退出循环。

在 C 语言中，可用以下 3 种语句来实现循环结构：

（1）while 语句；

（2）do-while 语句；

（3）for 语句。

本章主要介绍以上 3 种循环语句的使用。

5.1　用 while 语句实现循环

5.1.1　while 语句的一般形式

while 语句的一般形式为：

```
while(循环条件表达式)
    循环体语句
```

当循环条件表达式为真时，执行循环体语句，否则退出 while 循环。

5.1.2　while 语句的执行过程

while 语句的执行过程如图 5.1 所示。

（1）求解循环条件表达式"。如果其值为非 0，转（2）；否则转（3）。

（2）执行循环体语句，然后转（1）。

（3）执行 while 语句的下一条语句。

【例 5.1】用 while 语句求 1～100 的累加和。

【问题分析】

程序流程如图 5.2 所示。

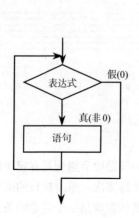

图 5.1 while 语句的执行过程

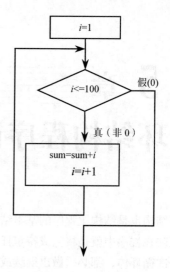

图 5.2 【例 5.1】流程图

【程序代码】

```c
#include<stdio.h>
void main()
{
    int i=1,sum=0;    /*初始化循环控制变量 i 和累加器 sum*/
    while(i<=100 )
    {
        sum += i;     /*实现累加*/
        i++;          /*循环控制变量 i 增 1*/
    }
    printf("1+2+3+……+100=%d\n",sum);
}
```

【运行结果】（见图 5.3）

图 5.3 【例 5.1】运行结果

使用 while 语句应注意以下几点。

（1）while 语句中的循环条件表达式可以为常量、变量或任意表达式，只要表达式的值为真（非 0）即可继续循环。

例如：

```c
while(1)
{
语句
}
```

由于条件表达式 1 永远为真，则会无限循环下去。

（2）循环体可以是一条简单语句、一条空语句或复合语句。循环体如果包含一个以上的语句，应该用大括号括起来，以复合语句形式出现；如果不加大括号，则 while 语句的范围只到 while 后面第一个分号处。

（3）在循环条件表达式中能使循环趋向于结束的变量称为"循环控制变量"，循环控制变量在使用之前必须进行初始化。如本例中的"i"。

（4）在循环体中应有使循环趋向于结束的语句。例如，在本例中循环结束的条件是"$i>100$"，因此在循环体中应该有使 i 增值以最终导致 $i>100$ 的语句，现用"$i++$;"语句来达到此目的。

5.2　用 do…while 语句实现循环

5.2.1　do…while 语句的一般形式

do…while 语句的一般形式为：

```
do
    循环体语句
while (循环条件表达式);
```

当循环条件表达式为真时，执行循环体语句，否则退出 do…while 循环。

5.2.2　do…while 语句的执行过程

do…while 语句的执行过程如图 5.4 所示。

（1）执行循环体语句。

（2）求解"循环条件表达式"。如果其值为非 0，转（1）；否则转（3）。

（3）执行 do…while 语句的下一条语句。

【例 5.2】用 do…while 语句求 1～100 的累加和。

【问题分析】

程序流程如图 5.5 所示。

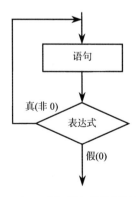

图 5.4　do…while 语句的执行过程

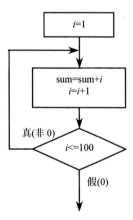

图 5.5　【例 5.2】流程图

【程序代码】

```c
#include<stdio.h>
void main()
{
    int i=1,sum=0;    /*初始化循环控制变量 i 和累加器 sum*/
    do
    {
        sum += i;          /*实现累加*/
        i++;            /*循环控制变量 i 增 1*/
    } while(i<=100 );
    printf("1+2+3+……+100=%d\n",sum);
}
```

【运行结果】（见图 5.6）

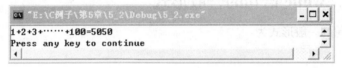

图 5.6 【例 5.2】运行结果

可以看出，同一个问题可用 while 循环语句处理，也可用 do…while 循环语句来处理。

do…while 循环语句是先执行循环体再判断循环条件表达式，因此，循环体语句至少要被执行一次；而 while 语句是先判断循环条件表达式再执行循环体语句。如果 while 语句中循环条件表达式一开始就为假（即 0）时，循环体语句则一次都不执行。

【例 5.3】 while 语句和 do…while 语句的比较。

（1）while 语句

```c
#include<stdio.h>
void main()
{
    int sum=0,i;
    scanf("%d",&i);
    while(i<=10)
    {
        sum=sum+i;
        i++;
    }
    printf("和为%d",sum);
}
```

该程序运行结果如下：

1✓

和为 55

再运行一次：

11✓

和为 0

（2）do…while 语句

```
#include<stdio.h>
void main()
{
    int sum=0,i;
    scanf("%d",&i);
    do
    {
      sum=sum+i;
      i++;
    }
    while(i<=10);
    printf("和为%d",sum);
}
```

该程序运行结果如下：

1✓

和为 55

再运行一次：

11✓

和为 11

当输入 i 的值小于等于 10 时，二者的运行结果是一致的；当输入 i 的值大于 10 时，二者的运行结果就不同了，请仔细思考一下二者的不同之处。由此可得出一个结论：当一个程序至少会执行一次循环体时，while 语句与 do…while 语句是可以相互替代的。

5.3　用 for 语句实现循环

C 语言的 for 语句最为灵活，不仅可以用于循环次数已经确定的情况，而且也可以用于循环次数不能确定的情况，它完全可以替代 while 语句和 do…while 语句。

5.3.1　for 语句的一般形式

for 语句的一般形式为：

　for（表达式 1；表达式 2；表达式 3）
　　循环体语句

5.3.2　for 语句的执行过程

for 语句的执行过程如图 5.7 所示。

（1）求解"表达式 1"。

（2）求解"表达式 2"。如果其值为真（非 0），执行（3）；否则，转至（4）。

（3）执行循环体语句，并求解"表达式 3"，然后转向（2）。

（4）执行 for 语句的下一条语句。

for 语句中各表达式的主要含义及作用如下。

表达式 1：初值表达式，用于在循环开始之前给循环控制变量赋初值。

表达式 2：循环控制条件表达式，用于控制循环执行的条件。

表达式 3：循环控制变量修改表达式，用于修改循环控制变量的值。

【例 5.4】用 for 语句求 1 ~ 100 的累加和。

【问题分析】

程序流程如图 5.8 所示。

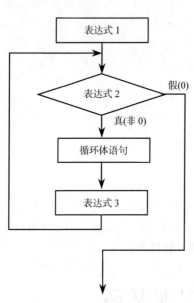

图 5.7　for 语句的执行过程

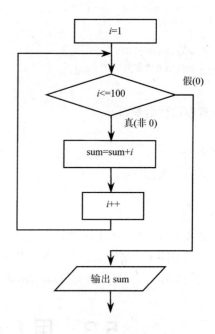

图 5.8　【例 5.4】程序流程图

【程序代码】

```
#include <stdio.h>
void main()
{
    int i,sum=0;                    /*定义循环控制变量 i 和初始化累加器 sum*/
    for(i=1;i<=100;i++)
        sum=sum+i;                  /*循环体语句*/
    printf("%d\n",sum);
}
```

【运行结果】（见图 5.9）

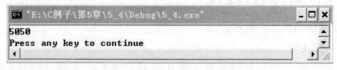

图 5.9　【例 5.4】运行结果

此例中 for 语句的执行过程为：

（1）计算表达式 1 "i=1"，得到循环控制变量的初值；

（2）求解表达式 2 "i<=100"，若表达式 2 的值为真（即 0），则结束 for 循环；否则，输出 sum；

（3）执行循环体语句 "sum=sum+i"；

（4）求解表达式 3 "i++"，然后转向步骤（2）。

使用 for 语句还应注意以下几点。

（1）表达式 1 可以设置循环控制变量的初值，也可以是与循环控制变量无关的表达式。

例如：for(sum = 0 ; i<=100; i++)
　　　　　　sum=sum+i;

（2）表达式的省略。

for 语句中的 3 个表达式是可以省略的，但 3 个表达式之间的分号不能省略。

对于例 5.4，该循环语句可写为：

```
i=1;                /*在 for 语句之前给循环变量赋初值*/
for(;i<=100; i++)   /*省略表达式 1*/
    sum=sum+i;
```

如果省略表达式 3，则应在 for 语句的循环体内修改循环控制变量，例如：

```
for(i=1; i<=100; )
{
    sum=sum+i;
    i++;            /*修改循环控制变量*/
}
```

同样，表达式 1 和表达式 3 也可同时省略。

如果省略表达式 2，则 for 语句是无限循环，可用 break 语句终止循环，例如：

```
i=1;
for( ; ; )
{
    sum=sum+i;
    i++;
    if(i>100)  break;     /*如果 i 大于 100，则退出循环*/
}
```

（3）循环体语句为空语句。

for 语句的循环体语句可以为空，对于例 5.4，其语句可改写为：

```
for(sum=0, i=1; i<=100; sum=sum+i, i++)
    ;
```

上述 for 语句的循环体为空语句，不做任何操作。实际上已把求累加和的运算放入表达式 3 中了。注意：表达式 3 是个逗号表达式。

（4）for 语句的 3 个表达式可以是任意表达式。表达式 2 一般是关系表达式（如 $i<=100$）或逻辑表达式（如 $a<b$ && $x<y$），但也可以是数值表达式或字符表达式，只要其值为非零，就执行循环体语句。例如：

```
for( ; (c=getchar())!='\n'; )
    ;
```

它的作用是从键盘上输入一个字符给变量 c，然后判断是否为回车符，如果不是回车符，则继续从键盘上输入一个字符给变量 c，直到输入回车符为止。

5.4　循环结构嵌套

在循环体语句中又包含有另一个完整的循环结构的形式，称循环结构嵌套。嵌套在循环体内的循环称为内循环，在内循环外的循环称为外循环。如果内循环体中又有嵌套的循环则构成多重循环。 while、do…while、for 3 种循环都可以嵌套。例如，下面几种都是合法的形式。

```
（1）while( )
      { …
        while()
        {…}
      }
（2）do
      { …
        do
        {… }
        while( );
      }while( );
（3）for(; ; )
      { …
        for( ; ; )
        {…}
      }
（4）while( )
      { …
        do
        {… }
        while( );
      }
（5）do
      { …
        for( ; ; )
        {…}
      }while( );
（6）for(; ; )
      {
        while( )
        {…}
      }
```

【例 5.5】输出 $n \times n$ 个字符"*"。

【问题分析】

可用双重循环输出，外循环控制行数，内循环控制每行"*"的输出。

【程序代码】

```
#include <stdio.h>
void main()
{
```

```
    int n,i,j;
    printf("请输入 n:");
    scanf("%d",&n);
    for(i=1; i<=n;i++)              /*外循环,控制行数*/
    {
        for(j=1;j<=n;j++)          /*内循环,控制一行的"*"数目*/
            putchar('*');
        putchar('\n');             /*换行*/
    }
}
```

【运行结果】(见图 5.10)

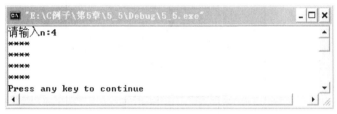

图 5.10　【例 5.5】运行结果

5.5　三种循环语句的比较

(1)三种循环语句都可以用来处理同一个问题,一般可以互相替代。

(2)在使用循环结构解决问题时应避免无限循环。while 和 do…while 循环,循环体中应包括使循环趋于结束的语句;for 语句可以在表达式 3 中包含使循环趋于结束的语句。

(3)用 while 和 do…while 循环时,循环变量初始化的操作应在 while 和 do…while 语句之前完成,而 for 语句可以在表达式 1 中实现循环变量的初始化,也可在 for 语句之前实现。

(4)do…while 语句比较适用于处理不论条件是否成立,先执行 1 次循环体语句的情况。for 语句适用于处理循环次数确定的情况。

5.6　改变循环执行的状态

当在循环的过程中需要退出循环时,可使用 break 语句和 continue 语句。

5.6.1　用 break 语句提前终止循环

break 语句的一般形式为:

```
break;
```

break 语句只能用在循环语句和 switch 语句中。当 break 用于 switch 语句中时,可使程序跳出 switch 而执行 switch 以后的语句。

当 break 语句用于 do...while、for、while 循环语句中时，可使程序终止循环而执行循环后面的语句。 通常 break 语句总是与 if 语句结合在一起使用，即条件满足时跳出循环。break 语句对循环流程控制的影响如图 5.11 所示。

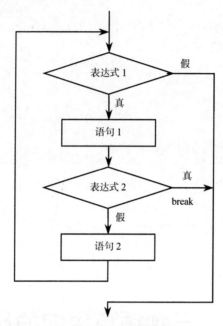

图 5.11　break 语句执行过程

【例 5.6】从键盘上输入字符，当输入回车符时则退出。

【程序代码】

```c
#include<stdio.h>
void main()
{
    char c;
    while(1)
    {
        c=getchar();        /*接收从键盘输入的字符赋给 c*/
        if(c=='\n')
            break;              /*输入回车符时，则退出循环*/
        putchar(c);
        putchar('\n');
    }
}
```

【运行结果】（见图 5.12）

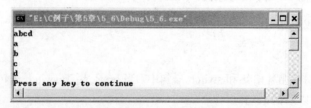

图 5.12　【例 5.6】运行结果

注意：在多重循环中，一个 break 语句只跳出本重循环。

5.6.2　用 continue 语句提前结束本次循环

continue 语句的一般形式为：

```
continue;
```

continue 语句的作用是结束本次循环，即跳过循环体中剩余的语句而执行下一次循环。continue 语句只用在 for、while、do…while 等循环体中，常与 if 条件语句一起使用。其执行过程可用图 5.13 表示。

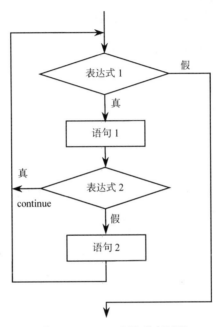

图 5.13　continue 语句执行过程

【例 5.7】显示输入的字符，如果按的是 "#" 键，则退出循环，如果按的是 "@" 键，则不做任何处理，继续输入下一个字符。

【程序代码】

```
#include<stdio.h>
void main()
{
    char c;
    while(1)
    {
        c=getchar();           /*从键盘输入字符赋给 c*/
        if(c=='#')
          break;               /*输入 "#" 则退出循环*/
          if(c=='@')
             continue;         /*输入 "@" 则退出当前循环，且不输出当前字符*/
          putchar(c);          /*输出字符*/
    }
}
```

【运行结果】（见图 5.14）

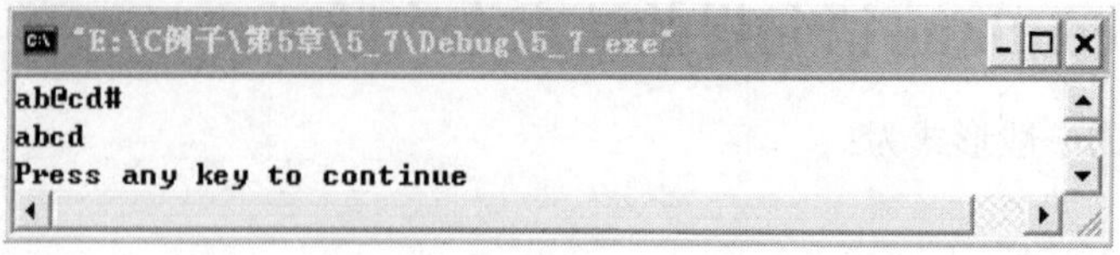

图 5.14 【例 5.7】运行结果

注意：continue 语句与 break 语句的区别在于，continue 语句只结束本次循环，并未终止整个循环的执行；break 语句则是终止整个循环，转到该循环语句的后续语句去执行。

5.6.3　用 goto 语句提前终止多重循环

goto 语句称为无条件转移语句，它的一般形式为：

goto 标号；

其中，标号是一个有效的标识符，这个标识符加上一个 " : " 一起出现在程序中，执行 goto 语句后，程序将跳转到该标号处并执行其后的语句。另外，标号必须与 goto 语句同处于一个函数中，但可以不在一个循环体中。通常 goto 语句与 if 语句结合起来构成循环结构，当满足某一条件时，程序跳到标号处执行。

滥用 goto 语句将使程序流程无规律、可读性差，一般限制使用 goto 语句，但不能绝对禁止使用 goto 语句。在退出多重循环嵌套时，用 goto 语句比较合理。

【例 5.8】用 goto 语句实现 1+2+…+100 的计算。

【程序代码】

```c
#include<stdio.h>
void main()
{
    int i,sum=0;
    i=1;
    loop: if(i<=100)          /*loop 为标号*/
          {
              sum=sum+i;
              i++;
              goto loop;      /*转移到 loop 语句处即（if 语句）*/
          }
    printf("%d\n",sum);
}
```

【运行结果】（见图 5.15）

图 5.15 【例 5.8】运行结果

注意：goto 语句只能使流程在函数的内部转移，不得转移到函数外部。

5.7　循环结构精选案例

【例 5.9】 计算 π 的近似值，公式如下：

$\pi/4 \approx 1-1/3 + 1/5-1/7 +\ldots$，到最后一项的绝对值小于 10^{-6} 为止。

【问题分析】

（1）通过观察公式，我们可发现如下规律：后一项分母依次比前一项递增 2，分子不变，项的符号交替改变。因此可分两部分来表示每一项 t。分子用 f 表示，每次符号交替；分母用 v 来表示，初值为 1，每一次 v 的值增加 2，即 $v=v+2$。

（2）可用 fabs(t)>le-6 来表示循环控制条件。其中 fabs(t)表示 t 的绝对值，le-6 表示 10^{-6}。流程图见图 5.16 所示。

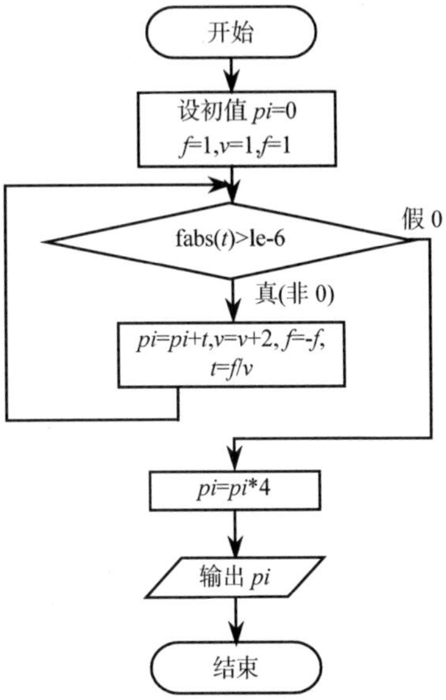

开始
设初值 pi=0
f=1,v=1,f=1
fabs(t)>le-6
假 0
真(非 0)
pi=pi+t,v=v+2,f=-f,
t=f/v
pi=pi*4
输出 pi
结束

图 5.16　【例 5.9】流程图

【程序代码】

```
#include<math.h>
#include<stdio.h>
void main()
{
    int f=1;
    float pi=0, t=1, v=1;
    while(fabs(t)>1e-6)
    {
        pi=pi+t;
        v=v+2;              /*改变下一项分母的值*/
        f=-f;               /*改变下一项符号*/
        t=f/v;              /*得到下一项累加的数据*/
    }
    pi *=4;
    printf("pi=%10.6f\n ", pi);
}
```

【运行结果】（见图 5.17）

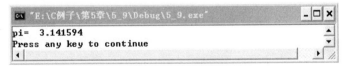

"E:\C例子\第5章\5_9\Debug\5_9.exe"
pi= 3.141594
Press any key to continue

图 5.17 【例 5.9】运行结果

【例 5.10】 输出 200 以内的全部素数。

【问题分析】

（1）素数是除 1 和它本身之外不能被任何一个整数所整除的自然数。如 2、3、5、7 是素数，1、4、6、8、10 不是素数。

（2）判断正整数 m 是否是素数的最简单方法是用 2，3，4，…，m-1 这些数逐个去除 m，只要被其中一个数整除了，则 *m* 就不是素数。实际上，对 *m* 只需用 2~$\sqrt{m}$ 就行了。

（3）判断一个数 *m* 是否是素数的过程如下。

初始假定 *m* 素数，设置标志 flag=0，依次用 2~$\sqrt{m}$ 去除 *m*，若有一数能被 *i* 整除，则设 flag=1 表示 *m* 不是素数，并停止对该数的测试。测试结束后，判断 flag 是否为 0，若为 0，则输出 *m* 的值。

程序流程图如图 5.18 所示。

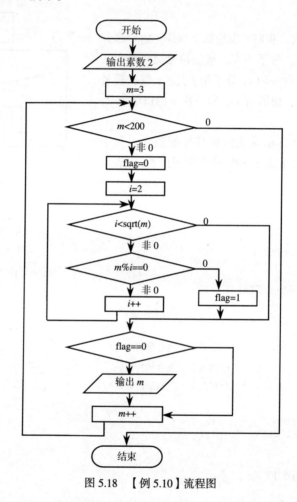

图 5.18　【例 5.10】流程图

【程序代码】

```c
#include<math.h>
#include<stdio.h>
void main()
{
    int m, i, count, flag;
    count=0;/*计数器清零，用于控制每行输出数据的个数，本例为 8 个*/
    printf("%5d",2);  /*输出第一个素数 2*/
    count++;
    for(m=3;m<200;m++)
    {
```

```
    flag=0;   /*标志，设置 m 为素数*/
    for(i=2; i<=sqrt(m); i++)
    {
        if(m%i==0)           /*被 i 整除，m 不是素数*/
        {
            flag=1;          /*标志设为 1，停止测试*/
            break;
        }
    }
    if(flag==0)  /*若 flag 为 0，则 m 为素数*/
    {
        printf("%5d",m);
        count++;
        if(count%8==0)       /*每行输出 8 个数据*/
            printf("\n");
    }
}
printf("\n");
}
```

【运行结果】（见图 5.19 ）

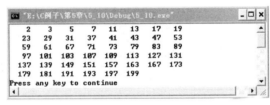

图 5.19 【例 5.10】运行结果

【例 5.11】电文解密：已知电文的加密规则是将字母变成其后的第 6 个字母，其他字符保持不变。例如，将字母 A 转换为字母 G，a 转换为 g，X 转换为 D，Z 转换为 F。编写一个程序，输入一行密文，请解密输出其原文。

【问题分析】

（1）解密规则与加密规则正好相反，原文字母应是加密字母前面的第 5 个字母。

（2）输入密文可进行如下控制：

```
while(ch=getchar()!='\n')
```

程序流程图如图 5.20 所示。

【程序代码】

```
#include<stdio.h>
void main()
{
    char ch;
    while((ch=getchar())!='\n')                      /*输入字符，当输入回车符时结束*/
    {
        if ((ch>='a'&&ch<='z')||(ch>='A'&&ch<='Z'))  /*判断字符是否为字母*/
        {
            ch=ch-6;                                 /*计算原文字符*/
```

```
            if ((ch>='a'-5&&ch<'a')||(ch<='A'))/*若计算字符不是字母，则加 26*/
            { ch=ch+26;
            }
        }
        printf("%c",ch);
    }
}
```

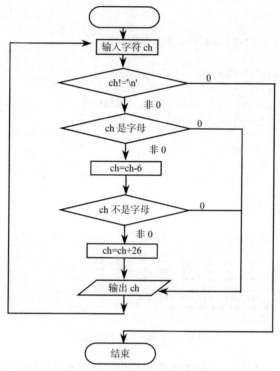

图 5.20　【例 5.11】流程图

【运行结果】（见图 5.21）

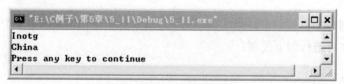

图 5.21　【例 5.11】运行结果

【例 5.12】输入整数 *n*，输出高度为 *n* 的等边三角形。当 *n*=5 时的等边三角形如下：

*
***
*****
****
****

【问题分析】

（1）使用双重循环，外循环控制行数，内循环控制每行输出。

（2）通过观察，行数 i 与每行的星号符数 $m1$ 有如下关系：$m1=2*i-1$；与星号符前面的空格 $m2$ 关系为：$n-i$。

【程序代码】

```
#include <stdio.h>
void main()
{
    int n, i,j;
    printf("输入 n: ");
    scanf("%d",&n);
    printf("\n");
    for (i=0;i<n;i++)
    {
        for (j=0;j<=n-i;j++)
        putchar(' ');
        for (j=0;j<=2*i;j++)
            putchar('*');
        putchar('\n');
    }
}
```

【运行结果】（见图 5.22）

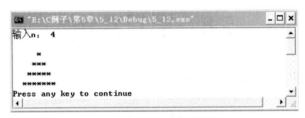

图 5.22 【例 5.12】运行结果

【例 5.13】设计函数，从键盘输入一行字符，返回最长单词的长度，同时输出该单词的位置。

【问题分析】

程序的关键是如何判断单词。因为只有一行字符，回车可用于控制程序结束，单词以空格、tab 键做分隔符。inword 变量记录当前字符的状态，inword==1 表示当前字符在单词内，inword==0 表示当前字符不在单词内，max、num 记录当前最大单词的长度和开始位置。

【程序代码】

```
#include <stdio.h>
void main()
{
    int max,count,weizhi,n,num;
    int ch,inword=0;
    max=0;                  /*记录当前最大单词的长度*/
    n=0;                    /*保存当前单词的位置*/
    count=0;                /*计算每个单词的长度，初值为 0*/
    weizhi=1;               /*当前读取的字符的位置，初值为 1*/
    while(ch=getchar())
    { if((ch==' ')||(ch=='\t')||(ch=='\n'))/*当字符为空格、tab 键、回车时*/
      { if ((inword==1)&&(count>max))/*读取当前的单词结束且当前的单词大于已统计单词的最大长
```

度*/

```
        { max=count;
         num=n;
         }
        if (ch=='\n') break;        /*若为回车符，则退出*/
        inword=0;
       }
       else if(inword==0)          /*重新开始统计单词*/
       { inword=1;
        count=1;
        n=weizhi;
        }
       else
       count++;                /*当前单词长度增1*/
       weizhi++;               /*位置增1*/
    }
    printf("max=%d\n",max);
    printf("num=%d\n",num);
}
```

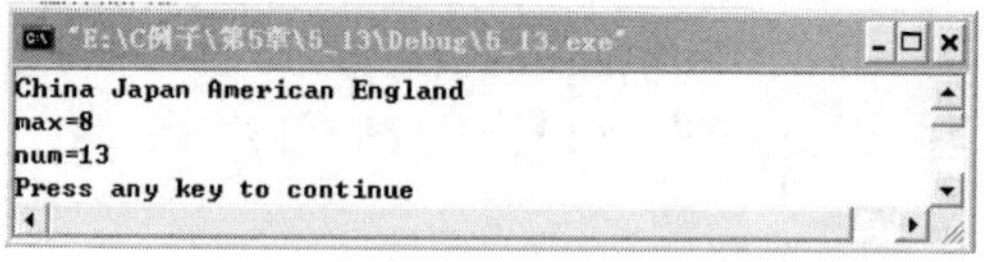

图 5.23 【例 5.13】运行结果

【运行结果】（见图 5.23）

5.8 项目实例

在上一章项目实例中，我们设计"学生成绩管理系统"主功能菜单，用户能在选择某一功能后，进入子功能界面，但它只能操作一次，并且不能返回。本节我们进一步完善该主功能菜单：用户选择某一功能后，执行子功能后返回父菜单，可再次进入子菜单，并能操作多次。

【问题分析】

程序主控结构必须采用循环结构，并且循环条件永远为真。

【程序代码】

```
#include <stdio.h>
#include <windows.h>              /*包含函数 system("cls")*/
void main()
{
    char c;                  /*存储选择功能的编号*/
    while(1)
    {
        //system("cls");     /*清屏命令*/
        printf("\n\t★☆  欢迎使用学生成绩管理系统    ☆★\n\n");
        printf("\t 请选择(1-7): \n");
        printf("\t======================================\n");
        printf("\t\t1.查询学生成绩\n");
        printf("\t\t2.添加学生成绩\n");
        printf("\t\t3.修改学生成绩\n");
        printf("\t\t4.删除学生成绩\n");
        printf("\t\t5.保存数据到文件\n");
```

```
printf("\t\t6.浏览数据\n");
printf("\t\t7.退出\n");
printf("\t=====================================\n");
printf("\t 您的选择是: "); c=getchar();getchar();  /* 或 c=getche() */
switch (c)
{
    case '1':printf("\t\t...进入查询学生成绩操作界面!\n");
        break;
    case '2':printf("\t\t...进入添加学生成绩操作界面!\n");
        break;
    case '3':printf("\t\t...进入修改学生成绩操作界面!\n");
        break;
    case '4':printf("\t\t...进入删除学生成绩操作界面!\n");
        break;
    case '5':printf("\t\t...进入保存数据到文件操作界面!\n");
        break;
    case '6':printf("\t\t...进入浏览数据操作界面!\n");
        break;
    case '7':printf("\t\t...退出系统!\n");
        return;
    default: printf("\t\t...输入错误!\n");
    }
  }
}
```

【运行结果】（见图 5.24）

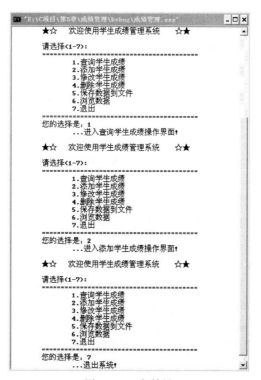

图 5.24　运行结果

若每次执行操作需要清屏，可使用函数 system("cls")。

本章小结

在C语言中，有4种语句实现循环程序设计，它们分别是：（1）while 语句；（2）do-while 语句；（3）for 语句；（4）goto 语句。goto 语句通常不用，因为它将使程序层次不清，且不易读，通常主要使用的是前面 3 种语句。3 种循环语句都可以用来处理同一个问题，一般可以互相代替；while 和 do-while 循环的循环体中应包括使循环趋于结束的语句；for 语句可以在表达式 3 包含使循环趋于结束的语句。用 while 和 do-while 循环时，循环变量初始化的操作应在 while 和 do-while 语句之前完成，而 for 语句可以在表达式 1 中实现循环变量的初始化，也可在 for 语句之前实现。do-while 语句比较适用于处理：不论条件是否成立，先执行 1 次循环体语句组的情况。for 适用于处理循环次数确定的情况。

在循环体语句中又包含有另一个完整的循环结构的形式，称循环结构嵌套。嵌套在循环体内的循环称为内循环；嵌套在循环体外的循环称为外循环；如果内循环体中又有嵌套的循环则构成多重循环。 while、do-while、for 3 种循环都可以嵌套。

习题 5

一、单选题

1. 下面有关 for 循环的正确描述是（   ）。
   A．for 循环只能用于循环次数已经确定的情况。
   B．for 循环是先执行循环体语句，后判定表达式。
   C．在 for 循环中，不能用 break 语句跳出循环体。
   D．for 循环体语句中，可以包含多条语句，但要用花括号括起来。

2. 对于 for(表达式 1;;表达式 3)可理解为（   ）。
   A．for(表达式 1;1；表达式 3)　　　　B．for(表达式 1：1；表达式 3)
   C．for(表达式 1;表达式 1;表达式 3)　　D．for(表达式 1;表达式 3；表达式 3)

3. 以下正确的描述是（   ）。
   A．continue 语句的作用是结束整个循环的执行。
   B．只能在循环体内和 switch 语句体内使用 break 语句。
   C．在循环体内使用 break 语句或 continue 语句的作用相同。
   D．从多层循环嵌套中退出时，只能使用 goto 语句。

4. C 语言中（   ）。
   A．不能使用 do-while 语句构成的循环
   B．do-while 语句构成的循环必须用 break 语句才能退出
   C．do-whiLe 语句构成的循环，当 while 语句中的表达式值为非零时结束循环
   D．do-while 语句构成的循环，当 while 语句中的表达式值为零时结束循环

5．C 语言中 while 和 do-while 循环的主要区别是（　　　）。

  A．do-while 的循环体至少无条件执行一次

  B．while 的循环控制条件比 do-while 的循环控制条件严格

  C．do-while 允许从外部转到循环体内

  D．do-while 的循环体不能是复合语句

6．下面程序段不是死循环的是（　　　）。

  A．
```
int I=100;
while(1)
{ I=I%100+1;
    if(I>100) break;
}
```
  B．
```
for ( ; ; );
```

  C．
```
int k=0;
do{++k; }
while(k>=0);
```
  D．
```
int s=36;
while(s);
    --s;
```

7．以下能正确计算 1*2*3*…*10 的程序是（　　　）。

  A．
```
do{i=1;s=1;
    s=s*i;
    i++;
}while(i<=10);
```
  B．
```
do{i=1;s=0;
    s=s*i;
    i++;
}while(i<=10);
```

  C．
```
i=1;s=1;
    do{ s=s*i;
        i++;
    }while(i<=10);
```
  D．
```
i=1;s=0;
    do{ s=s*i;
        i++;
    }while(i<=10);
```

8．下面程序的运行结果是（　　　）。

```
#include <stdio.h>
void main()
{ int y=10;
  do{y--;}
  while(--y);
  printf("%d\n",y--);}
```

  A．-1   B．1   C．8   D．0

9．下面程序的运行结果是(　　)。

```
#include<stdio.h>
void main()
{ int num=0;
    while(num<=2)
    { num++;
        printf("%d\n",num);
    }
}
```

  A．1   B．1 2   C．1 2 3   D．1 2 3 4`

10．若运行以下程序时，从键盘输入 3.6　　2.4↙，则下面程序的运行结果是（　　　）。

```
#include<math.h>
```

```c
#include<stdio.h>
void main()
{
    float x,y,z;
    scanf("%f%f",&x,&y);
    z=x/y;
    while(1)
    {   if(fabs(z)>1.0)
    {   x=y;y=z;z=x/y;}
    else
    break;
    }
    printf("%f\n",y);
}
```

    A. 1.500000   B. 1.600000   C. 2.000000   D. 2.400000

二、看程序，写运行结果

1. 若运行以下程序时，从键盘输入 2473↙，则下面程序的运行结果是（　　　）。

```c
#include<stdio.h>
void main()
{
    int c;
    while((c=getchar())!='\n')
    switch(c-'2')
    {
        case 0:
        case1: putchar(c+4);
        case2: putchar(c+4);break
        case3: putchar(c+3);
        default: putchar(c+2);break;
    }
    printf("\n");
}
```

2. 若运行以下程序时，从键盘输入 ADescriptor↙，则下面程序的运行结果是（　　　）。

```c
#include <stdio.h>
void main()
{
    char c;
    int v0=0,v1=0,v2=0;
    do{
        switch(c=getchar())
        {   case'a':case'A';
            case'e':case'E'
            case'i':case'I':
            case'o':case'O':
            case'u':case'U':v+=1;
            default:v0+=1; v2+=1;
        }
    }while(c!='n\');
    printf("v0=%d,v1=%d,v2=%d\n",v0,v1,v2);
}
```

3. 下面程序的运行结果是（　　　）。

```c
#include<stdio.h>
void main()
{
    int i,b,k=0;
    for(i=1;i<=5;i++)
    { b=i%2;
        while(b- ->=0) k++;
    }
    printf("%d,%d",k,b);
}
```

4. 下面程序的运行结果是（　　　）。

```c
#include<stdio.h>
void main()
{
    int a,b;
    for (a=1,b=1;a<=100;a++)
    { if(b>=20)  break;
        if(b%3==1)  {b+=3;  continue;}
        b-=5;
    }
    printf("%d\n",a);
}
```

5. 下面程序的运行结果是（　　　）。.

```c
#include<stdio.h>
void main()
{
    int i,j,x=0;
    for (i=0;i<2;i++)
    { x++;
        for(j=0;j<=3;j++)
        { if(j%2) continue;
            x++;
        }
        x++;
    }
        printf("x=%d\n",x);
}
```

6. 下面程序的运行结果是（　　　）。

```c
#include<stdio.h>
void main()
{
    int i;
    for (i=1;i<=5;i++)
    { if(i%2)  printf("*");
        else    continue;
        printf("#");
    }
    printf("$\n");
}
```

7. 下面程序的运行结果是（　　　）。

```c
#include<stdio.h>
void main()
{
    int i,j,a=0;
    for(i=0;i<2;i++)
    {
        for (j=0; j<4; j++)
        {
            if (j%2) break;
            a++;
        }
        a++;
    }
    printf("%d\n",a);
}
```

8. 下列程序运行后的输出结果是（　　　）。

```c
#include<stdio.h>
void main()
{
    int i,j,k;
    for(i=1;i<=4;i++)
    {
        for(j=1;j<=20-3*i;j++)  printf("");
        for(k=1;k<=2*i-1;k++)  printf("%3s","*");
        printf("\n");
    }
    for(i=3;i>0;i--)
    {
        for(j=1;j<=20-3*i;j++)  printf("");
        for(k=1;k<=2*i-1;k++)  printf("%3s","*");
        printf("\n");
    }
}
```

9. 下列程序运行后的输出结果是（　　　）。

```c
#include<stdio.h>
void main()
{
    int i,j,k;
    for(i=1,i<=6;i++)
    {
        for(j=1;j<=20-3*j;j++)
            printf("%3d",k);
        for(k=i-1;k>0;k--)
            printf("%3d",k);
        printf("\n"0);
    }
}
```

三、程序填空

1. 下面程序的功能是将小写字母变成对应的大写字母后的第二个字母，例如，y 变成 A，z

变成 B，请选择填空。

```
#include<stdio.h>
void main()
{
      char c;
      while((c=getchar())!='\n')
      {
            if(c>='a'&&c<='z')
            {_____
                  for(c>'Z"&&c<="Z"+2)

                  _____
            }
            printf("%c",c);
      }
}
```

2．下面程序的功能是从键盘输入的一组字符中统计出大写字母的个数 *m* 和小写字母的个数 *n*，并输入 *m*、*n* 中的较大数，请选择填空。

```
#include<stdio.h>
void main()
{
      int m=0,n=0;
      char c;
      while((_____)!='\n')
      {
            if(c>='A'&&c<='Z')  m++;
            if(c>='a'&&c<='z')  n++;
      }
      printf("%d\n",m<n?_____);
}
```

3．下面程序的功能是把 316 表示为两个加数且分别能被 13 和 11 整除。请选择填空。

```
#include <stdio.h>
void main()
{
      int i=0,j,k;
      do{i++;k=316-13*i;}
      while(    );
      j=k/11;
      printf("316=13*%d+11*%d",i,j);
}
```

4．从键盘上输入若干个学生的成绩，统计并输出最高成绩和最低成绩，当输入负数时结束。

```
#include <stdio.h>
void main()
{
      float x, amax, amin;
      scanf("%f",&x);
      amax=x;
      amin=x;
      while(_____)
      {
```

```
            if(x>amax)
                  amax=x;
            if(_____)
                  amin=x;
            scanf("%f",&x);
         }
      printf("amax=%f\namin=%f\n",amax, amin);
}
```

5. 求算式 *xyz*+*yzz*=532 中 *x*、*y*、*z* 的值（其中，*xyz* 和 *yzz* 分别表示一个三位数）。

```
#include<stdio.h>
void main()
{
      int x,y,z,i,result=532;
      for(x=1;_____;x++)
            for(y=1;y<10;y++)
                  for(z=0;_____;z++)
                  {
                        i=100*x+10*y+z+100*y+10*z+z;
                        if(_____)
                              printf("x=%d,y=%d,z=%d\n",x,y,z);
                  }
}
```

6. 根据公式 *e*=1+1/1!+1/2!+1/3!+…求 *e* 的近似值，精度要求为 10^{-6}。

```
#include<stdio.h>
void main()
{
   int i;double e,new;
   e=1.0;new=1.0;
   for(i=1;_____;i++)
   {
   _____
   _____
   }
   printf("e=%f\n",e)
}
```

7. 完成用一元人民币换成一分、两分、五分的所有兑换方案。

```
#include<stdio.h>
void main()
{
   int i,j,k,l=1;
   for(i=0;i<=20;i++)
      for(j=0;_____;j++)
         {_____
            if(k>=0)
            { printf(" %2d, %2d, %2d ",i,j,k);
            _____
            if(l%5==0)  printf("\n");
            }
         }
}
```

8. 统计正整数的各位数字中零的个数，并求各位数字中的最大者。

```c
#include<stdio.h>
void main()
{
    int n,count,max,t;
    count=max=0;
    scanf("%d",&n);
    do
      {

         if(_____)
               ++count;
         else if(_____)
               max=t;

      } while(n);
    printf("count=%d,max=%d",count,max);
}
```

四、编程题

1. 根据公式 $\Pi^2/6 \approx 1/1^2 + 1/2^2 + 1/3^2 + \ldots + 1/n^2$，求 Π 的近似值，直到最后一项的值小于 10^{-6} 为止。

2. 有 1020 个西瓜，第一天卖一半多两个，以后每天卖剩下的一半多两个，问几天后可以卖完，请编程计算。

3. 编程实现用"辗转相除法"求两个正整数的最大公约数。

4. 等差数列的第一项 $a=2$，公差 $d=3$，编程实现在前 n 项和中，输出能被 4 整除的所有的数的和。

5. 求山用数字 $0 \sim 9$ 可以组成多少个没有重复的三位偶数。

6. 输出 $1 \sim 100$ 中每位数的乘积大于每位数的和的数。

7. 下面程序的功能是求 1000 以内的所有完全数。（说明：一个数如果恰好等于它的因子之和（除自身外），则称该数为完全数，例如：6=1+2+3，则 6 为完全数）

8. 有一堆零件（$100 \sim 200$），如果分成 4 个零件一组的若干组，则多 2 个零件；若分成 7 个零件一组，则多 3 个零件；若分成 9 个零件一组，则多 5 个零件。求这堆零件总数。

第6章
数　组

程序处理的对象是各式各样的数据，选取一种合理、有效的方式将数据组织起来是编写一个高效率、高质量程序的必要前提。前面章节介绍的基本数据类型（整型、实型、字符型）的变量只能保存单一且独立的数据，而对问题域进行求解时往往遇到的是批量数据，且这些数据是按照一定的规则组成的。在大多数情况下，程序处理的大部分数据都是批量数据，下面列举几个典型的实例。

实例1：每到期末，教师都要对所授课程成绩进行分析，包括统计各分数段人数及比例，计算平均分、标准差等。希望编写一个程序，帮助教师完成成绩分析。

实例2：每年学校团委都要举办校园歌手大奖赛，安排10位评委。每位歌手最终得分规则如下：去掉一个最高分和一个最低分，取剩下8位评委打分平均值为该歌手最后得分。希望编写一个程序，帮助工作人员计算每位歌手的分数。

实例3：计算机学院篮球队要纳新，对象是刚入校的本院新生。首先从学生填写的个人兴趣爱好中搜寻有篮球爱好的学生，然后进行训练和选拔。编写一个程序，帮助计算机学院篮球队发掘有篮球爱好的学生。

仔细分析以上3个实例可以发现：这3个实例中都要处理批量数据，如果用前面章节所学的知识，就要为这3个实例定义若干个变量。虽然不违背C语言的语法，但是这样编写代码显然不仅程序繁复、冗长，且体现不出各数据间的关系，同时可能带来阅读和理解的困难。有没有更好的数据组织方式呢？再次仔细分析一下，这3个实例中要处理的批量数据至少有两个明显的特点：一是数据类型相同，二是数据个数已知。那么，能否用一个固定长度的连续存储单元来存储这些批量数据，而只用一个变量来代表这个连续存储单元，然后通过这个变量来访问该存储单元的数据呢？答案是肯定的。这样的数据组织方式在C语言中就是使用数组来实现的。

数组是具有相同类型的数据的有序集合。这些数据有一个共同的名字，称为**数组名**，集合中的元素称为**数组元素**，元素在集合中的位置信息称为**下标**。只有一个下标的数组称为**一维数组**，而具有多个下标的数组称为**多维数组**。引用某个元素时只要给出数组名和下标即可。数组元素类型任意，可以是基本类型中的字符型、整型、浮点型等，也可以是指针，或结构体、共用体等类型。

数组在内存中使用了连续的存储空间，各元素相邻存放。数组名是一个常量，代表数组第一个元素在内存中的首地址。

本章重点介绍介绍一维数组和二维数组的定义和使用方法，并结合"学生成绩管理系统"项目，介绍数组在数据管理和数据统计方面的典型应用，如数据的查找、排序等。同时介绍字符串处理技术和字符串处理函数，并给出典型应用。

数组并不是新的数据类型,而只是对其他数据类型的"封装",是由其他类型构造出来的,所以称它们为构造类型。第 7 章将要介绍的结构体和共用体都是构造类型。

6.1 一维数组

在实际应用中,经常会遇到这样一些操作:只有将若干个类型相同的数据组织在一起共同参与操作才有实际意义。例如:只有将一个班级中每个学生的考试成绩组织在一起才能够实现排名;只有将所有课程的信息放在一起,才存在查找给定课程的操作。对这类问题域进行求解,可以抽象出一维向量、数列等具有一维特征的数据。在 C 语言中,采用一维数组就能够处理具有一维特征的数据。下面介绍一维数组的定义、初始化和引用,并列举了几个应用一维数组组织数据的实例。

6.1.1 一维数组的定义

同单个变量的使用原则一样,数组也必须先定义后使用。

一维数组的定义形式为:

类型标识符 数组名[元素个数];

例如,下面定义了几组不同类型、不同元素个数的数组。

```
int a[10],b[20];/*定义两个分别具有 10 个元素和 20 个元素的整型数组 a 和 b*/
float x[10],y[20];/*定义两个分别具有 10 个元素和 20 个元素的单精度浮点型数组 x 和 y*/
double z[30]; /*定义一个具有 30 个元素的双精度浮点型数组 z*/
char ch[80];/*定义一个具有 80 个元素的字符型数组 ch*/
```

前面学习单个变量定义时,剖析过单个变量定义的实质是在内存中为该变量分配指定字节(sizeof(类型名))的存储空间,用来存放该变量。数组和单个变量一样,经定义,系统为每个数组在内存分配一片连续的存储空间。那么,对于数组系统将为之在内存分配多少字节的存储空间呢?由于数组是具有相同类型的元素的集合,因此,数组所占内存的字节数和两方面的因素有关:一是数组元素个数;二是数组类型。又由于相同类型的数据在不同的编译环境中所占内存的字节数可能不同,所以,要得到某种数据类型在内存中的字节数就要使用 sizeof 来计算。因此,数组所占内存的字节数为:

数组元素个数 × sizeof(数组类型)

对于上面提到的实例 1,假设班级人数为 40 人,成绩为 0~100 的整数,则可以定义一个具有 40 个元素的一维整型数组来存放学生的成绩:

```
int score[40];
```

对于上面提到的实例 2,假设评委给选手的打分是[0,10]之间的小数,则可以定义一个具有 10 个元素的一维实型数组来存放评委为某选手的打分:

```
double vote[10];
```

数组定义时应注意以下几点。

（1）数组名的书写规则应符合标识符的书写规定。

（2）数组名不能与其他变量名相同，例如：

```
void main()
{
    int a;
    float a[10];
    ...
}
```

是错误的。

（3）方括号中元素个数，即数组的长度。如 int a[5]; 表示数组 a 有 5 个元素。但是其下标从 0 开始计算，所以，5 个元素分别为 a[0]、a[1]、a[2]、a[3]、a[4]。

（4）若 sizeof(int)=2，在定义 int a[5]; 时，C 编译系统将为数组 a 在内存中开辟连续的 5*sizeof(int)=10 个存储单元。数组 a 的存储示意图如图 6.1 所示。

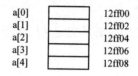

图 6.1　数组 a 的存储示意图

（5）不能在方括号中用变量来表示元素的个数，但是可以是符号常量或常量表达式。例如：

```
#define MAX 10
void main()
{
    int a[MAX], b[1+2];
    ......
}
```

是合法的。但是下述定义形式是错误的。

```
void main()
{
    int n=5;
    int a[n];
    ......
}
```

综上所述，数组具有以下特点：

（1）数组元素的个数固定；

（2）数组元素的类型是相同的；

（3）数组在内存中占用连续的存储单元。

6.1.2　一维数组的初始化

在定义数组时，系统只是根据数组元素个数以及数组中每个元素所需的存储空间为数组分配一片连续的存储单元，而并没有为数组元素赋值。如果在这个时候使用数组元素，就会得到一个不确定的值，程序的运行结果就将无法预料。为此，C 语言也为数组提供和单个变量初始化一样的功能，即在数组定义的同时为元素赋值，这就是**数组的初始化。**

数组初始的一般形式如下：

类型标识符　数组名[元素个数]={元素初值 1，元素初值 2，…，元素初值 n}；

例如：int a[5]={1,2,3,4,5}；

当系统执行这条语句时，不但要为整型数组 a 分配一片连续的内存单元，而且还要将花括号里的值按照从左向右的顺序依次赋给数组 a 中的每个元素，即 a[0]=1、a[1]=2、a[2]=3、a[3]=4、a[4]=5。

一维数组初始化还有以下几种特殊形式。

（1）给数组部分元素赋值。

例如：int a[5]={1,2}；

此时 a[0]=1，a[1]=2，其他元素自动赋值为 0。C 语言规定，若对数值型数组部分元素初始化，未被赋值的元素自动赋值为 0；若对字符型数组部分元素初始化，未被赋值的元素自动赋值为'\0'（即 ASCII 码为 0 的字符）。

（2）对全部元素赋初值时，可以不指定数组长度，C 语言编译系统自动根据初值个数来确定数组长度。

例如：int a[ ]={1,2,3,4,5}；

系统将 a 定义为一个有 5 个元素的整型数组。

数组初始化时应注意如下几个地方。

① 赋给数组元素的初值放在一对大括号中，各值用英文逗号隔开，且不能跳过前面的元素而给后面的元素赋初值。

例如：int a[5]={1, ,3,4,5}；

在编译时系统将给出出错信息。

② 所赋初值个数不能多于数组定义的元素个数。

例如：int a[5]={1,2,3,4,5,6}；

在编译时系统将给出出错信息。

6.1.3　一维数组元素的引用及基本操作

数组是具有相同类型的数据的有序集合，数组名代表的是这个数组。要想引用数组中的每个元素除了给出数组名外，还要给出元素在数组中的位置，即下标。因此，一维数组元素的引用形式为：

数组名[下标]

其中，下标值应在 0~"元素个数−1"的范围内，且可以为整型常量、整型变量或整型表达式，也可以是字符表达式或后面将讲述的枚举类型表达式。

例如：int a[5],b=2,c=1；

以下数组元素的引用都是合法的：a[0]、a[b]、a[c*3]。

需要注意的是，在引用数组元素时，尽管 C 语言编译系统并不检查下标是否越界，诸如 a[5]、a[b+4]等引用都不会报错，但是这类引用会产生不可预料的运行结果。因此，在引用数组元素时一定要保证下标取值的有效范围。

前面介绍过，当定义了单个变量后，就可以对单个变量进行赋值、输入、输出等基本操作了。同样，数组定义后也可以进行这些基本操作了。但是对数组进行这些基本操作其实是通过对数组中的每个元素分别实施来实现的。

1. 数组的赋值

对数组的赋值，其实是对数组的元素赋值。

例如，以下的赋值都是合法的：

```
int n = 3,a[5];
a[2] = 2;
a[n+1] = a[2] + 3;/*相当于 a[4]=5;*/
a['b'-'a'] = 6;  /*相当于 a[1] = 6;*/
```

当为数组中每个元素赋值的时候，应该使用循环结构。例如：

```
int i,a[5];
for (i=0;i<5;i++)  /*将 1 赋值给 a[0], a[1], a[2], a[3], a[4]*/
    a[i]=1;
```

以上程序是将 1 赋值给数组的每个元素，但是以下的操作是非法的：

```
int a[5];
a = 1;
```

C 语言规定数组名代表数组在内存中所分配的连续内存单元的首地址，是一个常量。因此，不能通过数组名对数组进行整体的赋值、输入和输出，而只能通过用循环语句来完成这些基本操作。

2. 数组的输入

对数组的输入，其实是向数组的元素输入值。只能逐个引用数组元素而不能一次引用整个数组。例如：

```
int i,a[5];
for (i=0;i<5;i++)  /* 依次向 a[0], a[1], a[2], a[3], a[4] 输入值*/
    scanf("%d ",&a[i]);
```

3. 数组的输出

对数组的输出，其实是输出数组的每个元素的值，只能逐个引用数组元素而不能一次引用整个数组。

例如：

```
int i,a[5];
for (i=0;i<5;i++)  /*输出 a[0], a[1], a[2], a[3], a[4]*/
    printf("%5d ",a[i]);
```

6.1.4　一维数组精选案例

在实际应用中，我们经常要对一组数据进行统计；或是对一组数据进行排序；或是从一组数据中查询出满足条件的值等。在 C 语言程序中，我们可以用数组类型来组织这类型的数据。下面将列举数组的几个典型应用实例。

1. 数据统计

数据统计是数组的一个典型应用，就是从一组数据中的某些特征进行统计。统计包括求和、求平均值、求总数、求最大值、求最小值等。统计的结果往往是通过对所有数据进行扫描、判断或综合加工得到的。

【例 6.1】每到期末，教师都要对所授课程成绩进行分析。假设该班有 10 名学生，编写一个程序，帮助教师统计各分数段人数及比例，并计算平均分。

【问题分析】

根据问题的描述可以得知：要得到各分数段人数，就是逐个比较 10 名学生的成绩在不在指定的分数段内，如果是则该分数段人数自增 1；当各分数段人数得出后，各分数段所占比例就可以用各分数段人数/总学生人数得到；要计算平均分，只要逐个将 10 名学生成绩进行累加，将累加和/总学生人数就可以了。

如果将分数划分为 5 个分数段：[0,60)、[60,70)、[70,80)、[80,90)、[90,100]，5 个分数段的人数存放到有 5 个元素的整型数组中，数组各元素初值为 0。由于学生成绩不需要保存，所以 10 名学生成绩通过循环语句输入。

【程序代码】

```
#include <stdio.h>
#define NUM 10                              /*学生人数*/
void main()
{
    int people[5]={0};                      /*用于存放各分数段人数，初始化为0*/
    int score[NUM];                         /*用于学生成绩*/
    int i=0,scoreSum=0;

    /*输入学生分数*/
    printf("请输入学生成绩: \n");
    do
    {
        scanf("%d",&score[i]);
        if (score[i]>=0 && score[i]<=100)   /*检查输入的成绩是否有效*/
            i++;
    }while (i<NUM);

    /*统计各分数段分数以及总分*/
    for (i=0;i<NUM;i++)
    {
        switch (score[i]/10)
        {
        case 0:case 1:case 2:case 3:case 4:case 5:people[0]++;break;
        case 6:people[1]++;break;
        case 7:people[2]++;break;
        case 8:people[3]++;break;
        case 9:case 10:people[4]++;break;
        }
        scoreSum+=score[i];
    }

    /*输出各分数段分数及比例，以及平均分*/
    printf("\n60分以下的人数为: %d, 所占比例为%5.1f%%",people[0],100.0*people[0]/NUM);
    printf("\n60分--70分人数为: %d, 所占比例为%5.1f%%",people[1],100.0*people[1]/NUM);
```

```
    printf("\n70分--80分人数为：%d，所占比例为%5.1f%%",people[2],100.0*people[2]/NUM);
    printf("\n80分--90分人数为：%d，所占比例为%5.1f%%",people[3],100.0*people[3]/NUM);
    printf("\n90分--100分人数为：%d，所占比例为%5.1f%%\n",people[4],100.0*people[4]/NUM);
    printf("\n本次考试的平均分为：%5.1f\n",scoreSum*1.0/NUM);
}
```

【运行结果】（见图 6.2）

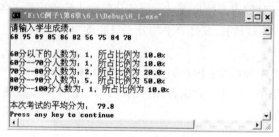

图 6.2 【例 6.1】运行结果

【例 6.2】每年学校团委都要举办校园歌手大奖赛，安排 10 位评委。每位歌手最终得分规则如下：去掉一个最高分和一个最低分，取剩下 8 位评委打分平均值为该歌手最后得分。希望编写一个程序，帮助工作人员计算每位歌手的分数。

【问题分析】

根据问题的描述可以得知：要得到歌手的最后得分，先要找到 10 位评委中的最高分和最低分，并求得 10 位评委的打分之和，从打分之和去掉最高分和最低分后得到剩下 8 位评委的打分之和，因此歌手的最后得分就等于剩下 8 位评委的打分之平均值。

【程序代码】

```
#include <stdio.h>
#define NUM 10                      /*评委人数*/
void main()
{
    float score[NUM];               /*存放评委打分*/
    float minScore,maxScore,sumScore;
    int i;
    /*输入评委打分*/
    printf("请输入评委打分：\n");
    for (i=0;i<NUM;i++)
        scanf("%f",&score[i]);
    /*找出最高分、最低分和总分*/
    minScore=score[0];
    maxScore=score[0];
    sumScore=score[0];
    for (i=1;i<NUM;i++)
    {
        if (score[i]<minScore) minScore=score[i];
        if (score[i]>maxScore) maxScore=score[i];
        sumScore+=score[i];
    }
    /*计算并输出歌手的最终得分*/
    sumScore=(sumScore-minScore-maxScore)/(NUM-2);
```

```
printf("\n 去掉一个最高分：%6.2f",maxScore);
printf("\n 去掉一个最低分：%6.2f",minScore);
printf("\n 该歌手最终得分为：%6.2f\n",sumScore);
}
```

【运行结果】（见图 6.3）

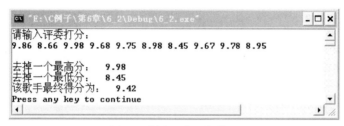

图 6.3　【例 6.2】运行结果

2. 数据排序

排序也是数组的一个重要的应用，即将一组无序的数据重新排列成升序或降序的过程。实际应用中，对数据进行排序的例子举不胜举。例如：将学生某门课程的成绩按照降序排列；将商品按照价格升序排列；将投票结果降序排列。

排序算法有很多，本书在第四篇中将详细介绍。在此节中，只介绍"选择法"和"冒泡法"。

【例 6.3】某流行歌曲网站每周根据用户的投票情况来公布歌曲排行榜。请使用"选择法"帮该网站完成此功能。

【问题分析】

根据问题的描述可以得知：可以用一组整型数组记录每首歌曲的投票数量，然后将这组数按照由高到低的顺序重新排列就可以得到本周歌曲排行榜。在此，我们使用简单选择排序，其具体的排序过程如下：首先从 n 个数据中选择一个最大的数据，并将它交换到第 1 个位置上；然后再从后面的 n-1 个数据中选择一个最大的数据，并将它交换到第 2 个位置上；依此类推，直至最后从两个数据中选择一个最大的数据，并将它交换到第 n-1 个位置为止，整个排序操作结束。

对 n 个数进行排序最多要进行 n-1 轮，而每轮都要从剩余的数据中选择一个最大的数。在选择最大数时，不是记录最大数本身，而是记录最大数下标，这样便于将最大数交换到前面相应的位置。

假设该流行歌曲网站提供了 10 首歌曲供用户投票，投票结果为 65、32、10、85、98、78、56、42、6、27，则简单选择排序的过程如图 6.4 所示，其中加粗的数值表示第 i 轮（i=1，2，……，9）比较结束后数组中已排好序的元素。

初始值	第 1 轮	第 2 轮	第 3 轮	第 4 轮	第 5 轮	第 6 轮	第 7 轮	第 8 轮	第 9 轮
65	**98**	**98**	**98**	**98**	**98**	**98**	**98**	**98**	**98**
32	32	**85**	**85**	**85**	**85**	**85**	**85**	**85**	**85**
10	10	10	**78**	**78**	**78**	**78**	**78**	**78**	**78**
85	85	32	32	**65**	**65**	**65**	**65**	**65**	**65**
98	65	65	65	32	**56**	**56**	**56**	**56**	**56**
78	78	78	10	10	10	**42**	**42**	**42**	**42**
56	56	56	56	56	32	32	**32**	**32**	**32**
42	42	42	42	42	42	10	10	**27**	**27**
6	6	6	6	6	6	6	6	6	**10**
27	27	27	27	27	27	27	27	10	6

图 6.4　简单选择排序过程

【程序代码】

```c
#include <stdio.h>
#define NUM 10                          /*参加排序的歌曲个数*/
void main()
{
    int vote[NUM];                      /*歌曲的投票数*/
    int i,j,maxPos,temp,k;              /*maxPos:每轮最大值下标*/

    /*输入每首歌曲的投票数*/
    printf("请输入%d 整数: ",NUM);
    for (i=0;i<NUM;i++)
        scanf("%d",&vote[i]);

    /*输出排序前的数组*/
    printf("\n 排序前: ");
    for (i=0;i<NUM;i++)
        printf("%5d",vote[i]);

    /*简单选择排序*/
    printf("\n\n 排序中: \n");
    for (i=0;i<NUM-1;i++)
    {
        maxPos=i;
        for (j=i+1;j<NUM;j++)/*选择 i-NUM-1 之间的最大数*/
            if (vote[j]>vote[maxPos])
                maxPos=j;
        if (maxPos!=i)          /*交换*/
        {
            temp=vote[i];
            vote[i]=vote[maxPos];
            vote[maxPos]=temp;
        }
        printf("第%d 轮: ",i+1);
        for (k=0;k<NUM;k++)
            printf("%5d",vote[k]);
        printf("\n");
    }

    /*输出排序后的数组*/
    printf("\n 排序后: ");
    for (i=0;i<NUM;i++)
        printf("%5d",vote[i]);
    printf("\n");
}
```

【运行结果】（见图 6.5）

【例 6.4】某流行歌曲网站每周根据用户的投票情况来公布歌曲排行榜。请使用"冒泡法"帮该网站完成此功能。

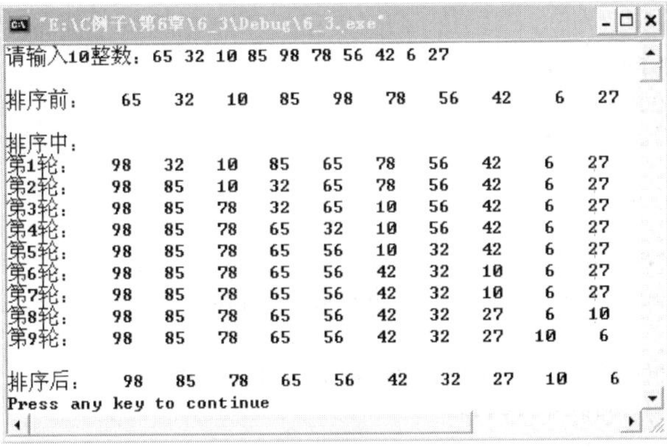

```
"E:\C例子\第6章\6_3\Debug\6_3.exe"
请输入10整数: 65 32 10 85 98 78 56 42 6 27

排序前:    65    32    10    85    98    78    56    42     6    27

排序中:
第1轮:     98    32    10    85    65    78    56    42     6    27
第2轮:     98    85    10    32    65    78    56    42     6    27
第3轮:     98    85    78    32    65    10    56    42     6    27
第4轮:     98    85    78    65    32    10    56    42     6    27
第5轮:     98    85    78    65    56    10    32    42     6    27
第6轮:     98    85    78    65    56    42    32    10     6    27
第7轮:     98    85    78    65    56    42    32    10     6    27
第8轮:     98    85    78    65    56    42    32    27     6    10
第9轮:     98    85    78    65    56    42    32    27    10     6

排序后:    98    85    78    65    56    42    32    27    10     6
Press any key to continue
```

图 6.5　【例 6.3】运行结果

【问题分析】

其具体的排序过程如下：对 n 个元素进行降序排序，从第一元素开始，将相邻元素两两进行比较，每次比较时将大的值放到前面，比较 $n-1$ 次后，n 个数中最小的一个值被移到最后一个元素的位置上，称为"冒泡"。下一轮比较仍然从第一个元素开始，对余下的 $n-1$ 个元素进行，重复上述过程 $n-2$ 次，n 个数中次小的一个值被移到倒数第二个元素上。依此类推，直至第 $n-1$ 轮比较结束，此时 n 个数全部排序结束。

假设该流行歌曲网站提供了 10 首歌曲供用户投票，投票结果为 65、32、10、85、98、78、56、42、6、27。该算法的示例如图 6.6 所示，其中加粗的数值表示第 i 轮（i=1，2，……，9）比较结束后数组中已排好序的元素。

初始值	第1轮	第2轮	第3轮	第4轮	第5轮	第6轮	第7轮	第8轮	第9轮
65	65	65	85	98	98	98	98	98	98
32	32	85	98	85	85	85	85	85	**85**
10	85	98	78	78	78	78	78	**78**	78
85	98	78	65	65	65	65	**65**	65	65
98	78	56	56	56	56	**56**	56	56	56
78	56	42	42	42	**42**	42	42	42	42
56	42	32	32	**32**	32	32	32	32	32
42	10	27	**27**	27	27	27	27	27	27
6	27	**10**	10	10	10	10	10	10	10
27	**6**	6	6	6	6	6	6	6	6

图 6.6　冒泡排序过程

【程序代码】

```c
#include <stdio.h>
#define NUM 10              /*参加排序的歌曲个数*/
void main()
{
    int vote[NUM];          /*歌曲的投票数*/
    int i,j,temp,k;

    /*输入每首歌曲的投票数*/
    printf("请输入%d整数: ",NUM);
    for (i=0;i<NUM;i++)
        scanf("%d",&vote[i]);
```

```
/*输出排序前的数组*/
printf("\n 排序前: ");
for (i=0;i<NUM;i++)
    printf("%5d",vote[i]);

/*简单选择排序*/
printf("\n\n 排序中: \n");
for (i=0;i<NUM-1;i++)          /*冒泡排序最多进行 NUM-1 轮*/
{
    /*每轮将相邻两个元素进行比较, 最多比较 NUM-i-1 次*/
    for (j=0;j<NUM-i-1;j++)
        if (vote[j+1]>vote[j])
        {
            temp=vote[j];
            vote[j]=vote[j+1];
            vote[j+1]=temp;
        }
    printf("第%d 轮: ",i+1);
    for (k=0;k<NUM;k++)
        printf("%5d",vote[k]);
    printf("\n");
}

/*输出排序后的数组*/
printf("\n 排序后: ");
for (i=0;i<NUM;i++)
    printf("%5d",vote[i]);
printf("\n");
}
```

【运行结果】(见图 6.7)

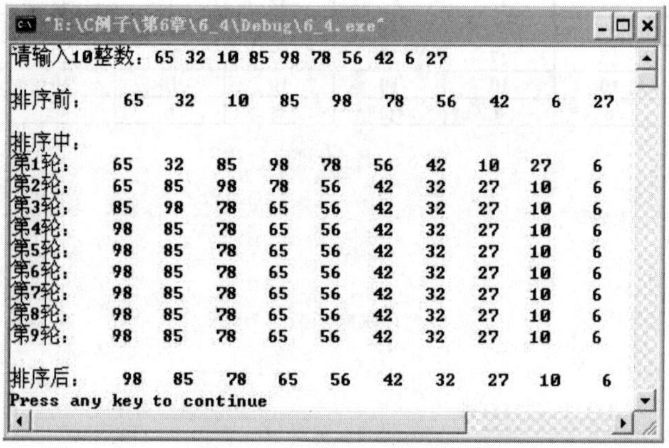

图 6.7 【例 6.4】运行结果

从图 6.7 中可以看出, 第 4 轮后全部数据已经有序, 以后的比较是没有意义的。因此, 可以对以上的冒泡排序进行改进。

当某此冒泡排序过程中发现没有数据交换操作时, 表明待排序的序列已经有序了, 可以终止排序操作。为了标记在比较过程中是否发生了数据交换操作, 在程序中定义一个标志变量 flag,

在每轮比较前将 flag=0；如果在本轮数据比较过程中发生了数据交换，则 flag=1。当本轮比较结束后判断 flag 的值，如果 flag 仍为 0，表示没有任何数据交换，可以结束排序过程，否则进行下一轮排序。

【改进后的部分程序代码】

```
/*简单选择排序*/
printf("\n\n 排序中: \n");
for (i=0;i<NUM-1;i++)                    /*冒泡排序最多进行 NUM-1 轮*/
{
    flag=0;
    /*每轮将相邻两个元素进行比较，最多比较 NUM-i-1 次*/
    for (j=0;j<NUM-i-1;j++)
    {
        if (vote[j+1]>vote[j])
        {
            temp=vote[j];
            vote[j]=vote[j+1];
            vote[j+1]=temp;
            flag=1;                      /*如果本轮有数据交换，flag 置为 1*/
        }
        if (flag = =0) break;            /*如果本轮没有任何数据交换，则结束排序*/
    }
    printf("第%d 轮: ",i+1);
    for (k=0;k<NUM;k++)
            printf("%5d",vote[k]);
    printf("\n");
}
```

6.2 二维数组

有时候，对问题域进行求解的过程中抽象出来的是二维表格、矩阵等具有二维特征的数据。例如，高考成绩管理系统中每个考生的成绩由语文、数学、外语、综合、总分 5 个部分组成，因此需要两个下标才能唯一确定这组值，一个下标表示考生人数，另一个下标表示成绩门数。在 C 语言中，采用二维数组就能够处理具有二维特征的数据。下面介绍二维数组的定义、初始化和引用，并列举了几个应用二维数组组织数据的实例。

6.2.1 二维数组的定义

二维数组的定义形式与一维数组类似：

类型说明符 数组名[行数] [列数]；

例如：

```
int a[3][4];/* 定义了一个 3 行 4 列的整型二维数组 a，该数组有 12 个元素。*/
float b[10][5]; /* 定义了一个 10 行 5 列的实型二维数组 b，该数组有 50 个元素。*/
```

二维数组定义应注意以下几点。

（1）一个二维数组可以看成是一个二维表格，第一个下标表示行，第二个下标表示列。同一维数组一样，行列下标都是从 0 开始编号的。对于定义：int a[3][4];其元素逻辑排列如下所示：

	第 0 列	第 1 列	第 2 列	第 3 列
第 0 行	a[0][0]	a[0][1]	a[0][2]	a[0][3]
第 1 行	a[1][0]	a[1][1]	a[1][2]	a[1][3]
第 2 行	a[2][0]	a[2][1]	a[2][2]	a[2][3]

（2）"行数"和"列数"必须是整型常量或整型常量表达式。

（3）二维数组的元素个数=行数*列数。

（4）二维数组在内存中的存储方式同一维数组一样，也是按一维线性排列的，占用一片连续的内存单元。在内存中，二维数组元素是按行顺序存放的，即在内存中先顺序存放第一行的元素，再存放第二行的元素，直到最后一行。对于定义：int a[3][4];系统将为二维数组 a 分配一片连续的内存单元，所占内存的字节数为：

行数×列数×sizeof（数组类型）

整型二维数组 a 的存储示意图如图 6.8 所示。

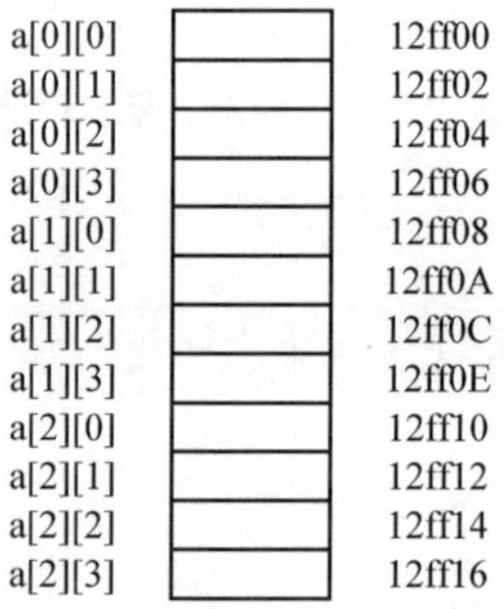

元素	地址
a[0][0]	12ff00
a[0][1]	12ff02
a[0][2]	12ff04
a[0][3]	12ff06
a[1][0]	12ff08
a[1][1]	12ff0A
a[1][2]	12ff0C
a[1][3]	12ff0E
a[2][0]	12ff10
a[2][1]	12ff12
a[2][2]	12ff14
a[2][3]	12ff16

图 6.8　整型二维数组 a 的存储示意图

6.2.2　二维数组的初始化

与一维数组类似，在定义二维数组时可以同时对其进行初始化，对二维数组初始化有以下几种形式。

（1）分行给二维数组元素赋初值。这是由于二维数组可以看成是一种特殊的一维数组，即其元素又是一个一维数组。例如：

int a[3][4]={{1,2,3,4},{5,6,7,8},{9,10,11,12}};

这种赋初值方法比较直观，全部初值放在外层大括号中，每一行的初值分别放在内层的一对大括号中，依次把第 1 对大括号里的数据给第 0 行的元素，把第 2 对大括号里的数据给第 1 行的元素……即按行赋初值。

当某行一对大括号内的初值个数少于该行中元素的个数时，系统将自动给后面的元素补上初值。若数组为数值型，则初值为 0；若数组为字符型，则初值为'\0'。

例如：

int a[3][4]={{1,2,3},{5,6,7},{9,10,11}};

系统将把 0 赋给 a[0][3]、a[1][3]、a[2][3]。初始化后数组各元素的值为：

1　2　3　0

```
5   6   7   0
9  10  11   0
```

注意：分行给二维数组元素赋初值时，内层的大括号中必须给出初值。例如：

int a[3][4]={{1,2,3},{ },{9,10,11}};

是不合法的。

（2）由于二维数组在内存中是按一维线性排列的，所以可以将所有的数据放在一个大括号中，按二维数组的内存排列顺序对各元素赋初值。例如：

int a[3][4]={1,2,3,4,5,6,7,8,9,10,11,12};

效果与第一种相同，但是用这种方法如果数据多，写成一大片，容易遗漏，不易检查。

这种方法如同一维数组的初始化，因此也可以在大括号中给出部分元素的初始值。

例如：

int a[3][4]={1,2,3,4,5,6,7,8,9};

系统将把 0 赋给 a[2][1]、a[2][2]、a[2][3]。初始化后数组各元素的值为：

```
1   2   3   4
5   6   7   8
9   0   0   0
```

（3）采用分行初始化的方式，可以不指定数组第一维的大小（行数），但是第二维的大小（列数）必须指定，C 语言编译系统根据大括号的对数确定第一维的大小。例如：

int a[ ][4]={{1,2,3},{4},{9,10,11}};

定义了一个 3 行 4 列的数组 a。

（4）用一个大括号给元素赋初值时，可以不指定第一维数的大小（行数），但是第二维大小（列数）必须指定，C 语言编译系统可自动根据以下规则决定第一维大小。

① 当初值的个数能被第二维的常量表达式的值整除时，所得的商就是第一维的大小。

② 当初值的个数不能被第二维的常量表达式的值整除时，则：

第一维的大小 = 所得的商 +1。

例如：

int a[ ][4]={1,2,3,4,5,6,7,8,9};

因此，按以上规则，以上数组 a 的第一维的大小应该是 3，也就等同于 int a[3][4]={1,2,3,4,5,6,7,8,9};。

6.2.3　二维数组元素的引用

二维数组元素的引用形式为：

数组名[行下标][列下标]

其中，行下标和列下标为整型常量或整型表达式，行下标的取值范围是 0~"行数-1"， 列下标的取值范围是 0~"列数-1"。

二维数组元素的引用与一维数组类似，每一个元素都可以作为一个变量来使用，但要注意行下标和列下标的取值范围，不要越界使用。

下面有关二维数组元素的引用都是合法的。

```
int a[3][4],i=2,j=1;
```

```
a[0][1]=i;
a[i][j]=a[0][1]*4;
```

对二维数组的输入和输出与一维数组一样，只能对单个元素进行，并且多使用二重循环结构来实现。

【例6.5】定义一个二维数组，并对该二维数组进行输入和输出。

【问题分析】

先定义一个二维数组，然后通过二重循环向数组中输入值，用外循环控制行下标，内循环控制列下标。输出二维数组时，为了更好地体现二维数组的二维特征，也是采用按行输出的形式。

【程序代码】

```c
#include <stdio.h>
#define M 3              /*行数*/
#define N 4              /*列数*/
void main()
{
    int a[M][N],i,j;
    printf("请输入%d个整数：\n",M*N);
    for (i=0;i<M;i++)       /*外层循环控制行下标*/
        for (j=0;j<N;j++)/*内层循环控制列下标*/
            scanf("%d",&a[i][j]);
    printf("\n请按行输出二维数组：\n");
    for (i=0;i<M;i++)       /*按行输出*/
    {
        for (j=0;j<N;j++)
            printf("%5d",a[i][j]);
        printf("\n");
    }
}
```

【运行结果】（见图6.9）

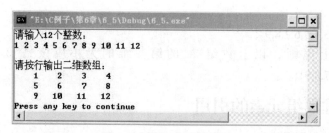

图6.9 【例6.5】运行结果

6.2.4 二维数组精选案例

【例6.6】某电影院为了方便观众购票，及时反映上座情况，用矩阵形式显示座位卖出情况，要求计算上座率。

【问题分析】

电影院的座位位置由几排几座两个数据确定，因此用二维数组来处理比较合理；每个座位卖出情况有两个状态：卖出和未卖，分别用1和0两个数字模拟，因此可以定义一个二维整型数组，数组元素取值为 1 或 0，用以保存上座情况；为了让观众直观地看到上座情况，按行输出二维数组；上座率=卖出座位数/总座位数，卖出座位数=二维数组元素值为 1 的个数，总座位数=二维数组元素总数。

【程序代码】

```c
#include <stdio.h>
#define M 4                      /*电影院座位行数*/
#define N 5                      /*电影院座位列数*/
void main()
{
    int a[M][N]={{0,1,1,0,0},{1,1,0,0,0},{1,1,1,1,0},{0,0,0,0,1}};
    int i,j,n=0;                 /*n 存放已卖出票数*/

    /* 输出座位卖出情况*/
    printf("上座情况：1 表示卖出，0 表示未卖\n");
    for(i=0;i<M;i++)
    {
        for(j=0;j<N;j++)
        {
            printf("%5d",a[i][j]);
            n+=a[i][j];    /*统计已卖出票数*/
        }
        printf("\n");
    }
    printf("上座率:%.2f%%\n",(float)n/(M*N)*100);
}
```

【运行结果】（见图 6.10）

图 6.10 【例 6.6】运行结果

【例 6.7】输入一个日期，输出该天是这年中的第几天。

【问题分析】

闰年的二月份有 29 天，非闰年二月份为 28 天，可以将每个月的天数存放在一个二维数组中，第一行存放非闰年的每月天数，第二行存放闰年的每月天数。累加这一日期前完整月的天数，再加上本月到日期止的天数，就是该日期在这年中的第几天。

【程序代码】

```c
#include <stdio.h>
void main()
{
    /*数组初始化，存放每月天数*/
    int m[][13]={{0,31,28,31,30,31,30,31,31,30,31,30,31},
```

```
                        {0,31,29,31,30,31,30,31,31,30,31,30,31}};
    int year,month,day,j,leap;

    /*输入年月日*/
    printf("请输入日期(yyyy-mm-dd):");
    scanf("%d-%d-%d",&year,&month,&day);

    leap=year%4==0 && year%100!=0 || year%400==0;/*若是闰年 leap 为 1, 否则为 0*/
    /*leap 为 1, m[leap][j]表示闰年第 j 月的天数, leap 为 0, m[leap][j]表示非闰年第 j 月的天数*/
    for(j=0;j<month;j++)
        day+=m[leap][j];
    printf("该日期是本年的第%d 天\n",day);
}
```

【运行结果】（见图 6.11）

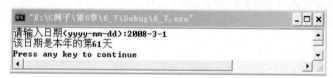

图 6.11 【例 6.7】运行结果

6.3　字符数组与字符串

元素的数据类型为字符型的数组称为**字符数组**，和数值型数组一样也分为一维、二维和多维数组。**字符串**是指用双引号括起来的若干有效字符序列，是 C 语言中的一种常用的数据形式。而 C 语言中没有字符串型的变量，即不能用简单变量来存放字符串，对字符串的存储、处理常用字符数组来实现。本节将讨论字符串的存储、字符数组的定义、初始化和输入输出以及常用的字符串操作函数。

6.3.1　字符串的存储

字符串是用双引号括起来的以 '\0' 结束的字符序列，其中的字符可以包含字母、数字、其他字符、转义字符、汉字（一个汉字占 2 个字节）。例如，"Good!"、"welcome"、"C 语言程序设计" 等。字符串中字符个数称为该字符串的长度（不包括字符串结束标志 '\0'）。

C 语言规定，程序中出现的每个字符串系统都将为其分配一片连续的内存单元，该内存单元个数等于字符串的长度加 1。例如 "welcome"，它在内存中占用 sizeof("welcome")=8 个内存单元，其在内存中的存储形式如图 6.12 所示。

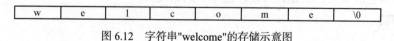

图 6.12　字符串"welcome"的存储示意图

在对字符串进行操作时，需要注意以下几点。

（1）在书写字符串时不必加上 '\0'，'\0' 字符是系统自动加上的。在输出时也不输出 '\0'，它只是一个字符串结束的标志。例如：

```
printf("welcome");
```

在执行 printf 函数时，每次先判断当前输出字符是否为 '\0'，若为 '\0' 则停止输出，否则输出，再取下一个字符。因此，该语句的执行结果是：welcome。

（2）在计算字符串长度时，转义字符只算一个字符。例如："ab\141c"，它的长度是 4，等同于 "abac"。

（3）字符串中出现的英文双引号必须进行转义。例如： "Is it \"true\"?"。

（4）""是空串，表示一个字符也没有，因此，它的长度为 0；" "是空格串，表示这个字符串由若干空格字符串组成，其中包含的空格数目就是这个字符串的长度。

6.3.2 字符数组的定义和初始化

1. 字符数组的定义

字符数组是其元素类型为字符类型的数组，其定义与前面介绍的数值型数组的定义相同。

```
char 数组名[元素个数 1] [元素个数 2]…[元素个数 n];
```

例如：

```
char str1[10];       /*定义了一个有 10 个元素一维字符数组*/
char str2[10][80];   /*定义了一个有 800 个元素的二维字符数组*/
```

2. 字符数组的初始化

可以用字符和字符串两种方式来初始化字符数组。

（1）用字符来初始化字符数组，那么其方式和数值型数组初始化没有任何区别。例如：

```
char str1[7]={'w','e','l','c','o','m','e'};        /*逐个全部初始化一维数组*/
char str2[10]= {'w','e','l','c','o','m','e'};       /*部分元素初始化，其他元素值为 '\0'*/
cahr str3[]={'w','e','l','c','o','m','e'};          /*缺省初始化，数组长度为 8*/
char str4[2][3]={{'w','e','b'},{'l','a','b'}};      /*逐个全部初始化二维数组*/
char str5[5][10]= {{'w','e','b'},{'l','a','b'}};    /*部分元素初始化*/
cahr str6[][80]= {{'w','e','b'},{'l','a','b'}};     /*缺省初始化，数组长度为 160*/
```

（2）用字符串初始化字符数组，下面的初始化都是合法的。

```
char str1[8]={"welcome"};
char str2[8]="welcome";
char str3[ ]="welcome";
char str4[10]="welcome";
```

用字符串初始化字符数组时可以省略花括号。而下面的操作是不合法的：

```
char str1[7]={"welcome"};           /*数组的长度应该大于或等于字符串的长度加 1*/
char str2[8];
str2="welcome";                     /*str 是字符数组名，是常量*/
```

6.3.3 字符数组的基本操作

字符数组定义后就可以进行赋值、输入和输出等基本操作了。同数值型数组一样，对数组进行这些基本操作可以通过对数组中的每个元素分别实施来实现。不过，字符数组还可以通过自己特有的方式来完成这些基本操作。

字符数组的赋值不能使用赋值语句将一个字符串直接赋值给一个数组，而只能在定义字符数组时进行初始化，或通过 gets()、scanf()、strcpy()等函数为字符数组提供字符串，这些函数在后面将一一介绍，而下面的操作是不合法的：

```
char str [20];
str="How are you!";              /*不合法，因为"str"是字符数组名，是常量*/
str[20]= "How are you!";         /*不合法，"str[20]"是单个元素而不是整个数组 */
```

字符数组的输入和输出可以使用以下 3 种方法。

（1）用"%c"格式控制符将字符逐个输入或输出。

① 输入：

```
char str[10];
int i;
for ( i=0;i<10;i++)
      scanf("%c",&str[i]);
```

用"%c"格式控制符向字符数组 str 中逐个输入字符时，必须输入 10 个或 10 个以上的字符并以回车作为输入结束标志。系统将输入的字符串的前 10 个字符按顺序赋给字符数组 str 的各元素，因此，用这种方式输入的字符数组是没有字符串结束标志'\0'的。

② 输出：

```
char str[10]= "welcome\0a";
int i;
for ( i=0;i<10;i++)
      printf("%c",str[i]);
printf("%c",'b');
```

用"%c"格式控制符将字符数组 str 中字符逐个输出，直到字符数组的最后一个字符被输出后结束。此例的输出结果为：

```
welcome a b
```

（2）用"%s"格式控制符将整个字符串一次输入或输出。

① 输入：

```
char str[10];
scanf("%s",str);
```

因为数组名代表了数组的首地址，所以在 scanf 函数中用"%s"来输入字符串时，输入项直接用数组名，而不需要加取地址运算符"&"。在具体输入时，直接在键盘上输入字符串，最后以回车作为输入结束标志。系统将输入的字符串的各个字符按顺序赋给字符数组的各元素，直到遇到回车符、Tab 或空格为止，并自动在字符串末尾补上字符串结束标志'\0'。因此，若输入：

```
Welcome to c world!
```

则 str 中的内容为：Welcome\0，如图 6.13 所示。

str[0]	str[1]	Str[2]	str[3]	str[4]	str[5]	str[6]	str[7]	str[8]	str[9]
w	e	l	c	o	m	e	\0		

图 6.13　字符数组 str 存储示意图

② 输出:

```
char str[10]= "welcome";
printf("%s",str);
```

在 printf 函数中用 "%s" 来输出字符串时,输出项直接用数组名,系统从数组的第一个字符开始逐个字符输出,直到遇到第一个'\0'为止(其后即使还有字符也不输出)。

(3)用字符串输入/输出函数将整个字符串一次输入或输出。gets 函数和 puts 函数的原型在 stdio.h 中说明,因此,在程序中使用这两个函数时,必须在程序前面加上编译预处理:

```
#include <stdio.h>
```

① 字符串输入函数(gets 函数),其调用形式为:

```
gets(字符数组)
```

函数功能:从键盘上读入一个字符串到字符数组中,并自动在末尾加字符串结束标志'\0'。输入字符串时以回车结束输入,这种方式可以读入含空格符的字符串。例如:

```
char str[20];
gets(str);
```

若输入的字符串为:

```
Welcome to c world!
```

则 str 的内容为:

```
Welcome to c world!\0
```

② 字符串输出函数(puts 函数),其调用形式为:

```
puts(字符数组)
```

函数功能:将字符数组中包含的字符逐个输出,直到遇到第一个'\0'为止,同时换行。因此,用 puts 函数输出字符串时,不必另加换行符'\n'。

【例 6.8】把一个字符串中的所有小写字母全部转换成大写字母,其他字符不变,结果保存在原来的字符串中。

【问题分析】

字符串可以用字符数组来保存,字符数组要足够大,至少要大于输入时一行的字符数(运行界面上每行最多允许输入 80 个字符);输入的字符串中如果包括空格字符,那么就必须要调用 gets 函数;遍历字符串中每个字符,判断其是否是小写字母,如果是,则将其转换成大写字母;否则保持不变,直到碰到'\0'。

【程序代码】

```
#include<stdio.h>
#define N 81
void main()
{
    int j=0;
    char str[N];
    printf("请输入一串字符: ");
```

```
    gets(str);
    while(str[j])
    {
        if(str[j]>='a'&&str[j]<='z')
            str[j]=str[j]-32;
        j++;
    }
    printf("新串为: ");
    puts(str);
}
```

【运行结果】（见图 6.14）

图 6.14 【例 6.8】运行结果

小贴士

scanf( )函数在用"%s"格式控制符输入字符串，遇到空格、Tab 或回车符就结束，所以字符串中不包括空格字符。若想获得包含空格的字符串，可以使用 gets( )函数。

6.3.4　字符串处理函数

C 语言没有提供对字符串进行整体操作的运算符。但在 C 语言的库函数中提供了一些用来处理字符串的函数，可以通过调用这些库函数来实现字符串的赋值、合并和比较等运算。使用这些函数时，必须在程序前面加上编译预处理：

```
#include <string.h>
```

下面介绍一些最常用的字符串库函数。

1. 字符串复制函数 strcpy( )

调用形式：strcpy(字符数组 1，字符数组 2)

　　　　　或

　　　　　strcpy(字符数组 1，字符串)

函数功能：逐个把字符数组 2 或字符串中的字符复制到字符数组 1 中去，直到遇到第一个字符串结束标志'\0'为止，并将'\0'一起复制到字符数组 1 中去。其中，字符数组 1 和字符数组 2 必须是字符数组名。

返回值：成功时返回字符数组 1。

例如，程序段：

```
char str1[11]="I love you",str2[10]="Hello";
strcpy(str1,str2);
puts(str1);
puts(str2);
```

执行后，str2 的内容保持不变，仍然为：Hello\0，而 str1 中的内容为：Hello\0 you\0，如图 6.15 所示。

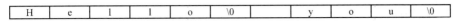

图 6.15　执行完 strcpy(str1,str2)后字符数组 str1 存储示意图

输出结果为：

```
Hello
Hello
```

【注意事项】

（1）为保证复制的合法性，字符数组 1 的长度应不小于字符数组 2 的长度或大于字符串的长度。

（2）字符串复制完成后，字符数组 1 中第一个'\0'（自左向右数）之前的字符串为字符数组 2 的字符串。如上程序段中，复制时将 str2 中的第一个'\0'（自左向右数）之前字符串复制到 str1 中，取代 str1 中前面 6 个字符，最后的 5 个字符的值依赖与复制前是否对 str1 赋过值。如果未对 str1 赋值，则最后的 5 个字符的值未知；否则，保留 str1 中原有的最后 5 个字符的值。

（3）由于 C 语言没有提供对字符串进行整体赋值的运算符，所以不能直接使用赋值语句来实现赋值或复制。下面的操作是不合法的：

```
str1="Hello";
str1=str2;
```

2. 字符串连接函数 strcat( )

调用形式：strcat(字符数组 1，字符数组 2)

　　　　　　或

　　　　　strcat(字符数组 1，字符串)

函数功能：将字符数组 2 或字符串中从第一个字符开始到第一个'\0'（包括'\0'）为止的字符序列连接到字符数组 1 中从第一个'\0'字符开始的位置上，连接后的新字符放在字符数组 1 中。

返回值：成功时返回字符数组 1。

例如，程序段：

```
char str1[20]="How \0are you ",str2[]="Hello\0bcd";
strcat(str1,str2);
puts(str1);
puts(str2);
```

str1、str2 连接前后的内容如图 6.16 所示。

连接前：

str1:	H	o	w		\0	a	r	e		y	o	u	\0	\0	\0	\0	\0	\0	\0	\0
str2:	H	e	l	l	o	\0	b	c	d	\0										

连接后：

str1:	H	o	w		H	e	l	l	o	\0	o	u	\0	\0	\0	\0	\0	\0	\0	\0
str2:	H	e	l	l	o	\0	b	c	d	\0										

图 6.16　str1、str2 连接前后的内容的示意图

输出结果为：

```
How Hello
Hello
```

3. 字符串比较函数 strcmp( )

调用形式：strcmp(字符数组 1，字符数组 2)

或

strcmp(字符串 1，字符串 2)

函数功能：比较字符数组 1 和字符数组 2 中字符串的大小。比较规则是将两个字符数组中的字符串从左至右取对应位置的字符进行比较（按 ASCII 码值大小比较），直到出现不同字符或遇到'\0'为止。

返回值：　若两个字符串相等，则函数返回值为 0；否则函数返回值为两个字符串第一次出现不同的两个字符的 ASCII 码之差。若字符数组 1>字符数组 2，则函数返回值为一个正整数；若字符数组 1<字符数组 2，则函数返回值为一个负整数。

例如，程序段：

```
char str1[20]="How",str2[ ]="Hello";
if (strcmp(str1,str2)>0)
    printf("str1 大于 str2");
else if (strcmp(str1,str2)==0)
    printf("str1 等于 str2");
else
    printf("str1 小于 str2");
```

输出结果是

str1 大于 str2

注意：C 语言没有为字符串提供比较运算符，所以不能用关系运算符来比较两个字符串的大小。

例如：

```
char str1[]="Hello",str2[]="Hello";
if (str1==str2)
    printf("相等");
else
    printf("不相等");
```

上面的操作只能输出"不相等"，说明两个字符数组中的字符串是不相等的，这与事实是相违背的。

4. 字符串长度函数 strlen( )

调用形式：strlen(字符数组)

或

strlen(字符串)

函数功能：求字符数组中的字符串的实际长度（不包括'\0'），即从左往右数，到第一个'\0'之前的字符序列的个数。

返回值：字符串的实际长度。

例如，程序段：

```
char str[10]="How";
int len=strlen(str);
```

len 的值为 3，也即 str 中的字符串长度为 3。

【例 6.9】从输入的字符串中删除一指定字符。

【问题分析】

输入一字符串及要删除的字符，从字符串的第一个字符起逐一比较是否是要删除的字符，如是，则将下一字符起的所有字符均往前移一位，直到检查到字符串结束标志止。

【程序代码】

```c
#include <stdio.h>
#include <string.h>
#define N 81
void main()
{
    char s[N],ch;
    int i;

    printf("请输入一个字符串: ");
    gets(s);                        /*输入字符串*/
    printf("请输入一个字符: ");
    ch=getchar();                   /*输入要删除字符*/

    /*查看字符串中每一字符，若是要删除字符，则删除该字符否则查看下一个字符*/
    for(i=0;s[i]!='\0';)
        if(s[i]==ch)
        /*表示将从下标为 i+1 起至串尾的字符串复制到数组中从下标 i 起的位置，即删除原下标为 i 处的元素*/
                strcpy(s+i,s+i+1);
        else i++;
    puts(s);
}
```

【运行结果】（见图 6.17）

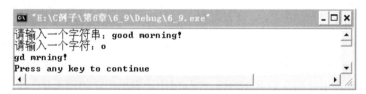

图 6.17 【例 6.9】运行结果

6.3.5 字符数组精选案例

【例 6.10】 输入一个字符串，统计其中有多少个单词。

【问题分析】

单词间用空格分隔，字符串中某字符为非空格字符，且它前面的字符是空格，表示一个新的单词开始了，存放单词数变量（num）加 1；如果字符串中某字符为非空格字符，它前面的字符也是非空格字符，表示该字符与前一字符处在同一单词中，单词数不变。前一字符是否为空格用变量 word 来表示，该变量为 0，表示前一字符为空格；该变量为 1，表示前一字符为非空格。

【程序代码】

```c
#include <stdio.h>
void main()
{
```

```
    char str[81];
    int i,num=0,word=0;
    gets(str);                          /*输入字符串*/
    for(i=0;str[i]!='\0';i++)           /*处理字符串*/
        if(str[i]==' ')                 /*当前字符是空格*/
            word=0;
        else if(word==0)                /*当前字符非空格,且前一字符为空格*/
        {
            word=1;
            num++;
        }
    printf("该串中单词数为: %d \n",num);
}
```

【运行结果】(见图 6.18)

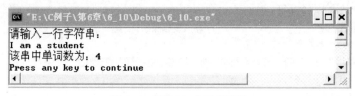

图 6.18 【例 6.10】运行结果

【例 6.11】计算某年某月某日是这年的第几天,并输出是星期几(英文单词形式)。

【问题分析】

要知道某年(y)某月(m)某日(d)是这年星期几(w),必须知道这年的 1 月 1 日是星期几,计算这年 1 月 1 日是星期几的计算公式为 w=(y+(y–1)/4–(y–1)/100+(y–1)/400)%7;再计算出这天是这年的第几天(sumd),sumd=本月之前几个月(m-1)的天数之和+d;已算出这年的 1 月 1 日是星期几(w),而这天是这年的第 sumd 天,一个星期为 7 天,所以公式(w+sumd–1)%7 可算出这天为星期几。

定义一维数组 month 存放每月天数,便于计算这天是这年的第几天(sumd);定义一个二维字符数组 week,存放表示星期几的英文单词,在程序中计算出指定的那天是一个星期中的第几天,以此为下标,输出 week 数组中对应的字符串。

【程序代码】

```
#include <stdio.h>
void main()
{
    int month[]={0,31,28,31,30,31,30,31,31,30,31,30,31};
    int y,m,d,sumd,w,i;
    /*week 数组存放一星期七天的英文名*/
    char week[][10]={"Sunday","Monday","Tuesday","Wednesday",
                     "Thursday", "Friday","Saturday"};

    printf("请输入一个日期(yyyy-mm-dd): ");
    scanf("%d-%d-%d",&y,&m,&d);
    sumd=d;
    if(y%4==0&&y%100!=0||y%400==0)
        month[2]=29;                        /*闰年 2 月份有 29 天*/
```

```
for(i=0;i<m;i++)
  sumd+=month[i];                    /*计算这天是这年的第几天*/
w=(y+(y-1)/4-(y-1)/100+(y-1)/400)%7; /*计算这年的1月1日是星期几*/
w=(w+sumd-1)%7;                      /*计算这天是这年的星期几*/
printf("%d-%d-%d是%s。\n",y,m,d,week[w]);
}
```

【运行结果】（见图 6.19）

图 6.19　【例 6.11】运行结果

【例 6.12】请将下列给出的城市名称按升序排列：NewYork、Losangeles、Boston、Huston、Atlanta、Chicago、Denver、Miami。

【问题分析】

一维字符数组中可以存放一个字符串,如有若干个字符串则可以用一个二维字符数组来存放。一个 n×m 的二维字符数组可以理解为由 n 个一维数组所组成,可以存放 n 个字符串,每个字符串的最多字符个数为 m−1,因为最后还要存放字符串的结束标志 '\0',所以可以定义一个二维字符数组 city（8 行 20 列）来存放城市名称,city[i]表示第 i 个字符串。

将城市名称按升序排列,可以采用前面介绍的冒泡排序法。其基本思想是将相邻两个元素进行比较,若前者大于后者则交换;将两个字符串进行比较只能借助于 strcmp 函数,其调用形式为 strcmp(city[i],city[i+1]);将两个字符串进行交换要引入一个临时字符串 temp,利用 3 个赋值语句完成交换,而字符串之间的赋值只能借助于 strcpy 函数。

【程序代码】

```
#include <stdio.h>
#include <string.h>
void main()
{
    char city[8][20]={"NewYork","Losangeles","Boston","Huston",
                    "Atlanta","Chicago","Denver","Miami"};
    char temp[20];
    int i,j;

    /*冒泡排序法*/
    for(i=0;i<8-1;i++)
        for(j=0;j<8-i-1;j++)
            if(strcmp(city[j],city[j+1])>0)
            {
                strcpy(temp,city[j]);
                strcpy(city[j],city[j+1]);
                strcpy(city[j+1],temp);
            }

    printf("城市名称排序后：\n");
    for(i=0;i<8;i++)
```

```
        puts(city[i]);
    }
```

【运行结果】（见图6.20）

图6.20 【例6.12】运行结果

6.4　项目实例

在上一章项目实例中，我们设计"学生成绩管理系统"主功能菜单，用户选择某一功能后，执行子功能后返回主菜单，可再次进入子菜单，并能操作多次。但是每个子功能都没有实现，本节将利用数组实现这些子功能。由于保存数据到文件涉及文件操作，在第11章将详细介绍。

由于所有的子功能中都要使用学生成绩数据，而学生成绩有学号、姓名和5门课程成绩组成，因此要保存N个学生的信息就要定义3个二维数组。由于要对该3个数组进行增删改查操作，所以要定义一个变量n动态维护学生人数。

```
char no[N][6];           /*存储N个学生的学号*/
char name[N][9];         /*存储N个学生的姓名*/
float score[N][5];       /*存储N个学生5门课成绩（语文、数学、外语、综合和总分）*/
int n=-1;                /*学生实际人数，n = -1表示无学生*/
```

定义一个字符变量c，用来存储用户输入的功能编号（1~7中某个数字字符），然后通过执行相匹配case后的语句来完成相应的子功能，主函数具体实现如下：

```
#include <stdio.h>
#include <conio.h>
#include <string.h>
#define N 100
void main()
{
    char c;              /*存储选择功能的编号*/
    char no[N][6];       /*存储N个学生的学号*/
    char name[N][9];     /*存储N个学生的姓名*/
    float score[N][5];   /*存储N个学生5门成绩（语文、数学、外语、综合和总分）*/
    int n=-1;            /*学生实际人数，n=-1表示无学生*/
    char sno[6];         /*存储单个学生的学号*/
    int i,j;

    while(1)
```

```
{
        /*显示主界面*/
        fflush(stdin);
        printf("\n\t★☆    欢迎使用学生成绩管理系统    ☆★\n\n");
        printf("\t 请选择(1-7): \n");
        printf("\t===================================\n");
        printf("\t\t1.查询学生成绩\n");
        printf("\t\t2.添加学生成绩\n");
        printf("\t\t3.修改学生成绩\n");
        printf("\t\t4.删除学生成绩\n");
        printf("\t\t5.保存数据到文件\n");
        printf("\t\t6.浏览数据\n");
        printf("\t\t7.退出\n");
        printf("\t===================================\n");

        /*用户选择不同的功能*/
        printf("\t 您的选择是: ");
        c=getchar();getchar();
        switch (c)
        {
            case '1':
                    /*根据学号查询学生成绩记录*/
                    break;
            case '2':
                    /*添加学生成绩记录*/
                    break;
            case '3':
                    /*修改学生成绩记录*/
                    break;
            case '4':
                    /*删除学生成绩记录*/
                    break;
            case '5':
                    printf("\t\t...进入保存数据到文件操作界面!\n");
                    break;
            case '6':
                    /*显示所有的学生成绩记录*
                    break;
            case '7':
                    printf("\t\t...退出系统!\n");
                    break;
            default:
                    printf("\t\t...输入错误!请按任意键返回重新选择(1-7)\n\n");
        }
    }
}
```

下面具体介绍"学生成绩管理系统"中查询、添加、修改、删除和浏览这 5 个功能的实现。

（1）查询功能的实现：输入学生学号后，在学生学号数组中查找该学生是否存在，存在就显示该学生学号、姓名和成绩记录；否则提示"您所输入的学生学号有误或不存在！"。该功能运行结果如图 6.21 所示。

```
    if (n==-1)      /*没有学生*/
    {
        printf("\n\t\t当前还没有学生成绩记录，按任意键返回主菜单......");
        getch();
    }
    else
    {
        printf("\t\t请输入学生学号：");
        gets(sno);
        for (i=0;i<=n;i++)
            if (strcmp(no[i],sno)==0)/*如果该学生存在则显示学生成绩记录*/
            {
                printf("\n该学生成绩记录如下：");
                printf("\n===================================\n\n");
                printf("%-8s%-10s%-7s%-7s%-7s%-7s%-7s\n",
                    "学号","姓名","语文","数学","外语","综合","总分");
                printf("%-8s%-10s%-7.1f%-7.1f%-7.1f%-7.1f%-7.1f\n",
                    no[i],name[i],score[i][0],score[i][1],score[i][2],score[i]
                    [3],score[i][4]);
                printf("\n\t\t按任意键返回主菜单......");
                getch();
                break;
            }
        if (i>n)  /*如果不存在该学生，则提示*/
        {
            printf("\n\t\t您所输入的学生学号有误或不存在！");
            printf("\n\t\t按任意键返回主菜单......");
            getch();
        }
    }
```

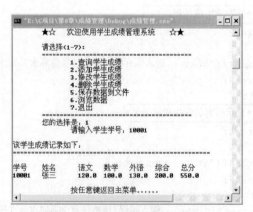

图 6.21　查询学生成绩记录界面

（2）添加功能的实现：输入待添加的学生学号后，在学生学号数组中查找该学生是否存在，不存在就添加，*n* 自增 1；否则提示"您所输入的学生学号已存在！"。该功能运行结果如图 6.22 所示。

```
    if (n>=N)      /*学生已满*/
```

```
{
    printf("\n\t\t学生成绩记录已满，按任意键返回主菜单......");
    getch();
}
else
{
    printf("\t\t请输入学生学号：");
    gets(sno);
    for (i=0;i<=n;i++)
        if (strcmp(no[i],sno)==0)
        {
            printf("\n\t\t您所输入的学生学号已存在！");
            printf("\n\t\t按任意键返回主菜单......");
            getch();
            break;
        }
    if (i>n) /*如果不存在该学生，则添加*/
    {
        strcpy(no[++n],sno);
        printf("\t\t请输入学生姓名：");
        gets(name[n]);
        printf("\t\t请输入该学生的语文成绩:");
        scanf("%f",&score[n][0]);
        printf("\t\t请输入该学生的数学成绩:");
        scanf("%f",&score[n][1]);
        printf("\t\t请输入该学生的外语成绩:");
        scanf("%f",&score[n][2]);
        printf("\t\t请输入该学生的综合成绩:");
        scanf("%f",&score[n][3]);
        /*计算总分并输出*/
        score[n][4]=0;
        for (int i=0;i<4;i++)
            score[n][4]+=score[n][i];
        printf("\t\t该学生的总分%-7.1f:",score[n][4]);
        printf("\n\t\t按任意键返回主菜单......");
        getch();
    }
}
```

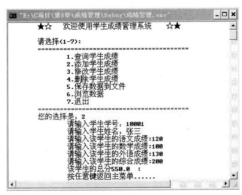

图 6.22　添加学生成绩记录界面

（3）修改功能的实现：输入待修改的学生学号后，如果该学生存在则显示学生成绩记录并录入该学生新的成绩记录，否则输出"您所输入的学生学号有误或不存在！"。该功能运行结果如图6.23 所示。

```c
if (n==-1)     /*没有学生*/
{
    printf("\n\t\t 当前还没有学生成绩记录，按任意键返回主菜单......");
    getch();
}
else
{
    printf("\t\t 请输入学生学号：");
    gets(sno);
    for (i=0;i<=n;i++)
        if (strcmp(no[i],sno)==0)
        {/*如果该学生存在则显示学生成绩记录并录入修改后的记录*/
            printf("\n 该学生成绩记录如下：");
            printf("\n===========================\n\n");
            printf("%-8s%-10s%-7s%-7s%-7s%-7s%-7s\n",
                    "学号","姓名","语文","数学","外语","综合","总分");
            printf("%-8s%-10s%-7.1f%-7.1f%-7.1f%-7.1f%-7.1f\n",
                    no[i],name[i],score[i][0],score[i][1],score[i][2],score[i]
                    [3],score[i][4]);
            printf("\t\t 请输入该学生新的语文成绩:");
            scanf("%f",&score[i][0]);
            printf("\t\t 请输入该学生新的数学成绩:");
            scanf("%f",&score[i][1]);
            printf("\t\t 请输入该学生新的外语成绩:");
            scanf("%f",&score[i][2]);
            printf("\t\t 请输入该学生新的综合成绩:");
            scanf("%f",&score[i][3]);
            /*计算总分并输出*/
            score[i][4]=0;
            for (int j=0;j<4;j++)
                score[i][4]+=score[i][j];
            printf("\t\t 该学生新的总分%-7.1f:",score[i][4]);
            printf("\n\t\t 按任意键返回主菜单......");
            getch();
            break;
        }
    if (i>n) /*如果不存在该学生，则提示*/
    {
        printf("\n\t\t 您所输入的学生学号有误或不存在！");
        printf("\n\t\t 按任意键返回主菜单......");
        getch();
    }
}
```

图 6.23　修改学生成绩记录界面

（4）删除功能的实现：输入待删除的学生学号，如果该学生存在，就可以获得该学号在学号数组中的位置 i，将学号、姓名和成绩数组从 $i+1$~n 的元素依次复制到 i~$n-1$ 位置上，就可以实现该学生成绩记录的删除，删除成功 n 自减 1；否则输出"您所输入的学生学号有误或不存在！"。该功能运行结果如图 6.24 所示。

```c
if (n==-1)    /*没有学生*/
{
    printf("\n\t\t 当前还没有学生成绩记录，按任意键返回主菜单......");
    getch();
}
else
{
    printf("\t\t 请输入学生学号: ");
    gets(sno);
    int deleted=0;    /*删除标识，值为 0 表示没有删除学生，1 表示删除了学生*/
    for (i=0;i<=n;i++)
        if (strcmp(no[i],sno)==0)/*如果该学生存在则删除*/
        {/*将每个学生对应的 3 个数组 i+1~n 之间的元素依次复制到 i~n-1*/
            deleted=1;
            for (j=i+1;j<=n;j++)
            {
                strcpy(no[j-1],no[j]);
                strcpy(name[j-1],name[j]);
                for (int k=0;k<5;k++)
                    score[j-1][k]=score[j][k];
            }
            n--;
            printf("\n\t\t 删除成功! ");
            break;
        }
    if (i>n && !deleted) /*如果不存在该学生，则提示*/
    {
        printf("\n\t\t 您所输入的学生学号有误或不存在! ");
```

```
        printf("\n\t\t 按任意键返回主菜单......");
        getch();
    }
}
```

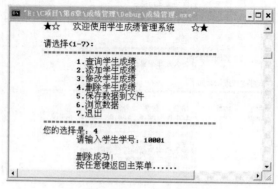

图 6.24　删除学生成绩记录界面

（5）浏览功能的实现：根据人数 n，将 3 个数组中的值显示出来。该功能运行结果如图 6.25 所示。

```
if (n==-1)       /*人数为 0 说明学生记录尚未添加*/
{
    printf("\n\t\t 当前还没有学生成绩记录，按任意键返回主菜单......");
    getch();
}
printf("\n 所有学生成绩记录如下：");
printf("\n===============================\n\n");
printf("%-8s%-10s%-7s%-7s%-7s%-7s%-7s\n",
        "学号","姓名","语文","数学","外语","综合","总分");
for (i=0;i<=n;i++)
    printf("%-8s%-10s%-7.1f%-7.1f%-7.1f%-7.1f%-7.1f\n",
            no[i],name[i],score[i][0],score[i][1],score[i][2],score[i][3],
score[i][4]);
    printf("\n\t\t 按任意键返回主菜单......");
    getch();
```

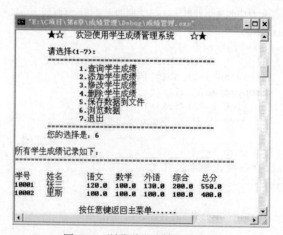

图 6.25　浏览学生成绩记录界面

本章小结

数组是按序排列的同类型数据的集合。同一个数组的数组元素具有相同的数据类型，可以是整型、实型、字符型以及后面将要介绍的指针型、结构型等。数组元素的引用是通过数组名和下标来完成的，数组每维的下标都是从 0 开始的，通过下标的变化可以引用任意一个数组元素，但是系统并不检测数组下标越界，因此，在引用数组元素时一定要注意。

数组的输入和输出一般是通过循环语句来完成的。数组的初始化是指在定义数组的同时给数组元素赋初值，一般是在大括号中逐个给出每个元素的值，每个值用逗号隔开，当然也可以部分初始化。由于字符串的存储形式与字符数组的存储形式一样，C 语言允许用字符数组保存字符串，因此，字符数组的初始化、输入和输出除了以上的方式外还有自己特有的方式。由于字符串在实际应用中被广泛使用，为了便于字符串处理，C 语言提供了许多字符串处理函数。

习题 6

一、单选题

1. 若有定义：int a[10];，则数组 a 元素的正确引用是（　　）。

　　A．a[10]　　　　　B．[3.5]　　　　　C．a(5)　　　　　　D．a[10-10]

2. 若有以下语句，则止确的描述是（　　）。

```
char x[]="12345";
char y[]={'1','2','3','4','5'};
```

　　A．x 数组和 y 数组的长度相同　　　　　B．x 数组长度大于 y 数组长度

　　C．x 数组长度小于 y 数组长度　　　　　D．x 数组等价于 y 数组

3. 以下能正确定义数组并正确赋初值的选项是（　　）。

　　A．int N=5,a[N][N];　　　　　　　　B．int b[1][2]={{1},{2}};

　　C．int c[2][]={{1,2},{3,4} };　　　　D．int d[3][2]={{1,2},{3,4}};

4. 以下程序的输出结果是（　　）。

```
char ch[5]={'a','b','\0','c','\0'};
printf("%s",ch);
```

　　A．a　　　　　　　B．b　　　　　　　C．ab　　　　　　　D．abc

5. 判断字符串 s1 是否大于字符串 s2，应当使用（　　）。

　　A．if (s1>s2)　　　　　　　　　　　　B．if (strcmp(s1,s2))

　　C．if (strcmp(s2,s1)>0)　　　　　　　D．if (strcmp(s1,s2)>0)

二、看程序，写运行结果

1. 以下程序的运行结果是（　　）。

```
#include <stdio.h>
#include <string.h>
```

```
void main()
{
    char arr[2][4];
    strcpy(arr[0],"you");
    strcpy(arr[1],"me");
    arr[0][3]='&';
    printf("%s\n",arr);
}
```

2. 以下程序的运行结果是（　　　）。

```
#include <stdio.h>
#include <string.h>
void main()
{
    char a[10]={'a','b','c','d','\0','f','g','h','\0'};
    int i,j;
    i=sizeof(a);
    j=strlen(a);
    printf("%d,%d\n",i,j);
}
```

3. 当运行以下程序时，从键盘上输入：AhaMA　Aha↙，则输出结果是（　　　）。

```
#include <stdio.h>
void main()
{
    char s[81],c='a';
    int i=0;
    scanf("%s",s);
    while (s[i]!='\0')
    {
        if (s[i]==c) s[i]=s[i]-32;
        else if (s[i]==c-32) s[i]=s[i]+32;
        i++;
    }
    puts(s);
}
```

4. 当执行以下程序时，如果输入 ABC，则输出结果是（　　　）。

```
#include <stdio.h>
#include <string.h>
void main()
{
    char ss[10]="1,2,3,4,5";
    gets(ss);
    strcat(ss,"6789");
    printf("%s\n",ss);
}
```

5. 以下程序的运行结果是（　　　）。

```
#include <stdio.h>
void main()
{
    int i,n[]={0,0,0,0,0};
```

```
    for (i=1;i<=4;i++)
    {
        n[i]=n[i-1]*2+1;
        printf("%d ",n[i]);
    }
}
```

6. 以下程序的运行结果是 (   )。

```
#include <stdio.h>
void main()
{
    int a[3][3]={{1,2},{3,4},{5,6}},i,j,s=0;
    for (i=1;i<3;i++)
        for (j=0;j<i;j++)
            s+=a[i][j];
    printf("%d\n",s);
}
```

7. 以下程序的运行结果是 (   )。

```
#include <stdio.h>
void main()
{
    char ch[7]={"12ac56"};
    int i,s=0;
    for (i=0;ch[i]>='0' && ch[i]<='9';i+=2)
        s=10*s+ch[i]-'0';
    printf("%d\n",s);
}
```

8. 以下程序的运行结果是 (   )。

```
#include <stdio.h>
void main()
{
    char str[][10]={"Mon","Tue","Wed","Thu","Fri","sat","Sun"};
    int  n=0,i;
    for(i=0;i<7;i++)
        if(str[i][0]== 'T') n++;
    printf("%d\n",n);
}
```

9. 以下程序的运行结果是 (   )。

```
#include <stdio.h>
void main()
{
    int  a[3][3]={{1,2,9},{3,4,8},{5,6,7}},i,s=0;
    for(i=0;i<3;i++)
        s+=a[i][i]+a[i][3-i-1];
    printf("%d\n",s);
}
```

10. 以下程序的运行结果是 (   )。

```
#include  <stdio.h>
```

```
void main()
{
    int num[10]={1,0,0,0,0,0,0,0,0,0};
    int i,j;
    for (j=0;j<10;++j)
        for (i=0;i<j;++i)
            num[j]=num[j]+num[i];
    for (j=0;j<10;j++)
        printf("%d ",num[j]);
}
```

三、程序填空

1. 以下的程序是求矩阵 a、b 的和，结果存入矩阵 c 中，并按矩阵形式输出。

```
#include <stdio.h>
void main()
{
    int a[3][4]={{3,-2,7,5},{1,0,4,-3},{6,8,0,2}};
    int b[3][4]={{-2,0,1,4},{5,-1,7,6},{6,8,0,2}};
    int i,j,c[3][4];
    for (i=0;i<3;i++)
        for (j=0;j<4;j++)
            c[i][j]=_____;
    for (i=0;i<3;i++)
    {
        for (j=0;j<4;j++)
            printf("%3d",c[i][j]);
        _____;
    }
}
```

2. 以下程序的功能是从键盘上输入若干个学生的成绩，统计计算出平均成绩，并输出低于平均分的学生成绩，输入负数结束输入。

```
#include <stdio.h>
void main( )
{
    float x[1000],sum=0.0,ave,a;
    int n=0,i;
    printf("请输入成绩: \n");
    scanf("%f",&a);
    while(a>=0.0&& n<1000)
    {
        sum+_____;
        x[n]=a;
        n++;
        scanf("%f",&a);
    }
    ave=_____;
    printf("平均分为%f\n",ave);
    for (i=0;i<n;i++)
        if(_____) printf ("%g\n",x[i]);
}
```

3. 下面程序的功能是将字符数组 a 中下标值为偶数的元素从小到大排列，其他元素不变。

```
#include <stdio.h>
#include <string.h>
void main()
{
    char  a[]="clanguage",t;
    int  i, j, k;
    k=strlen(a);
    for(i=0; i<=k-2; i+=2)
        for(j=i+2; j<=k;_____)
            if(_____)
            {
                t=a[i]; a[i]=a[j]; a[j]=t;
            }
    printf("%s\n",a);
}
```

四、编程题

1．输入两个字符串 str1 和 str2，将字符串 str2 倒置后接在字符串 str1 后面。

如：str1="How do ",str2="?od uoy"，结果输出："How do you do?"。

2．找出 100 ~ $n(n$ 不大于 1000)之间百位数字加十位数字等于个位数字的所有整数，把这些整数放在数组中，并按每行 5 个输出。

3．求数列 1，3，3，3，5，5，5，5，5，7，7，7，7，7，7，7 的第 40 项。

第7章
结构体和共用体

前面已经介绍了 C 语言的一种构造类型数据——数组，它将相同类型的多个相关数据聚合在一起，解决了一批相同类型相关数据的存储、处理问题。在程序设计中经常需要将类型不同而又相关的数据项组织在一起，统一加以管理。例如，在"图书管理系统"中图书的基本信息至少应该包括书号、书名、作者姓名、出版社名称和价格等；再例如，在"高考成绩管理系统"中学生的基本信息至少应该包括考生号、姓名、性别、出生日期、籍贯、各科成绩等。这些信息中各项的类型各不相同，不能用数组表示，当然也不能将各项分别定义成简单变量，这样不仅会造成程序混乱，也体现不出各项数据间的逻辑关系。为此，在 C 语言中提供了另一类构造类型数据——结构体，它将不同数据类型的相关数据聚合在一起，为了处理方便而组织在一个名字下。

结构体类型是由不同类型的数据组合而成的构造类型，不像基本数据类型已由系统定义好了，结构体类型需要程序设计者根据需求来声明。结构体类型中的数据被称为**结构体成员**，每个成员可以是除空类型以外的任意的一种数据类型。只有声明了结构体类型，才能定义该类型的变量——**结构体变量**。

本章要求掌握结构体类型的声明，结构体变量的定义、初始化、引用及基本操作，结构体数组的定义和引用的方法；了解共用体和枚举类型的概念、定义和引用；学会已有类型的别名定义方法。

小贴士　类型是型，变量是值，两者是不同的概念，不要混淆。可以对变量进行赋值、存取或运算，但不能对类型进行赋值、存取或运算。编译时对类型不分配空间，只对变量分配空间。

7.1　结构体类型和变量

在实际应用中，经常会要求用户设计一个合理的二维表格来保存一些相关的信息。例如：高考考生成绩表（如表 7.1 所示）。

表 7.1　　　　　　　　　　　　高考考生成绩表

考生号	姓名	性别	年龄	籍贯	语文	数学	外语	综合	总分
10001	张三	M	18	湖北	125	140	136	268	0
10002	里斯	F	18	湖南	110	100	90	210	0
10003	王武	F	17	北京	136	120	130	200	0

考生号	姓名	性别	年龄	籍贯	语文	数学	外语	综合	总分
10004	钱柳	M	19	北京	104	98	110	205	0
10005	洪七	M	18	上海	120	96	100	189	0

如果二维表格中的所有列是来自于同一类型的数据，那么就可以二维数组来处理。然而从表 7.1 可以看出，该表格的列是由若干个不同类型的数据组成的，因此就不能用二维数组处理了。分析一下表 7.1，其实该表格是由两个部分组成：型（表名和表头）和值（表中记录）。在 C 语言中，声明一个结构体类型以表示表格的型，定义结构体变量或数组就可以表示表格的值了。下面将详细介绍结构体类型的声明以及结构体变量的定义、初始化和引用。

7.1.1 结构体类型的声明

声明一个结构体类型的一般形式为：

```
struct 结构体类型名
{
    数据类型 1 成员名 1;
    数据类型 2 成员名 2;
    数据类型 3 成员名 3;
    ...        ...
    数据类型 n 成员名 n;
};
```

结构体类型名相当于表名，成员名相当于列名。结构体类型名和成员名都应符合标识符的命名规则。

例如，程序中要用到表 7.1 中的数据结构，可以声明一个考生成绩的结构体类型：

```
struct studentScore
{
    char sno[6];            /*考号*/
    char name[15];          /*姓名*/
    char sex;               /*性别*/
    int age;                /*年龄*/
    char origin[10];        /*籍贯*/
    float score[5];         /*成绩*/
};
```

struct 是声明结构体类型时必须使用的关键字，不能缺省；studentScore 是结构体类型名；sno、name、sex、age、origin 和 score 是结构体类型的 6 个成员，必须要用花括号括起来，并且要以分号结束；struct studentScore 是一个数据类型，即类型说明符，类似于 int、char、float、double 等类型说明符。结构体类型声明后，就可以定义结构体变量了。成员变量可以是任意的数据类型，可以是结构体类型。

例如，把表 7.1 中的年龄改成出生日期，出生日期是由年、月、日 3 个成员组成的，因此，描述日期的结构体类型声明为：

```
struct date
{
```

```
    int year;
    int month;
    int day;
};
```

描述修改后的考生成绩的结构体类型声明为：

```
struct studentScore1
{
    char sno[6];              /*考号*/
    char name[16];            /*姓名*/
    char sex;                 /*性别*/
    struct date birthday;     /*出生日期*/
    char origin[10];          /*籍贯*/
    float score[5];           /*成绩*/
};
```

在 struct studentScore1 结构体类型中，含有一个 struct date 结构体类型的成员 birthday，形成了结构体类型的嵌套声明，即一个结构体类型中的某个成员又是一个结构体类型的变量。一般，程序员可以利用结构体类型的嵌套声明来描述表中含有子表的数据结构。

在编写程序时，为了简化结构体类型的书写方式，增强程序的可读性，C 语言允许用户为已经存在的数据类型起一个别名，其说明形式为：

typedef 原数据类型名 新数据类型名；

例如：

```
typedef int INTEGER;          /*INTEGER 代表 int，两者完全等价*/
typedef char CHARACTER;       /*CHARACTER 代表 char，两者完全等价*/
typedef struct date DATE;     /*DATE 代表 struct date，两者完全等价*/
```

实际上，可以在声明一个结构体类型的同时起别名。例如，上面的 struct date 结构体类型也可以这样声明：

```
typedef struct date
{
    int year;
    int month;
    int day;
} DATE;
```

用 typedef 并不是重新声明新的数据类型，而是对已经存在的数据类型起一个新的名字，以增强程序的清晰度和可读性。习惯上常把 typedef 定义的新数据类型名用大写字母表示，以区别于原数据类型。

小贴士

7.1.2 结构体变量的定义、初始化、引用及基本操作

声明结构体类型时，系统不为结构体类型分配内存空间，只有在定义结构体变量时系统才为变量分配内存空间，从而才能对该变量做各种操作。

1．结构体变量的定义

结构体类型定义好了之后就可以定义结构体变量了，定义结构体变量有以下 3 种方法。

（1）先定义结构体类型，再定义结构体变量。定义结构体变量的一般形式为：

结构体类型 变量名；

例如：

```
DATE d1,d2;/*等价于 struct date d1,d2*/
struct studentScore1 stu1,stu2;
```

一旦定义了结构体变量后，系统会为这个变量分配内存空间。对于结构体变量而言，系统为之分配的内存空间字节数取决于结构体类型所包含的成员数量以及每个成员所属的数据类型。例如，上面定义的结构体变量 d1、d2 包含 3 个 int 类型的成员，在 Visual C++6.0 开发环境中，每个 int 类变量占用 4 个字节内存空间，所以系统至少应该为 d1、d2 分配 12 个字节内存空间。结构体变量 d1 占用内存情况如图 7.1 所示。

d1 →		
year	4 字节
month	4 字节
day	4 字节

图 7.1　结构体变量 d1 的存储示意图

一般地，一种结构体类型所需要的内存空间字节数可以用 "sizeof（结构体类型名）" 或 "sizeof（结构体变量名）" 来确定。例如：sizeof（struct date）或 sizeof（d1）的值均为 12。

　　　　在 Visual C++6.0 开发环境中，结构体的内存空间字节数为结构体最宽基本类型成员大小的整数倍，如有需要，编译器会在最末一个成员之后加上填充字节。例如：结构体类型 struct studentScore1 各成员所占内存空间字节数之和为 65，其最宽基本类型成员是 float 占 4 个字节，两者之间不能整除，所以编译器要补充 3 个字节，因此，sizeof（struct studentScore1）或 sizeof（stu1）的值为 68。

小贴士

（2）在声明结构体类型的同时定义结构体变量。其一般形式为：

```
struct   结构体类型名
{
    成员列表；
}变量列表；
```

例如：

```
struct studentScore1
{
    char sno[6];           /*考号*/
    char name[16];         /*姓名*/
    char sex;              /*性别*/
    struct date birthday;  /*出生日期*/
    char origin[10];       /*籍贯*/
    float score[5];        /*成绩*/
}stu1,stu2;
```

上面代码的功能和第一种方法相同，即定义了两个 struct studentScore1 类型的变量 stu1、stu2。

（3）直接定义结构变量。其一般形式为：

```
struct
{
    成员列表；
}变量列表；
```

这种定义形式不出现结构体类型名，直接定义结构体类型的变量。例如：

```
struct
{
    char sno[6];              /*考号*/
    char name[16];            /*姓名*/
    char sex;                 /*性别*/
    struct date birthday;     /*出生日期*/
    char origin[10];          /*籍贯*/
    float score[5];           /*成绩*/
}stu1,stu2;
```

上面代码的功能和前两种方法相同，即定义了两个结构体类型的变量 stu1、stu2。由于第 3 种方法没有给出这个结构体类型名，如果还要定义同类型的变量 stu3，就必须重写以上代码。

```
struct
{
    char sno[6];              /*考号*/
    char name[16];            /*姓名*/
    char sex;                 /*性别*/
    struct date birthday;     /*出生日期*/
    char origin[10];          /*籍贯*/
    float score[5];           /*成绩*/
}stu3;
```

2. 结构体变量的初始化

在定义变量时，可以直接对变量进行初始化，例如：

```
struct studentScore
{
    char sno[6];       /*考号*/
    char name[16];     /*姓名*/
    char sex;          /*性别*/
    int age;           /*年龄*/
    char origin[10];   /*籍贯*/
    float score[5];    /*成绩*/
} stu={"10001","张三",'M',18,"湖北",{125,140,136,268,0}};
```

也可以这样初始化：

```
struct studentScore
{
```

```
        char sno[6];              /*考号*/
        char name[16];            /*姓名*/
        chaSr sex;                /*性别*/
        int age;                  /*年龄*/
        char origin[10];          /*籍贯*/
        float score[5];           /*成绩*/
    };
    struct studentScore stu={"10001","张三",'M',18,"湖北",{125,140,136,268,0}};
```

3. 结构体变量的引用及基本操作

结构体类型是不同类型的数据的聚合，结构体变量名代表的是这个结构体整体。要想引用结构体变量的每个成员除了给出结构体变量名外，还要给出成员变量名。因此，结构体变量中的成员变量的一般引用形式为：

结构体变量名.成员变量名

在 C 语言中，成员运算符 "." 的优先级最高，与 "( )"、"[]" 同级（关于各运算符的优先级和结合性，请详见附录 II）。可以把 "结构体变量名.成员变量" 看做一个整体，所引用的成员变量与其所属类型的普通变量一样，可以进行该类型所允许的任何运算。例如：

```
struct studentScore stu;
stu. age +=1;
stu.age++;
```

如果成员本身又是一个结构体变量，则需要若干个成员运算符，一级一级地找到最低级的成员变量，而且只能对最低级的成员变量进行基本操作。例如：

```
struct studentScore1
{
    char sno[6];              /*考号*/
    char name[16];            /*姓名*/
    char sex;                 /*性别*/
    struct date birthday;     /*出生日期*/
    char origin[10];          /*籍贯*/
    float score[5];           /*成绩*/
}stu1;
```

其中，成员 birthday 是一个结构体变量，要引用 stu1 的出生日期，不能用 stu1.birthday，只能分别引用 stu1.birthday.year、stu1.birthday.month 或 stu1.birthday.day。

4. 结构体变量的基本操作

前面介绍过，当定义了单个变量后，就可以对单个变量进行赋值、输入、输出等基本操作了。同样，结构体变量定义后也可以进行这些基本操作了。

（1）结构体变量的赋值。

在 C 语言中，提供了两种为结构体变量赋值的途径：一种是对每个成员分别进行赋值；另一种是整体赋值。

例如，下面是采用分别赋值的方式对结构体变量 stu1 进行赋值。

```
struct studentScore1 stu1;
```

```
strcpy(stu1.sno,"10001");
strcpy(stu1.name,"张三");
stu1.sex='M';
stu1.birthday.year=1994;
stu1.birthday.month=5;
stu1.birthday.day=1;
strcpy(stu1.origin,"湖北");
stu1.score[0]=125;
stu1.score[1]=140;
stu1.score[2]=136;
stu1.score[3]=268;
stu1.score[4]=0;
```

上面代码中，由于成员变量 sno、name 和 origin 是字符数组，而字符数组的赋值是通过 strcpy 函数完成的；成员变量 score 是一维数组，对数组的赋值是通过对每个元素进行赋值来完成的；成员变量 birthday 是一个结构体类型，因此要一级一级找到其最低级成员对其赋值。

如果一个结构体变量已经被赋值，并且希望将它的值赋给另外一个类型完全相同的结构体变量，则可以采用整体赋值的方式。例如，下面采用整体赋值方式将 stu1 赋值给 stu2。

```
struct studentScore1 stu2;
stu2=stu1;
```

（2）结构体变量的输入。

结构体变量的每个成员占据的若干个单元的首地址称为该成员的地址，都可以进行引用。对结构体变量的输入，其实是向结构体成员输入值，因此，在程序中只要引用每个成员的地址就可以了。例如：

```
struct studentScore1 stu1;
gets(stu1.sno);
gets(stu1.name);
gets(stu1.origin);
scanf("%c",&stu1.sex);
scanf("%d%d%d",&stu1.birthday.year,&stu1.birthday.month,&stu1.birthday.day);
for (int i=0;i<4;i++)
    scanf("%f",&stu1.score[i]);
```

（3）结构体变量的输出。

与输入操作一样，结构体变量的输出也需要在程序中分别指出每个成员变量，并按照设计的格式逐一输出每个成员的值。例如：

```
puts(stu1.sno);
puts(stu1.name);
puts(stu1.origin);
putchar(sex);
printf("%d-%d-%d\n",stu1.birthday.year,stu1.birthday.month,stu1.birthday.day);
for (int i=0;i<5;i++)
    printf("%f\n",stu1.score[i]);
```

（4）结构体变量占据的存储单元的首地址称为该结构体变量的地址，其每个成员占据的若干个单元的首地址称为该成员的地址，都可以进行引用。

7.1.3　结构体精选案例

【例 7.1】计算今天是今年的第几天。要求使用包含"年、月、日"的结构体类型实现。

【问题分析】

可以利用一个二维数组存放每个月的天数，数组第一行存放非闰年的每月天数，第二行存放闰年的每月天数。声明一个日期型结构体类型，并定义一个日期型结构体变量，输入当前日期，累加这一日期前完整月的天数，再加上本月到日期止的天数，就是该日期在这年中的第几天。

【程序代码】

```
#include <stdio.h>
/*在声明结构体类型 date 的同时起别名 DATE*/
typedef struct date
{
    int year,month,day;
}DATE;
void main()
{
    /*数组初始化，存放每月天数*/
    int m[][13]={{0,31,28,31,30,31,30,31,31,30,31,30,31},
                 {0,31,29,31,30,31,30,31,31,30,31,30,31}};
    DATE today;
    int i,leap,total=0;

    /*输入年月日*/
    printf("请输入日期(yyyy-mm-dd):");
    scanf("%d-%d-%d",&today.year,&today.month,&today.day);

    leap=today.year%4==0 && today.year%100!=0 || today.year%400==0;
                                /*若是闰年 leap 为 1，否则为 0*/
    /*leap 为 1，m[leap][j]表示闰年第 i 月的天数，leap 为 0，m[leap][j]表示非闰年第 i 月的天数*/
    total=today.day;            /*本月的天数*/
    for(i=0;i<today.month;i++)  /*累加今天前完整月的天数*/
        total+=m[leap][i];
    printf("今天是本年的第%d 天\n",total);
}
```

【运行结果】（见图 7.2）

图 7.2　【例 7.1】运行结果

【例 7.2】中国有句俗语叫"三天打鱼两天晒网"。某人从 2010 年 1 月 1 日起开始"三天打鱼两天晒网"，问这个人在以后的某一天中是"打鱼"还是"晒网"。

【问题分析】

根据题意可以将解题过程分为 3 步：（1）计算从 2010 年 1 月 1 日开始至指定日期共有多少天；（2）由于"打鱼"和"晒网"的周期为 5 天，所以将计算出的天数用 5 去除；（3）根据余数判断他是在"打鱼"还是在"晒网";若余数为 1、2、3,则他是在"打鱼",否则是在"晒网"。而第一步又可以分解成两步:(1)计算从 2010 年至指定年的前一年共有多少天。由于平年 365 天,闰年 366 天,先假设经历的年份都是平年,计算出总天数。然后计算出经历的闰年数,加入到总天数中,就可以得到从 2010 年至指定年的前一年共有多少天。(2)计算指定日期是指定年的第几天。

【程序代码】

```
#include <stdio.h>
#define YEAE 2010
typedef struct date
{
    int year,month,day;
}DATE;

void main()
{
    /*数组初始化,存放每月天数*/
    int m[][13]={{0,31,28,31,30,31,30,31,31,30,31,30,31},
                 {0,31,29,31,30,31,30,31,31,30,31,30,31}};
    DATE someday;
    int i,leap,day,total=0;

    /*输入指定日期*/
    printf("请输入日期(yyyy-mm-dd):");
    scanf("%d-%d-%d",&someday.year,&someday.month,&someday.day);

    /*从 YEAE 年至指定年的前一年共有多少天*/
    total=(someday.year-YEAE)*365;
    for (i=YEAE;i<someday.year;i++)
        if (i%4==0 && i%100!=0 || i%400==0)
            total++;

    /*计算指定日期是指定年的第几天*/
    leap=someday.year%4==0 && someday.year%100!=0 || someday.year%400==0;
    total+=someday.day;
    for(i=0;i<someday.month;i++)
        total+=m[leap][i];

    /*判断是在"打鱼"还是在"晒网"*/
    day=total%5;
    if (day>0 && day<4)
        printf("打鱼\n");
    else
        printf("晒网\n");
}
```

【运行结果】(见图 7.3)

图 7.3 【例 7.2】运行结果

7.2　结构体数组

前面定义的结构体类型 studentScore1 的变量 stu1 只能存放一个学生的成绩信息，假如要对所有学生的成绩信息进行处理，则要用结构体数组。与前面介绍的普通数组相似，结构体数组也是相同类型数据的聚合，与普通数组不同的是，其类型为已定义过的结构体类型，每一元素都是结构体变量，均包含有相应的成员，使用时要引用结构体数组元素的成员。

7.2.1　结构体数组的定义和初始化

在实际应用中，经常用结构体数组来表示具有相同类型的数据的聚合。如一个班的学生成绩，一个车间职工的工资表等。例如：

```
struct studentScore
{
    char sno[6];              /*考号*/
    char name[15];            /*姓名*/
    char sex;                 /*性别*/
    int age;                  /*年龄*/
    char origin[10];          /*籍贯*/
    float score[5];           /*成绩*/
}stu[5];
```

定义了一个结构体数组 stu，共有 5 个元素，stu [0] ~ stu [4]。数组每个元素都是 struct studentScore 类型。

结构体数组可以初始化，结构数组初始化方法与普通的二维数组初始化相似。例如：

```
struct studentScore
{
    char sno[6];              /*考号*/
    char name[15];            /*姓名*/
    char sex;                 /*性别*/
    int age;                  /*年龄*/
    char origin[10];          /*籍贯*/
    float score[5];           /*成绩*/
}stu[5]={{ "10001", "张三",'M',18, "北京",125,140,136,268,669},
         {"10002", "李斯",'M',16, "上海",110,105,116,205,536},
         {"10003", "王武",'M',17, "南京",90,85,96,230,501},
         {"10004", "刘柳",'F',17, "武汉",106,135,120,226,587},
         {"10005", "朱琪",'F',18, "云南",98,87,82,189,456}};
```

注意，当对全部元素作初始化赋值时，也可不给出数组长度。

7.2.2　结构体数组的引用

结构体数组的引用分为结构体数组元素的引用和结构体数组元素成员的引用。

1. 结构体数组元素的引用

单个的结构体数组元素就相当于一个结构体变量。可以赋给同一结构体类型数组中的另一个元素，或赋给同类型的结构体变量。例如，现在定义了一个结构体数组 stu，它有 3 个元素，又定义了一个结构体变量 s，则下面的赋值是合法的：

```
struct studentScore stu [3],s;
s=stu [0];
stu [2]=stu [1];
stu [1]=s;
```

小贴士

不能把结构体数组元素作为一个整体直接进行输入或输出，只能对单个成员进行输入/输出。例如，以下用法都是错误的：

```
scanf("%s",stu [0]);
printf("%d",stu [0]);
```

2. 结构体数组元素成员的引用

结构体数组元素成员的引用与结构体变量成员的引用相同。例如，现在定义了一个结构体数组 stu，它有 3 个元素，则下面对 stu[0]中各元素的引用是合法的：

```
struct studentScore stu [3];
strcpy(stu[0].sno, "10001");
strcpy(stu[0].name,"张三");
stu[0].sex='M';
stu[0].age =18;
strcpy(stu[0].origin,"北京");
stu[0].score[0]=125;
stu[0].score[1]=140;
stu[0].score[2]=136;
stu[0].score[3]=268;
stu[0].score[4]= 669;
```

7.2.3 结构体数组精选案例

【例 7.3】输入 5 对坐标（x，y）值，存入一个数组中，按与原点（0，0）的距离由小到大的顺序输出所有的坐标及到原点的距离。

【问题分析】

一个坐标至少由两个成员组成：横坐标 x 和纵坐标 y。根据题意，坐标还应该包括一个成员坐标到原点的距离。因此可以声明一个坐标结构体类型，将 5 对坐标和它们到原点的距离存入到结构体数组中。

而坐标（x，y）到原点（0，0）的距离可以由公式求得：distance $= \sqrt{x^2+y^2}$；对 5 对坐标值到原点的距离进行升序排序采用"冒泡排序"算法。

【程序代码】

```
#include <stdio.h>
#include <math.h>
#define N 5
struct coordinate
{
    int x,y;
```

```
        double distance;
    };

void main()
{
    struct coordinate p[N],temp;
    int i,j;

    /*输入 N 对坐标值,并求出 N 对坐标值到原点的距离*/
    for (i=0;i<N;i++)
    {
        printf("请输入第%d 对坐标值(x,y): ",i+1);
        scanf("%d,%d",&p[i].x,&p[i].y);
        p[i].distance=sqrt(p[i].x*p[i].x+p[i].y*p[i].y);

    }

    /*对 N 对坐标值到原点的距离进行升序排序*/
    for (i=0;i<N;i++)
        for (j=0;j<N-i-1;j++)
            if (p[j].distance>p[j+1].distance)
            {
                temp=p[j];
                p[j]=p[j+1];
                p[j+1]=temp;
            }

    /*输出排序结果*/
    printf("升序排序后: \n");
    for (i=0;i<N;i++)
        printf("(%d,%d):%.1lf\n",p[i].x,p[i].y,p[i].distance);
}
```

【运行结果】（见图 7.4）

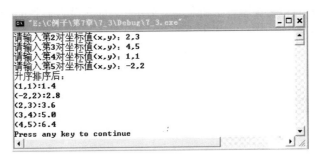

图 7.4 【例 7.3】运行结果

7.3　共用体类型

在实际应用中，对于同一个变量，有时候需要向其存储不同类型的数据。例如，可把一个整型数据、一个字符型数据和一个实型数据存放在同一个地址开始的内存空间中。3 个数据占用不同数量的内存单元，但在内存中都是从同一地址开始存放的。需要注意的是，在系统为它们分配的内存空间里，某一时刻只能存放其中的一个数据，这种使几个不同类型的数据共用一段内存的数据结构称为"**共用体**"。

共用体也是一种构造数据类型，它是将不同类型的变量存放在同一内存区域内。共用体也称为联合（union）。共用体的类型定义、变量定义及引用方式与结构体相似，但它们有着本质的区别：结构变量的各成员占用连续的不同存储空间，而共用体变量的各成员占用同一个存储区域。

7.3.1 共用体变量的定义

共用体变量的定义与结构变量定义相似，首先，必须构造一个共用体数据类型，再定义具有这种类型的变量。定义共用体类型变量的一般形式为：

```
union 共用体类型名
{
    数据类型 1 成员名 1;
    数据类型 2 成员名 2;
    数据类型 3 成员名 3;
        …        …
    数据类型 n 成员名 n;
}变量列表;
```

例如，定义一个共用体类型 union data：

```
union data
{
    int i;
    char ch;
    double d;
}a,b,c;
```

同结构体一样，也可以将类型声明和变量定义分开。即先声明一个 union data 类型，在将 a、b、c 定义为 union data 类型的变量。例如：

```
union data
{
    int i;
    char ch;
    double d;
};
union data a,b,c;
```

当然也可以直接定义共用体变量，例如：

```
union
{
    int i;
    char ch;
    double d;
```

}a,b,c;

定义了共用体变量后，系统就给它分配内存空间。因共用体变量中的各成员占用同一存储空间，所以，系统给共用体变量所分配的内存空间为其成员中所占用内存空间最多。共用体变量中各成员从第一个单元开始分配存储空间，所以各成员的内存地址是相同的。例如，上面定义的共用体变量 *a*、*b*、*c* 各占用了 8 个字节，即 3 个成员变量中占内存最长的实型变量 *d*，其占用 8 个字节内存空间。共用体变量 *a* 的内存分配如图 7.5 所示。

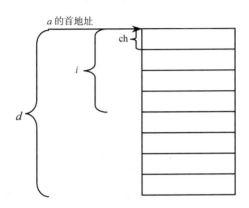

图 7.5　共用体变量 *a* 的内存分配图

7.3.2　共用体变量的引用

共用体变量的引用方式和结构体类型的引用方式相同，也是先定义，后引用，且只能引用共用体变量中的成员。共用体变量成员的引用是通过成员运算符 "." 实现的，其引用的一般形式为：

共用体变量名. 成员名

例如：

scanf（"%d"，&a.i）;

不能只引用共用体变量。例如，下面的引用是错误的：

printf("%d",a);

a 的存储空间有好几种类型，分别占用不同长度的存储空间，仅给出共用体变量名 a，难以使系统确定究竟输出的是哪一个成员变量的值，所以应该指明具体成员变量。

还可以用指向共用体变量的指针进行引用，关于指针将在第 9 章详细讲解。通过指向共用体变量的指针对共用体变量中的成员进行存取操作，其一般形式为

指向共用体变量的指针→成员名

使用共用体类型变量应注意以下几个方面。

（1）一个共用体变量可以用来存放几种不同类型的成员变量，但无法同时存放所有变量，即每一时刻只有一个变量有效，且共用体变量中有效的成员是最后一次存放的成员。例如：

a.i=5;
a.ch='M';
a.f=3.14;

在完成以上 3 个赋值运算后，只有 a.f 的值是有效的，a.i 和 a.ch 的值已经不存在了。因各成员共用一段内存，彼此互相覆盖，故对于同一个共用体类型变量，给一个新的成员赋值就会覆盖原来的成员。因此，在引用变量时，应十分注意当前存放在共用体型变量中的是哪一个成员变量。

（2）共用体变量的地址和它的各个成员变量的地址相同，如上面共用体的定义中&a、&a.i、&a.ch、&a.f 都是同一个地址。

（3）不能在定义共用体类型变量时对其进行初始化，但是可以使用指向共用体类型变量的指针。

```
union
{
    int i;
    char ch;
    float f;
}a={5, 'M', 3.14};/*不能对共用体进行初始化*/
```

（4）共用体变量可以作为结构体变量的成员，同样，结构体变量也可以作为共用体变量的成员。

7.3.3　共用体精选案例

【例 7.4】需要把学生和教师的数据放在一起处理。学生和教师的数据相同的分量有：姓名、编号和类别（教师或学生）。但也有不同的部分：学生需要保存 3 门课程的分数，分数用浮点数表示，教师则保存工作情况简介，用字符串表示。

【问题分析】

根据题意，教师和学生的不同部分可以用共用体描述，共用体类型有两个成员：学生的 3 门课程的分数和教师工作情况简介。而学生和教师相同的部分可以用结构体描述，结构体成员除了包括姓名、编号和类别之外，还应该包括一个表示各自情况的共用体变量。

【程序代码】

```
#include <stdio.h>
#define N 2
union condition             /*定义共用体，代表教师和学生的不同部分*/
{
    float score[3];
    char situation[80];
};

struct person               /*定义结构体，代表教师和学生的共同部分*/
{
    char name[20];
    char num[10];
    char kind;
    union condition state;
}personnel[N];

void main()
{
    int i,j;
```

```
for (i=0;i<N;i++)          /*输入学生或教师信息*/
{
    printf("请输入姓名:");
    scanf("%s",personnel[i].name);
    printf("请输入编号:");
    scanf("%s",personnel[i].num);
    printf("请输入类别（s——学生，t——教师）:");
    getchar();
    scanf("%c",&personnel[i].kind);
    if(personnel[i].kind=='t')/*如果输入的是't',则要求输入教师的工作情况*/
    {
            printf("请输入该教师工作情况:");
            scanf("%s",personnel[i].state.situation);
    }
    else                      /*否则要求输入学生 3 门课程成绩*/
    {
            printf("请输入该学生 3 门课的成绩:");
            for(j=0;j<3;j++)
                scanf("%f",&personnel[i].state.score[j]);
    }
}
for(i=0;i<N;i++)          /*输入学生或教师信息*/
{
    printf("%s,",personnel[i].name);
    printf("%s,",personnel[i].num);
    if(personnol[i].kind=='t')
    {
            printf("教师,");
            printf(personnel[i].state.situation);
    }
    else
    {
            printf("学生,");
            for(j=0;j<3;j++)
                printf("%6.1f",personnel[i].state.score[j]);
    }
    printf("\n");
}
}
```

【运行结果】（见图 7.6）

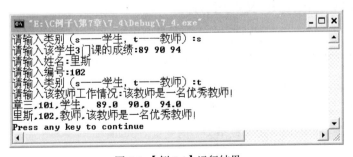

图 7.6　【例 7.4】运行结果

7.4 枚举类型

在实际应用中，有的变量只有几种可能取值。如人的性别只有两种可能取值、星期只有 7 种可能取值、月份只有 12 种可能取值等。在 C 语言中对这样取值比较特殊的变量可以定义为枚举类型。

简单地说，**枚举类型**是 C 语言为用户提供的一种自定义的数据类型，它将变量可能的取值一一列举出来，且变量的取值只局限在列举的值的范围内。其主要用途是用名称来代替某些有特定含义的数据，从而增加程序的可读性。

7.4.1 枚举类型的声明

声明枚举类型的一般形式为：

enum 枚举类型名{ 枚举常量1，枚举常量2，…枚举常量n};

例如，声明表示一个星期 7 天的枚举类型 week：

enum week {sun,mon,tue,wed,thu,fri,sat};

上述语句定义了一个名为"week"的枚举类型，其中，sun、mon、…sat 等称为枚举元素或枚举常量，它们是用户定义的标识符。每个枚举常量是有值的，C 语言在编译时按定义的顺序使它们的值为 0，1，2，…。 在上面的说明中，sun 的值为 0，mon 的值为 1，…sat 的值为 6。

如果在定义枚举类型时指定元素的值，也可以改变枚举元素的值。例如：

enum week { sun=7,mon=1,tue,wed,thu,fri,sat };

在上面的定义中，sun 的值为 7，mon 的值为 1……sat 的值为 6。

注意，枚举常量虽然用标识符表示，但是其实质还是整型常量值，因此不能放在赋值号的左边，但可以当整型常量参与运算。例如：

```
enum  week {sun,mon,tue,wed,thu,fri,sat};
int i=sun;              /*相当于int i=0;*/
```

小贴士　　枚举类型的最大优点就是可以做到"见名知意"，如果不用枚举类型，而是用常数 0，1，2……代替也是可以的，但是这样程序可读性就较差。

7.4.2 枚举变量的定义与引用

枚举变量的定义和结构体变量相似，有以下 3 种方式。

（1）先定义枚举类型，再定义枚举变量。例如：

```
enum  week {sun,mon,tue,wed,thu,fri,sat};
enum  week today,tomorrow;  /*定义了两个week枚举变量：today和tomorrow */
```

（2）在说明枚举类型的同时定义枚举类型的变量。例如：

```
enum  week {sun,mon,tue,wed,thu,fri,sat} today,tomorrow;
```

（3）不说明枚举类型，直接定义枚举变量。例如：

```
enum {sun,mon,tue,wed,thu,fri,sat} today,tomorrow;
```

在引用枚举变量时，要注意以下几点。

（1）枚举变量的取值只能在枚举常量的范围内，不能取其他任何数。例如：

```
today=sun;
tomorrow=mon;
printf("%d,%d",today,tomorrow);/*将输出整数 0 和 1*/
```

（2）一个整数不能直接赋给一个枚举变量，必须强制进行类型转换才能赋值。例如：

```
today=1;                    /*错误*/
tomorrow= (enum week)2;     /*正确，相当于 tomorrow= tue */
```

（3）要输出枚举变量中枚举常量对应的标识符，不能直接使用下面的方法，

```
today=sun;
tomorrow=mon;
printf("%d,%d",today,tomorrow);/*将输出整数 0 和 1*/
```

因为枚举常量为整数值，而非字符串。采用下面的方法就可以完成，

```
today=sun;
switch(today)
{
case sun:  printf("sunday\n");break;
case mon:  printf("monday\n");break;
case tue:  printf("tuesday\n");break;
case wed:  printf("wednesday\n");break;
case thu:  printf("thursday\n");break;
case fri:  printf("friday\n");break;
case sat:  printf("satday\n");break;
}
```

7.4.3　枚举精选案例

【例 7.5】有红、黄、蓝、白、黑 5 种颜色的球，每次取出 3 个，输出 3 种不同颜色的球的可能取法。

【问题分析】

从 5 种颜色的球中取 3 个不同颜色的球，可以遍历所有的取 3 种颜色的组合，然后判断是否是不同颜色，如果是，取法自增 1，并输出该取法；如果不是，则继续遍历，直到最后一种组合。

由于颜色值只有 5 种，可以用枚举类型 enum color 来声明颜色类型；从 5 个球中取 3 个球，可以分为 3 次取，而每次都可以取 5 种颜色球中的一种，可以定义整型变量 first、second、third 表示 3 次所选球的颜色值；找到了 3 种不同颜色值，由于颜色值是类似于 0、1、2 的整型值，因此只有转换成字符串 "red"、"yellow"、"blue" 才能直观地表示颜色。

【程序代码】

```
#include <stdio.h>
```

```
void main()
{
    enum color{red,yellow,blue,white,black} selected;
    int first,second,third,loop,selected,sum=0;
    for (first=red;first<=black;first++)                  /*选择第 1 种颜色的球*/
        for (second=red;second<=black;second++)           /*选择第 2 种颜色的球*/
            if (first!=second)
                for (third=red;third<=black;third++)       /*选择第 3 种颜色的球*/
                    if (first!=third && second!=third)
                    {
                        sum++;
                        printf("%-4d",sum);
                        /*将找到的 3 种不同颜色组合输出*/
                        for(loop=1;loop<=3;loop++)
                        {
                            switch(loop)
                            {
                            case 1: selected=(enum color)first;break;
                            case 2: selected=(enum color)second;break;
                            case 3: selected=(enum color)third;break;
                            }
                            switch(selected)
                            {
                            case  red:printf("%-10s", "red");break;
                            case  yellow:printf("%-10s", "yellow");break;
                            case  blue:printf("%-10s", "blue");break;
                            case  white:printf("%-10s", "white");break;
                            case  black:printf("%-10s", "black");break;
                            }
                        }
                        printf("\n");
                    }
    printf("\n 共有%3d 种取法! \n",sum);
}
```

【运行结果】（见图 7.7）

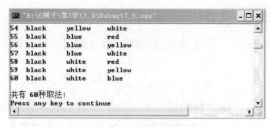

图 7.7 【例 7.5】运行结果

7.5 项目实例

在上一章的项目实例中，我们利用二维数组设计了一个较为完整的"学生成绩管理系统"。该系统使用了 3 个二维数组来分别存储 N 个学生的学号、姓名和 5 门课程的成绩。实际上，学生的成绩信息应该是一个逻辑整体，用一个结构体来描述更贴切。

```
typedef struct
{
    char sno[6];        /*学号*/
    char name[9];    /*姓名*/
    float score[5];     /*成绩（语文、数学、外语、综合和总分）*/
} StudentScore;
```

"学生成绩管理系统"可以被分成"查询"、"添加"、"修改"、"删除"、"保存"、"浏览"等子功能。由于"保存"子功能涉及文件操作，在第 11 章将详细介绍。而其他的功能都要使用学生成绩数据，因此可以定义一个结构体数组存储学生成绩信息。由于要对该数组进行增删改查操作，所以要定义一个变量 n 动态维护学生人数。主函数具体实现如下：

```
#include <stdio.h>
#include <conio.h>
#include <string.h>
#define N 100
void main()
{
    char c;                 /*存储选择功能的编号*/
    StudentScore stu[N]; /*存储 N 个学生的成绩信息*/
    int n=-1;               /*学生实际人数，n=-1 表示无学生*/
    char sno[6];            /*存储单个学生的学号*/
    int i,j;

    while(1)
    {
        /*显示主界面*/
        fflush(stdin);
        printf("\n\t★☆   欢迎使用学生成绩管理系统    ☆★\n\n");
        printf("\t 请选择(1-7): \n");
        printf("\t====================================\n");
        printf("\t\t1.查询学生成绩\n");
        printf("\t\t2.添加学生成绩\n");
        printf("\t\t3.修改学生成绩\n");
        printf("\t\t4.删除学生成绩\n");
        printf("\t\t5.保存数据到文件\n");
        printf("\t\t6.浏览数据\n");
        printf("\t\t7.退出\n");
        printf("\t====================================\n");

        /*用户选择不同的功能*/
        printf("\t 您的选择是: ");
        c=getchar();getchar();
        switch (c)
        {
            case '1':
```

```
                              /*根据学号查询学生成绩记录*/
                     break;
                case '2':
                              /*添加学生成绩记录*/
                     break;
                case '3':
                              /*修改学生成绩记录*/
                     break;
                case '4':
                              /*删除学生成绩记录*/
                     break;
                case '5':
                     printf("\t\t...进入保存数据到文件操作界面!\n");
                     break;
                case '6':
                              /*显示所有的学生成绩记录*
                     break;
                case '7':
                     printf("\t\t...退出系统!\n");
                     break;
                default:
                     printf("\t\t...输入错误!请按任意键返回重新选择(1-7)\n\n");
           }
      }
 }
```

下面具体介绍"学生成绩管理系统"中查询、添加、修改、删除和浏览这 5 个功能的实现。

（1）查询功能的实现：输入学生学号后，在学生结构体数组中查找该学生是否存在，存在就显示该学生成绩记录；否则提示"您所输入的学生学号有误或不存在！"。该功能运行结果如图 7.8 所示。

```
if (n==-1)        /*没有学生*/
{
    printf("\n\t\t 当前还没有学生成绩记录，按任意键返回主菜单......");
    getch();
}
else
{
    printf("\t\t 请输入学生学号：");
    gets(sno);
    for (i=0;i<=n;i++)
        if (strcmp(stu[i].sno,sno)==0)/*如果该学生存在则显示学生成绩记录*/
        {
            printf("\n 该学生成绩记录如下：");
            printf("\n===============================\n\n");
            printf("%-8s%-10s%-7s%-7s%-7s%-7s%-7s\n",
                   "学号","姓名","语文","数学","外语","综合","总分");
            printf("%-8s%-10s%-7.1f%-7.1f%-7.1f%-7.1f%-7.1f\n",
                   stu[i].sno,stu[i].name,stu[i].score[0],stu[i].score[1],
                   stu[i].score[2],stu[i].score[3],stu[i].score[4]);
```

```
                printf("\n\t\t 按任意键返回主菜单......");
                getch();
                break;
        }
    if (i>n)  /*如果不存在该学生，则提示*/
    {
        printf("\n\t\t 您所输入的学生学号有误或不存在！");
        printf("\n\t\t 按任意键返回主菜单......");
        getch();
    }
}
```

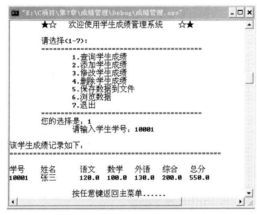

图 7.8　查询学生成绩记录界面

（2）添加功能的实现：输入待添加的学生学号后，在学生结构体成绩数组中查找该学生是否存在，不存在就添加，*n* 自增 1；否则提示"您所输入的学生学号已存在！"。该功能运行结果如图7.9 所示。

```
if (n>=N)    /*学生已满*/
{
    printf("\n\t\t 学生成绩记录已满，按任意键返回主菜单......");
    getch();
}
else
{
    printf("\t\t 请输入学生学号：");
    gets(sno);
    for (i=0;i<=n;i++)
        if (strcmp(stu[i].sno,sno)==0)
        {
            printf("\n\t\t 您所输入的学生学号已存在！");
            printf("\n\t\t 按任意键返回主菜单......");
            getch();
            break;
        }
    if (i>n)  /*如果不存在该学生，则添加*/
    {
        strcpy(stu[++n].sno,sno);
```

```
            printf("\t\t 请输入学生姓名：");
            gets(stu[n].name);
            printf("\t\t 请输入该学生的语文成绩:");
            scanf("%f",&stu[n].score[0]);
            printf("\t\t 请输入该学生的数学成绩:");
            scanf("%f",&stu[n].score[1]);
            printf("\t\t 请输入该学生的外语成绩:");
            scanf("%f",&stu[n].score[2]);
            printf("\t\t 请输入该学生的综合成绩:");
            scanf("%f",&stu[n].score[3]);
            /*计算总分并输出*/
            stu[n].score[4]=0;
            for (int i=0;i<4;i++)
                stu[n].score[4]+=stu[n].score[i];
            printf("\t\t 该学生的总分%-7.1f:",stu[n].score[4]);
            printf("\n\t\t 按任意键返回主菜单......");
            getch();
        }
    }
```

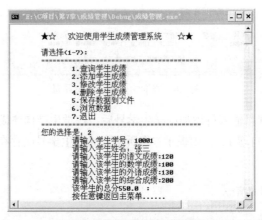

图 7.9　添加学生成绩记录界面

（3）修改功能的实现：输入待修改的学生学号后，如果该学生存在则显示学生成绩记录并录入该学生新的成绩记录，否则输出"您所输入的学生学号有误或不存在！"。该功能运行结果如图7.10 所示。

```
    if (n==-1)     /*没有学生*/
    {
        printf("\n\t\t 当前还没有学生成绩记录，按任意键返回主菜单......");
        getch();
    }
    else
    {
        printf("\t\t 请输入学生学号：");
        gets(sno);
        for (i=0;i<=n;i++)
            if (strcmp(stu[i].sno,sno)==0)
            {/*如果该学生存在则显示学生成绩记录并录入修改后的记录*/
```

```
            printf("\n 该学生成绩记录如下: ");
            printf("\n==========================\n\n");
            printf("%-8s%-10s%-7s%-7s%-7s%-7s%-7s\n",
                  "学号","姓名","语文","数学","外语","综合","总分");
            printf("%-8s%-10s%-7.1f%-7.1f%-7.1f%-7.1f%-7.1f\n",
                  stu[i].sno,stu[i].name,stu[i].score[0],stu[i].score[1],
                  stu[i].score[2],stu[i].score[3],stu[i].score[4]);
            printf("\t\t 请输入该学生新的语文成绩:");
            scanf("%f",&stu[i].score[0]);
            printf("\t\t 请输入该学生新的数学成绩:");
            scanf("%f",&stu[i].score[1]);
            printf("\t\t 请输入该学生新的外语成绩:");
            scanf("%f",&stu[i].score[2]);
            printf("\t\t 请输入该学生新的综合成绩:");
            scanf("%f",&stu[i].score[3]);
            /*计算总分并输出*/
            stu[i].score[4]=0;
            for (int j=0;j<4;j++)
                 stu[i].score[4]+=stu[i].score[j];
            printf("\t\t 该学生新的总分%-7.1f:",stu[i].score[4]);
            printf("\n\t\t 按任意键返回主菜单......");
            getch();
            break;
        }
    if (i>n)  /*如果不存在该学生, 则提示*/
    {
        printf("\n\t\t 您所输入的学生学号有误或不存在! ");
        printf("\n\t\t 按任意键返回主菜单......");
        getch();
    }
}
```

图 7.10　修改学生成绩记录界面

（4）删除功能的实现：输入待删除的学生学号，如果该学生存在，就可以获得该记录在数组中的位置 i，将数组 $i+1 \sim n$ 之间的元素依次复制到 $i \sim n-1$，就可以实现该学生成绩记录的删除，删除成

功 n 自减 1；否则输出"您所输入的学生学号有误或不存在！"。该功能运行结果如图 7.11 所示。

```c
if (n==-1)    /*没有学生*/
{
    printf("\n\t\t 当前还没有学生成绩记录，按任意键返回主菜单......");
    getch();
}
else
{
    printf("\t\t 请输入学生学号: ");
    gets(sno);
    int deleted=0;    /*删除标识，值为 0 表示没有删除学生，1 表示删除了学生*/
    for (i=0;i<=n;i++)
        if (strcmp(stu[i].sno,sno)==0)/*如果该学生存在则删除*/
        {
            deleted=1;
            for (j=i+1;j<=n;j++)
            {/*将每个学生对应的 3 个数组 i+1~n 之间的元素依次复制到 i~n-1*/
                strcpy(stu[j-1].sno,stu[j].sno);
                strcpy(stu[j-1].name,stu[j].name);
                for (int k=0;k<5;k++)
                    stu[j-1].score[k]=stu[j].score[k];
            }
            n--;
            printf("\n\t\t 删除成功! \n\t\t 按任意键返回主菜单......");
            break;
        }
    if (i>n && !deleted) /*如果不存在该学生，则提示*/
    {
        printf("\n\t\t 您所输入的学生学号有误或不存在! ");
        printf("\n\t\t 按任意键返回主菜单......");
        getch();
    }
}
```

图 7.11　删除学生成绩记录界面

（5）浏览功能的实现：根据人数 n，将 3 个数组中的值显示出来。该功能运行结果如图 7.12 所示。

```c
if (n==-1)    /*人数为 0 说明学生记录尚未添加*/
```

```
{
    printf("\n\t\t 当前还没有学生成绩记录，按任意键返回主菜单......");
    getch();
}
printf("\n 所有学生成绩记录如下：");
printf("\n=========================\n\n");
printf("%-8s%-10s%-7s%-7s%-7s%-7s%-7s\n",
    "学号","姓名","语文","数学","外语","综合","总分");
for (i=0;i<=n;i++)
printf("%-8s%-10s%-7.1f%-7.1f%-7.1f%-7.1f%-7.1f\n",
    stu[i].sno,stu[i].name,stu[i].score[0],stu[i].score[1],
    stu[i].score[2],stu[i].score[3],stu[i].score[4]);
printf("\n\t\t 按任意键返回主菜单......");
getch();
```

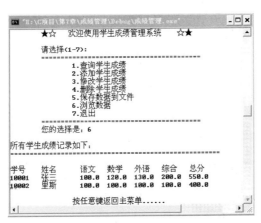

图 7.12　浏览学生成绩记录界面

本章小结

结构体和共用体都是由基本类型"构造"出来的，因此被称为是构造类型的数据。结构体内可以有多种基本类型，这样在一个结构体中可以保存不同种类的数据，可以将这些具有内在联系的不同类型的数据组合在一起，结构体和共用体的区别就是：结构体中的成员变量可以同时使用，在内存中分配的空间是各个成员变量所占空间之和；而共用体在一个时刻只能有一个成员变量在使用，在内存中分配的空间是所占的空间中最大的成员变量占用的空间。

习题 7

一、单选题

1. 已知学生记录描述为

```
struct student
{
```

```
        int no;
        char name[20];
        char sex;
        struct
        {
            int year;
            int month;
            int day;
            }birth;
    };
    struct student s;
```

设变量 s 中的"生日"应该是"1984 年 11 月 11 日",下列对"生日"的正确赋值方式是(　　　　)。

A. year=1984;	B. birth.year=1984;	C. s.year=1984;	D. s.birth.year=1984;
month=11;	birth.month=11;	s.month=11;	s.birth.month=11;
day=11;	birth.day=11;	s.day=11;	s.birth.day=11;

2. 以下程序的运行结果是(　　　　)。

```
#include <stdio.h>
void main()
{
    struct date
    {
        int year,month,day;
    }today;
    printf("%d\n",sizeof(struct date));
}
```

  A. 6   B. 8   C. 10   D. 12

3. 能定义 s 为合法的结构体变量的是(　　　　)。

```
A. typedef  struct  abc           B. struct  abc
   { double  a;                      { double  a;
     char  b[10];                      char  b[10];
   }s;                              };
                                    abc s;

C. typedef  struct               D. typedef  abc
   { double  a;                      { double  a;
     char  b[10];                      char  b[10];
   }abc;                            };
   abc s;                          abc s;
```

4. 设有如下说明:

```
typedef struct ST
{ long a; int b; char c[2]; } NEW;
```

则下列叙述中正确的是(　　　　)。

  A. 以上的说明形式非法   B. ST 是一个结构体类型

  C. NEW 是一个结构体类型名   D. NEW 是一个结构体变量

5. C 语言结构体类型变量在程序执行期间(　　　　)。

  A. 所有成员一直驻留在内存中   B. 只有一个成员驻留在内存中

  C. 部分成员驻留在内存中   D. 没有成员驻留在内存中

6．若有下列说明和定义：

```
union dt
{ int a; char b; double c;}data;
```

下列叙述中错误的是（　　　）。

A．data 的每个成员起始地址都相同。

B．变量 data 所占内存字节数与成员 c 所占字节数相等。

C．程序段：data.a=5;printf("%f\n",data.c);输出结果为 5.000000。

D．data 可以作为函数的实参。

7．有以下程序：

```
#include <stdio.h>
void main()
{
    union
    {
        unsigned int n;
        unsigned char c;
    }u1;
    u1.c='A';
    printf("%c\n",u1.n);
}
```

执行后输出结果是（　　　）。

A．产生语法错　　B．随机值　　　　　　C．A　　　　　　　　D．65

8．C 语言共用体类型变量在程序运行期间（　　　）。

A．所有成员一直驻留在内存中　　　　　B．只有一个成员驻留在内存中

C．部分成员驻留在内存中　　　　　　　D．没有成员驻留在内存中

二、看程序，写运行结果

1．以下程序的运行结果是（　　　）。

```
#include<stdio.h>
#include<string.h>
union pw
{
    int i;
    char ch[2];
}a;
void main()
{
    a.ch[0]=13;
    a.ch[1]=0;
    printf("%d\n", a.i);
}
```

2．以下程序的运行结果是（　　　）。

```
#include<stdio.h>
typedef union{
    long a[2];
    int b[4];
```

```
            char c[8];
    }TY;
    TY our;
    void main()
    {
        printf("%d\n",sizeof(our));
    }
```

3. 以下程序的运行结果是（　　　）。

```
#include<stdio.h>
void main()
{
    struct EXAMPLE
    {
        struct{
            int x;
            int y;
        }in;
        int a;
        int b;
    }e;
    e.a=1;e.b=2;
    e.in.x=e.a*e.b;
    e.in.y=e.a+e.b;
    printf("%d,%d",e.in.x,e.in.y);
}
```

三、程序填空

1. 以下程序用以输出结构体变量 bt 所占内存单元的字节数。

```
#include<stdio.h>
void struct ps
{
    double i;
    char arr[20];
};
void main()
{
    struct ps bt;
    printf("bt size:%d\n",_____);
}
```

2. 以下程序段的功能是找出年龄最大的学生。

```
#include<stdio.h>
struct student
{
    char sno[6];
    char name[16];
    int age;
};
void main()
{
    struct student stu[4]={{"10001","张三",18},{"10002","里斯",20},
                        {"10003","王武",17},{"10004","钱柳",19}};
```

```
int i,j=0;      /*j 表示最大年龄学生在数组中的下标*/
int max=0;
for (i=0;i<4;i++)
    if (_____)
    {
        _____;
        j=i;
    }
    printf("年龄最大的学生是：%s,%s,%d 岁。\n",_____);
}
```

3. 填上能够正确输出的变量及相应格式说明。

```
union
{
    int n;
    double x;
}num;
num.n=10;
num.x=10.5;
printf("_____",_____);
```

四、编程题

1. 某组有 4 个学生，填写如下的登记表，除姓名、学号外，还有 3 科成绩，编程实现对表格的计算，求解出每个人的 3 科平均成绩。

学生登记表

学　　号	姓　　名	语　　文	数　　学	外　　语	总　　分
10001	唐僧	78	98	76	
10002	沙和尚	66	90	86	
10003	猪八戒	89	70	76	
10004	孙悟空	90	100	89	

2. 建立一个通讯录的结构记录，包括姓名、年龄、电话号码。先输入 n（$n<10$）个朋友信息，再输入要查询的朋友姓名，若存在于通讯录中，则输出个人信息（包括姓名、年龄和电话号码），否则输出"通讯录中无此人"的信息。

第8章
函数及编译预处理

一般来说，处理复杂问题时把复杂问题分解成许多容易解决的小问题，复杂的问题就会变得容易解决了。如果要设计较复杂的程序，一般采用的方法是把问题分成几个部分，每部分又分成更细的若干小部分，逐步细化，直至分解成很容易求解的小问题。在 C 语言中这种求解问题的方法就是"自顶向下、逐步求精"的模块化程序设计方法，其基本思想是将一个大的程序按功能分割成一些模块，使每一个模块都成为功能单一、结构清晰、接口简单、容易理解的子程序，这样降低了开发难度，便于团队合作。模块化程序设计的结构图如图 8.1 所示。

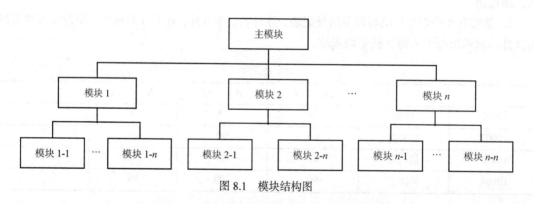

图 8.1　模块结构图

在 C 语言中，子程序的作用是由函数完成的。一般来说，使用函数的主要目的除了实现模块化外，就是代码复用。例如，可以反复使用 C 语言提供的标准库函数，这样便大大减轻了编程工作量，提高了工作效率。

本章重点介绍用户自定义函数的定义、声明和调用以及变量的作用域和存储类别。

8.1　函数概述

从用户的使用角度来看，C 语言函数有两种：库函数和用户自定义函数。库函数由系统定义，用户不用自己定义就可以直接使用它们；用户自定义函数是用以解决用户特定需求的函数，由用户自己编写。C 程序是由一个或多个函数组成。

8.1.1　库函数

C 语言编译系统将一些常用的操作或计算定义成函数，实现特定的功能，这些函数称为**标准**

库函数，放在指定的"头文件"中，供用户使用。

在前面的章节中，已经多次使用过一些库函数，如 printf() 和 scanf()，使用库函数就是**库函数的调用**。C 语言的强大功能在很大程度上依赖于其丰富的库函数。库函数按功能可以分为：标准 I/O 函数、数学函数、字符操作函数、字符串函数、文件管理函数等。

用户在程序中要调用系统提供的库函数，其步骤分为两步。

（1）包含头文件

由于库函数分别放在不同的头文件中（详见附录Ⅲ），如果用户在程序中要调用这些库函数，则必须在程序中用编译预处理命令 include 把相应的头文件包含到程序中，有如下两种包含格式。

```
#include <头文件名>
或
#include "头文件名"
```

其中，"#"表示包含命令的开始；"include"是包含命令；被包含的头文件用尖括号或双引号括起来。

例如，程序中要进行输入或输出时，必须在程序使用

```
#include <stdio.h>
```

（2）调用库函数

库函数调用的一般格式为：

库函数名(实参表达式 1，实参表达式 2，……)

其中，实参表达式可以使用常量、变量、函数或表达式。例如：

```
int a = 1,b = -2,c = 0,d=0;
c=max(a,3-b);        /*max 函数的实参为 a 和 3-b，c 被赋值为 5*/
d=max(max(a,b),c);  /* max 函数的实参为 max(a,b) 和 c，d 被赋值为 5*/
```

在 C 语言中，库函数的调用可以以两种形式出现。一是在表达式中调用，例如：

```
i=strlen("Hello")
```

二是作为单独的语句完成某种操作，例如：

```
printf("%d\n",i);
```

【例 8.1】计算 $e^x + e^{2x} + ... + e^{nx}$。

【问题分析】

在"math.h"头文件中提供了计算 e^x 的值的库函数 exp（x），因此不必再增加复杂的程序段来计算 e^x，这样可以使程序结构清晰，具有良好的可读性。

【程序代码】

```
#include <math.h>
#include <stdio.h>
#define N 5
void main()
{
    double s=0,x;
    int i=0;
```

```
    scanf("%lf",&x);
    for (i=1;i<=N;i++)
        s+=exp(i*x);
    printf("s=%5.2f\n",s);
}
```

【运行结果】（见图 8.2）

图 8.2 【例 8.1】运行结果

8.1.2 自定义函数

除了使用系统提供的标准库函数外，用户也可以自己编写函数，使函数完成用户指定的功能。如图 8.3 所示，已知五边形边长 a、b、c、d、e 及对角连线 f、g 的长度，计算这五边形面积。显然，在计算这五边形面积时，可将其分解成三角形 $S1$、$S2$、$S3$，通过分别计算这 3 个三角形面积而得到。由于在编程序时，将多次出现计算三角形面积的操作，而标准库函数中没有提供求三角形面积的函数，因此用户可以自己定义计算三角形面积的函数。凡程序中有计算三角形面积的操作，可像调用标准库函数一样操作，经过 3 次调用计算三角形面积函数，来完成五边形面积的计算。这样使整个程序结构清晰，具有良好的可读性。

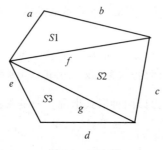

图 8.3 五边形

8.1.3 C 程序构成

C 程序是由一个或多个函数组成。其中必须有唯一一个主函数，主函数名为 main。无论主函数 main 位于程序中的什么位置，主函数 main 都是程序执行的开始点。从主函数 main 完成对其他函数的调用；每一个函数都可以继续调用其他函数，或被其他函数调用（除主函数外，主函数不可被任何函数调用）；当函数调用结束后，控制总是从被调用的函数返回到原来的调用处。

组成一个 C 程序的各函数可以存放在同一个的 C 源程序文件中，也可存放在不同 C 源程序文件中；每个源程序文件可以单独编译，生成二进制代码的目标程序文件，C 程序的所有源文件编译后，由编译系统提供连接程序，将各目标程序文件中的目标函数和用到的系统的目标库函数连接装配成一个可执行的程序。

8.2 函数的定义

上一节介绍了库函数的相关知识，本节将介绍用户自定义函数的定义。用户自定义函数必须遵循"声明、调用、定义"或"先定义后调用"的原则。

函数定义就是对函数所要完的功能进行描述，即编写一段程序，使该段程序完成函数所指定的功能。C 语言函数定义的一般形式为：

函数返回值类型　函数名（类型　形参 1，类型　形参 2，…）
{
   声明部分
   语句部分
}

从定义形式可以看出，一个函数分为两大部分：函数头和函数体部分。

1. 函数头

函数头部分包括：函数返回值类型、函数名和带类型的形参列表。

例如，求三角形面积，只要提供三条边 a、b、c，就可以通过下面公式求得面积 $area$。

$$p = (a+b+c)/2$$
$$area = \sqrt{p(p-a)(p-b)(p-c)}$$

$area$ 函数定义如下：

```
double  area(double x,double y,double z)          /*函数头*/
{
    double p=0, a=0;
    p=(x+y+z)/2;
    a=sqrt(p*(p-x)*(p-y)*(p-z));    /*sqrt 是开平方根函数，位于 "math.h" 中*/
    return  a;
}
```

（1）函数返回值的类型

函数返回值的类型即函数类型，函数类型应根据具体函数的功能确定。如上面的 area 函数功能是计算三角形面积，其执行的结果是返回三角形的面积值，其值一般为实数，所以函数返回值的类型为 double。如果定义函数时，缺省函数返回值的类型，则系统指定的函数返回值为 int 类型。

函数执行后也可以没有返回值，而仅仅是完成一组操作。无返回值的函数，函数类型标识符用"void"，称为"空类型"，凡是空类型函数，函数体执行完后不返回值。例如，下面定义的 printStar 函数只是完成输出若干个 "*" 的功能，没有返回值。

```
void printStar ()
{
    int i;
    for (i=1;i<10;i++)
        printf("*");
}
```

（2）函数名

函数名是由用户为函数取的名字，程序中除主函数 main 外，其余函数名可以任意取名，但必须符合标识符的命名规则。在函数定义时，函数体中不能再出现与函数名同名的其他对象名（如变量名、数组名等）。

（3）形参及其类型的定义

形参也称形参变量。形参个数及形参的类型，是由具体的函数功能决定的，形参名由用户取名。函数可以有形参，也可以没有形参。函数定义时，如何设置形参，是一个重要点。对于初学者，可以这样简单地去考虑，需要从函数外部传入到函数内的数据列为形参。而形参的类型由传入的数据类型决定。如 area 函数计算三角形面积，必须将三角形的三条边长传入到 aera 函数，才能完成三角形面积的计算。所以 area 函数设置 3 个形参，用于在计算时存储 3 条边长。而边长一般是实数，所以形参类型设置成 double。

2．函数体

函数定义格式中的函数体是用花括号括起来的部分，包括变量的声明和执行语句序列。其中变量定义一般要放在执行语句的前面，VC 中则可以用到时再定义。函数所完成的工作在函数体中有一段程序实现。例如：

```
{
    double p=0, a=0;
    p=(x+y+z)/2;
    a=sqrt(p*(p-x)*(p-y)*(p-z));    /*sqrt 是开平方根函数，位于"math.h"中*/
    return  a;
}
```

这是计算三角形面积的函数体，先定义了 2 个局部变量 p、a，之后是若干个执行语句。

如果函数的返回值类型为非空类型，则在程序中必须有返回语句 return，一个函数中可以有一个以上的 return 语句。return 语句的一般形式为：

```
return (表达式);
```
或
```
 return 表达式;
```

执行 return 语句时，先计算出表达式的值，再将该值返回给主调函数中的调用处。如果函数的类型与 return 语句的表达式的类型不一致，则以函数的类型为准，返回时自动进行数据转换。

如果函数没有返回值，可以没有 return 语句或以"return;"形式结束。

特别要注意：函数定义中不能包含另一个函数定义，也就是说函数不能嵌套定义。

例如，下面的函数 fun1 的定义是不合法的。

```
void fun1()
{
    …
    int fun2( )
    {
        …
    }
    …
}
```

下面通过简单的例子来说明函数定义，请读者仔细体会。

【例 8.2】定义一个函数，求平面上任意两点间距离的。

【问题分析】

在计算平面上任意两点 $P1(x1,y1)$、$P2(x2,y2)$ 的距离时，从函数外必须传给函数两点的坐标值，才能计算其间的距离，所以 distance 函数带有 4 个 double 型的形参，分别表示两点 $P1$、$P2$ 的坐标。函数返回的是计算结果，即两点间距离值，选择实型 double 作为函数类型。两点的距离可以由下面公式求得：

$$d = \sqrt{(x1-x2)^2 + (y1-y2)^2}$$

【程序代码】

```
double  distance(double x1,double y1,double x2,double y2)
{
    double d;
    d=sqrt((x1-x2)*(x1-x2)+(y1-y2)*(y1-y2));
    return(d);
}
```

【例 8.3】编写函数，在屏幕一行上输出 8 个 "*" 字符。

【问题分析】

只需完成在屏幕上输出一行 8 个 "*" 字符的操作，函数不需外部数据传入参数，同时函数无返回值，所以函数类型为 "void" 空类型。

【程序代码】

```
void  printstar()
{
    int i;
    for(i=0; i<8; i++)
        printf("%c",'*');
    printf("\n");
    return;          /*可以省略*/
}
```

8.3　函数的调用和参数传递

程序中使用已定义好的函数，称为**函数调用**。如果函数 A 调用函数 B，则称函数 A 为主调函数，函数 B 为被调函数。如例 8.2 中，main 函数调用 sqrt，称 main 函数为主调函数，sqrt 函数为被调函数。一个 C 程序有一个主函数和多个其他功能函数组成。主函数可以调用其他函数，其他函数不能调用主函数，除主函数外的其他函数也可以相互调用，同一个函数可以被一个或多个函数多次调用。

8.3.1　函数调用

1. 函数调用的形式

根据函数有参数和无参数两种不同形式，函数调用可分为有参调用和无参调用两种。

有参函数调用的一般形式为：

函数名(实参表达式1，实参表达式2，……)

无参函数调用的一般形式为：

函数名（ ）

其中，实参可以是常量、变量及表达式。

有参函数的调用，实参与形参的个数必须相等，类型应一致（若形参与实参类型不一致，系统按照类型转换原则，自动将实参值的类型转换为形参类型）。C程序通过对函数的调用来转移控制，并实现主调函数和被调函数之间的的数据传递。即在函数被调用时，自动将实参值对应传给形参变量，控制从主调函数转移到被调函数，当调用结束时，控制又转回到主调函数的调用点，继续执行主调函数的未执行部分。

【例8.4】编写函数，求两个数的最大值函数。在主函数中输入两个数，用函数调用求出最大值，并在主函数中输出。

【问题分析】

首先定义求两个数的最大值函数max，形参有两个，为double类型；函数返回一个最大值，也为double类型。然后再主函数main中输入两个double类型数据，调用max函数求得最大值并输出。

【程序代码】

```
#include<stdio.h>
double  max(double x,double y) /*定义求两个数中的最大值*/
{
    return  (x>y?x:y);        /*返回最大值*/
}
void main()
{
    double a,b,m;
    scanf("%lf%lf",&a,&b);
    m=max(a,b);
    printf("最大值是%lf\n",m);
}
```

【运行结果】（见图8.4）

图8.4 【例8.4】运行结果

整个程序执行过程如图8.5所示。

【例8.5】定义判断整数是否为素数的函数。利用判断素数的函数，求2～100之间所有的素数，按每行8个输出。

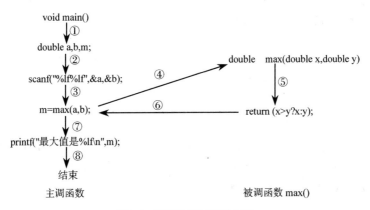

图 8.5　程序执行过程示意图

【问题分析】

实现能够判断整数 n 是否为素数的函数，函数的形参是该整数 n，函数的返回值为 1 或 0 时，分别表示整数 n 是素数或不是素数。判断整数 n 是否素数，如果 n 能被 $2\sim\sqrt{n}$ 之间的某个整数整除，则整数 n 不是素数。

【程序代码】

```
#include<stdio.h>
#include<math.h>
int isprime(int n)                    /*定义判断素数的函数*/
{
    int i;
    for(i=2; i<=sqrt(n); i++)
        if (n%i==0)  return 0;        /*n 非素数*/
    return 1;                         /*n 是素数*/
}
void main()
{
    int k,n=0;
    for(k=2; k<=100; k++)
        if (isprime(k)==1)
        {
            printf("%5d", k);
            n++;
            if (n%8==0)  printf("\n");
        }
    printf("\n");
}
```

【运行结果】（见图 8.6）

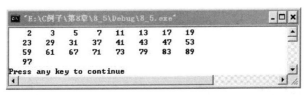

图 8.6　【例 8.5】运行结果

2. 函数调用的 3 种方式

（1）表达式方式

函数调用出现在一个表达式中。这类函数必须有一个明确的返回值，参加表达式运算。如例 8.4 中的函数调用 max（a，b）出现在赋值表达式中以及例 8.5 中的函数调用 isprime（k）出现在 if 语句的表达式中。

（2）参数方式

函数调用作为另一个函数调用的实参。同样，这类函数也必须有返回值，其值作为另一个函数调用的实参。如求 a、b、c 三个数的最大值，可以调用 max（a，max（b，c）），其中函数调用 max（b，c）的值又作为外层 max 函数调用的一个实参。

（3）语句方式

函数调用作为一个独立的语句。一般用在仅仅要求函数完成一定的操作，丢弃函数的返回值或函数本身没有返回值的情况。如 scanf 函数、printf 函数已在前面的程序中多次使用。

8.3.2　函数声明

函数的声明也称函数原型声明。C 语言中，除了主函数外，对于用户定义的函数要遵循"先定义后调用"的规则。如果遵循了此规则，函数声明可以省略。否则在程序中把函数定义放在函数调用之后，则必须在调用之前对函数进行声明，其作用是使 C 语言的编译系统在编译时进行有效的类型检查。在进行函数调用时，若实参的个数与形参不同，或者实参的类型与形参类型不能赋值兼容时，编译系统就会报错。

函数声明的一般形式为：

函数返回值类型　函数名（类型　形参 1，类型　形参 2，…）；

或

函数返回值类型　函数名（类型，类型，…）；

通过函数声明语句，向编译系统提供被调函数的信息包括：函数返回值类型、函数名、参数个数及各参数类型等。编译系统以此与函数调用语句进行核对，检验调用是否正确。如果函数调用时，实参的类型与形参类型不完全一致，则系统自动先将实参值类型转换，再送给形参。

函数声明的位置可以是函数调用之前的任意位置，既可在主调函数中，例如：

```
void fun1()
{
    ……
    int sum(int ,int );    /*函数声明*/
    ……
    c=sum(a, b);          /*函数调用*/
    ……
}
int sum(int a,int b)      /*函数定义*/
{
    return a+b;
}
```

也可以在主调函数外进行函数声明，例如：

```
int sum(int ,int );   /*函数声明*/
void fun1( )
{
    ......
    c=sum(a, b);      /*函数调用*/
    ......
}
int sum(int a,int b)  /*函数定义*/
{
    return a+b;
}
```

此外，也可以把函数声明写到一个文件中，再利用#include 命令把它包含到程序里。由于它在主调函数定义位置之前，同样起到了向编译系统提供被调函数信息的作用。

8.3.3 函数间的参数传递

1. 函数调用过程及参数传递

在有参数函数的调用时，存在一个实参与形参间参数的传递。在函数未被调用时，函数的形参并不占有实际的存储单元，也没有实际值。只有当函数被调用时，系统才为形参分配存储单元，并完成实参与形参的数据传递。函数调用的整个执行过程分成 4 步：

（1）创建形参变量，为每个形参变量分配存储空间；

（2）值传递，即将实参的值赋值给对应的形参变量；

（3）执行函数体中的语句；

（4）返回（带回函数值、返回调用点、撤销形参变量）。

函数调用的整个执行过程按上述 4 步依次完成。其中第（2）步是完成把实参的值传给形参。虽然函数调用时，都是实参的值复制给形参变量，但不同的实参数据对主调函数、被调函数的影响不尽相同。C 语言中函数间的参数传递有两种：一种是传数值（即传递基本类型的数据，结构体类型数据等，而非地址数据）；另一种是传地址（即传递存储单元的地址）。

2. 传数值

传数值即函数调用时实参的值是基本数据类型、结构体类型数据。实参可以是常量、变量或表达式，其值的类型是整型、实型、字符型、数组元素等数据，而不能是数组名或指针等数据。当函数调用时，先为形参分配独立的存储空间，同时将实参的值赋值给形参变量。因此，在函数体执行中，若对形参变量的任何改变都不会改变实参的值。

【例 8.6】编写函数实现对末尾数非 0 的正整数求它的逆序数，如：reverse（1024）=4201。

【问题分析】

求一个末尾数非 0 的正整数 n 的逆序数 m，首先从右向左依次取 n 的各个数位上的数字，然后将这些数字组成逆序数 m。

【程序代码】

```
#include <stdio.h>
void main()
{
    long reverse(long); /*函数声明*/
    long a;
    printf("请输入一个末尾数非 0 的正整数: ");
```

```
        scanf("%ld",&a);
        printf("调用 reverse 前: a=%ld\n",a);
        printf("%ld 的逆序数是: %ld\n", a,reverse(a));
        printf("调用 reverse 后: a=%ld\n",a);
    }
    long reverse(long  n)  /*定义求 n 的逆序数的函数*/
    {
        long m=0;
        while(n){           /*从右向左依次取 n 各个位置上的数组成逆序数 m*/
            m=m*10+n%10;
            n/=10;
        }
        return m;
    }
```

【运行结果】（见图 8.7）

图 8.7 【例 8.6】运行结果

【程序说明】

调用 reverse 函数时，实参 a 的值 1024 传给形参变量 n，在 reverse 函数执行中，形参 n 值不断改变，最终成 0，但并没有使实参 a 的值随之改变。形参变量和实参变量它们各自是独立的变量，占有不同的存储空间，在函数 reverse 中对形参的更新，只是对形参本身进行，与实参无关，不论形参名与实参名是否相同都不影响实参值。

【例 8.7】考察下面的 swap 函数，是否能完成交换主调函数中两个变量值。

【程序代码】

```
#include <stdio.h>
void main()
{
    double x=4.5,y=7.3;
    void swap( double,double );                /*swap 函数声明*/
    printf("交换前: x=%.2lf  y=%.2lf\n",x,y);
    swap( x,y );
    printf("交换后: x=%.2lf  y=%.2lf\n",x,y);
}
void swap(double x,double y)                   /*定义交换变量值函数*/
{
    double temp;
    temp=x;
    x=y;
    y=temp;
}
```

【运行结果】（见图 8.8）

图 8.8　【例 8.7】运行结果

【程序说明】

这个 swap 函数无法真正实现两个变量值的交换。函数调用时，当实参传给形参后，函数内部实现了两个形参变量 x、y 值的交换，但由于实参变量与形参变量是各自独立的（名字相同），因此实参值并没有被交换。从图 8.9 中可看到函数返回后，主函数 main 中的变量 x、y 值没有改变。

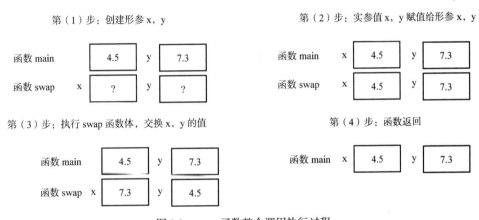

图 8.9　swap 函数整个调用执行过程

事实上，参数传递若是传数值方式，则被调函数无法改变主调函数中的变量值。如何解决该问题呢？将在稍后的第 9 章指针中进一步讨论。

小贴士

传数值的两个特点：

（1）参数是非指针类型；

（2）被调函数无法改变主调函数中的任何变量值。

3.　传地址

如果被调函数中要改变主调函数中的变量值，函数调用时必须采用传地址的方式。采用传地址的方式，要求被调函数的形参类型是数组类型或指针类型，而实参可以是常量、变量或表达式，但实参值必须是存储单元的地址，而不能是基本数据的值。当函数调用时，实参值，也就是主调函数中存储单元的地址传给形参。由于形参获得的是主调函数中变量的地址，在函数体中可以通过地址，访问相应的变量，从而达到改变主调函数中的变量值的目的。

在第 6 章数组中，读者已经理解数组的概念。数组是内存中的一块存储区域，数组名表示这块存储区域的首地址，通过首地址可以实现对数组中各元素的访问。数组作为函数的参数，其本质是把数组的首地址传给形参，使形参数组与实参数组成为同一个数组，使用同一块存储区域，即形参数组的存储区域就是实参数组的存储区域。因此在被调函数中对形参数组的访问，就是对主调函数中数组的访问，从而达到引用主调函数中数组元素的目的。

如果被调函数的形参是一维数组，那么一维形参数组定义的一般形式："类型标识符 数组名 [ ],int n"。用一维数组做形参时可以不指定大小，实际上，指定其大小也是不起作用的，因为 C 语言编译系统对形参数组大小不做检查，所以为了在被调函数中处理数组元素的需要，可以另设一个形参 *n*，传递需要处理的数组元素的个数。

【例 8.8】对 *n* 个整数进行升序排序。

【问题分析】

用一维数组存放 *n* 个整数，定义一个 sort 函数来完成数组排序功能，因此一维数组将成为 sort 函数的形参。由于函数没有返回值，所以函数类型为"void"。

【程序代码】

```c
#include <stdio.h>
void sort(int b[],int n)   /*b 为一维整型数组，为地址传递，n 为值传递*/
{
    int i,j,temp;
    for (i=0;i<n-1;i++)
        for (j=i+1;j<n;j++)
            if (b[j]<b[i])
            {
                temp=b[j];
                b[j]=b[i];
                b[i]=temp;
            }
}
void main()
{
    int i,a[10]={5,3,9,6,2,10,8,1,4,7};
    printf("排序之前: ");
    for (i=0;i<10;i++)
        printf("%3d",a[i]);
    printf("\n");
    sort(a,10);        /*第一个实参 a 为数组的首地址，第二个实参为数组的长度*/
    printf("排序之后: ");
    for (i=0;i<10;i++)
        printf("%3d",a[i]);
    printf("\n");
}
```

【运行结果】（见图 8.10）

图 8.10 【例 8.8】运行结果

【程序说明】

main 函数中调用 sort(a,10);，用数组名 a 做实参时，不是把数组 a 的元素值传递给形参，而是把实参数组 a 的首地址传递给了形参数组 b，这样两个数组就共占同一段内存单元，见图 8.11。

因此对形参数组 b 的元素进行操作，就是对实参数组 a 的元素进行操作。

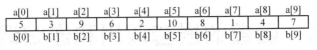

图 8.11　形参数组 b 和实参数组 a 共用内存示意图

如果被调函数的形参是二维数组，那么二维形参数组定义的一般形式："类型标识符　数组名[   ][长度], int n, int m"。定义二维形参数组时，第一维的长度即行数是不起作用的，所以一般缺省，但第二维长度必须明确指明，并在函数调用时，与实参数组的第二维长度完全一致。形参 *n*、*m* 则指定函数中对二维数组处理时的行数和列数。

有关传地址，在第 9 章指针中进一步介绍。

4．实参求值顺序

当一个函数带有多个参数时，C 语言没有规定函数调用时，对实参的求值顺序，不同的编译系统对此可能做不同的处理。常见的实参求值顺序是从右至左进行。

【例 8.9】实参的求值顺序。

【程序代码】

```
#include <stdio.h>
void main()
{
    int n, s;
    int add(int x,int y);
    n=5;
    s=add(n,++n);
    printf("s=%d\n",s);
}
int add(int x,int y)
{
    return (x+y);
}
```

【运行结果】（见图 8.12）

图 8.12　【例 8.9】运行结果

【程序说明】

调用 "add（n，++n）;" 的返回值 12。系统采用的是从右到左的顺序计算实参，即先求实参 "++n" 的值，"++n" 前缀格式先自加，因此，形参变量 *y* 中的值是 6，即自加后的 *n* 值；然后将第一个实参 *n* 的值（此时为 6），复制到形参变量 *x* 中。

由于参数求值顺序具有不确定性，取决于具体的编译系统。对例 8.9 若编译系统参数求值顺序不是从右到左，而是从左到右，则调用 add 后的返回值是 11。

建议在程序中尽量避免由于参数求值顺序等因素所导致的结果不确定（依赖于编译系统）。可以对例 8.9 做适当修改，把主函数中执行语句改为 "n=5；k=++n；t=n；s=add（t，k）;"，则函数调用时与编译系统的参数求值顺序无关。

8.4　函数的嵌套调用和递归调用

在 C 程序中，被调用的函数还可以继续调用其他函数，称为函数的嵌套调用。而当一个函数直接或间接的调用它自身时，称为函数的递归调用。

8.4.1　函数的嵌套调用

C 语言的函数定义都是独立的、互相平行的，C 语言不允许嵌套定义函数，即一个函数内不能定义另一个函数。但可以嵌套调用函数，即在调用一个函数的过程中，该函数又调用另一个函数，如图 8.13 所示。

```
int fun1()
{
…
}
int fun2()
{
…
fun1();
…
}
void main()
{
    …
    fun2();
    …
}
```

该程序的执行过程如下（见图 8.13）：

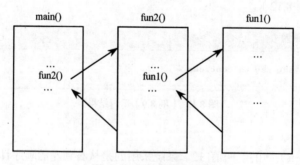

图 8.13　函数的嵌套调用

（1）执行 main 函数的开头部分；

（2）执行到 fun2()时，调用函数 fun2()，流程转去执行 fun2 函数；

（3）执行 fun2 函数的开头部分；

（4）执行到 fun1()时，调用函数 fun1()，流程转去执行 fun1 函数；

（5）执行 fun1 函数，直至函数结束；

（6）返回到 fun2 函数中调用 fun1 函数的位置；

（7）继续执行 fun2 函数中尚未执行的部分，直至函数结束；

（8）返回到 main 函数中调用 fun2 函数的位置；

（9）继续执行 main 函数中剩余部分直至结束。

【例 8.10】 函数的嵌套调用举例，编程求组合 $C_m^n = \dfrac{m!}{n!(m-n)!}$。

【问题分析】

根据组合的计算公式知组合函数有 m 和 n 两个形参。函数需要 3 次计算阶乘，即 $m!$、$n!$ 和 $(m-n)!$。如果定义了函数 fac(k)，求 k 的阶乘，则求组合可以通过调用阶乘函数来完成，即可写成 fac(m)/(fac(n)*fac(m-n))。

【程序代码】

```c
#include <stdio.h>
long fac(int k)          /*求 n 的阶乘函数*/
{
    long f=1;
    int i;
    for (i=1;i<=k;i++)
        f*=i;
    return f;
}
long comb(int n,int m)   /*求组合的函数*/
{
    long c;
    c=fac(m)/(fac(n)*fac(m-n));
    return c;
}
void main()
{
    int n,m;
    long c;
    scanf("%d%d",&n,&m);
    c=comb(n,m);
    printf("%ld\n",c);
}
```

【运行结果】（见图 8.14）

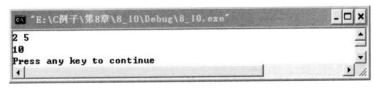

图 8.14　【例 8.10】运行结果

8.4.2　函数的递归调用

1. 递归方法

递归是一种特殊的解决问题的方法。其方法是将要解决的问题分解成比原问题规模小的类似子问题，而解决这个类似子问题时，又可以用到原有问题的解决方法，按照这一原则，逐步递推转化下去，最终将原问题转化成较小且有已知解的子问题。这就是递归求解问题的方法。递归方法适用于一类特殊的问题，即分解后的子问题必须与原问题类似，能用原来的方法解决问题，且最终的子问题是已知解或易于解的。

用递归求解问题的过程分为递推和回归两个阶段。

递推阶段：将原问题不断的转化成子问题，逐渐从未知向已知推进，最终到达已知解的问题，递推阶段结束。

回归阶段：从已知解的问题出发，按照递推的逆过程，逐一求值回归，最后到达递归的开始处，结束回归阶段，获得问题的解。

2．函数的递归调用

递归是计算机科学中一种强有力的问题求解方法，它可以用简单的程序来解决某些复杂的计算问题，掌握如何设计递归算法对编程人员来说是非常必要的。

C 语言允许函数直接或间接的调用自身，这种函数调用方式称为函数的递归调用。递归调用有两种：直接递归和间接递归。

直接递归：若一函数直接地调用自身称为直接递归调用（见图 8.15）。

间接递归：若一函数间接地调用自身称为间接递归调用（见图 8.16）。

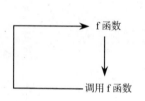

图 8.15 直接递归调用

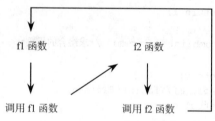

图 8.16 间接递归调用

直接递归和间接递归的形式如下。

（1）直接递归

```
void f( )
{
    …
    f( );
    …
}
```

（2）间接递归

```
void f1( )
{
    …
    f2( );
    …
}
void f2( )
{
    …
    f1( );
```

```
      }
```

以下主要讨论直接递归。直接递归通常是把一个大型复杂的问题层层转化为一个与原问题相似的规模较小的问题来求解，递归策略只需少量的程序就可描述出解题过程所需要的多次重复计算，大大地减少了程序的代码量，用递归思想写出的程序往往十分简洁易懂。

一般来说，递归需要有边界条件、递推过程和回归过程。当边界条件不满足时，执行递推过程；当边界条件满足时，执行回归过程。

【例 8.11】用递归计算 $n!$。

【问题分析】

在数学中，阶乘函数通常定义为：$f(n) = n! = 1 \times 2 \times 3 \times \cdots \times n$，但也可以定义为以下形式：

$$n! = \begin{cases} 1 & n = 0 \\ n \times (n-1)! & n > 0 \end{cases}$$

由此定义形式不难发现，求 $n!$ 可以先求 $n \times (n-1)!$，而求 $(n-1)!$，又需要求 $(n-2)!$，依此类推，直到最后变成 $0!$，而根据公式 $0! = 1$。再反过来求 $1!$，$2!$，…直到最后求出 $n!$。因此可以定义一个求 $n!$ 的函数 $fac(n)$，根据此分析就可以写出该问题的递归表达式。此函数中的边界条件是 $n == 0$，递推表达式是 $fac(n) = n*fac(n-1)$，递归终止表达式是 $fac(0) = 1$。

$$fac(n) = \begin{cases} 1 & n = 0 \\ n * fac(n-1) & n > 0 \end{cases}$$

【程序代码】

```c
#include <stdio.h>
long fac(int n)
{
    if (n==0)
        return 1;
    else
        return n*fac(n-1);
}
void main()
{
    int n;
    long c;
    printf("请输入 n: ");
    scanf("%d",&n);
    c=fac(n);
    printf("%ld",c);
}
```

【运行结果】（见图 8.17）

图 8.17　【例 8.11】运行结果

递归调用时，虽然函数代码一样，变量名相同，但每次函数调用时，系统都为函数的形参和函数体内的变量分配了相应的存储空间，因此，每次调用函数时，使用的都是本次调用所新分配的存储单元及其值。当递归调用结束返回时，释放掉本次调用所分配的形参变量和函数体内的变量，并带本次计算值返回到上次调用点。

若主调函数 main() 中调用 fac(3)，其递推和回归的过程如图 8.18 所示。

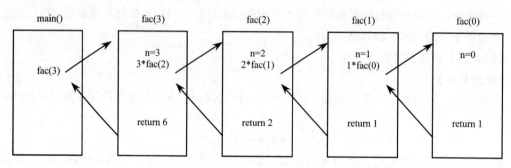

图 8.18　求 3! 的递归过程

由此题不难发现，使用递归函数求解阶乘问题的关键在于以上数学递归形式的提出。但并不是所有问题都可使用递归函数来实现的，一个问题要采用递归方法来解决时，至少要符合以下两个条件：

（1）此问题可以转化为另一个问题，而这个新问题的解决方法仍与原问题的解法相同，但是所处理的对象必须有所不同，且它们必须是有规律的递增或递减；

（2）必定要有一个明确的结束条件（否则递归将会无休止地进行下去）。

8.5　函数精选案例

【例 8.12】用递归法求 m 和 n 的最大公约数。

【问题分析】

递归终止条件是 $m \% n == 0$。如果 $m \% n != 0$，则求 n 与（$m \% n$）的最大公约数。依此类推，直到新的 $n=0$ 时，其最大公约数就是新的 m。

设求 m 和 n 最大公约数的函数 gcd（m,n）。它可以用递推式表示：

$$\gcd(m,n) = \begin{cases} m & n = 0 \\ \gcd(n, m\%n) & n \neq 0 \end{cases}$$

【程序代码】

```c
#include <stdio.h>
int gcd(int m,int n)
{
    if (n==0)
        return m;
    else
        return gcd(n,m%n);
}
void main()
{
    int m,n;
```

```
    printf("请输入两个正整数: ");
    scanf("%d%d",&m,&n);
    printf("%d 和%d 的最大公约数为%d\n",m,n,gcd(m,n));
}
```

【运行结果】（见图 8.19）

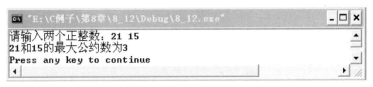

图 8.19　【例 8.12】运行结果

【例 8.13】Hanoi（汉诺）塔问题求解。古代有一个梵塔，塔内有 3 个座 A、B、C，开始时 A 座上有 64 个圆盘，圆盘大小不等，大的在下，小的在上。有一个老和尚想把这 64 个圆盘从 A 座移到 C 座，在移动过程中可以利用 B 座，但每次只允许移动一个圆盘，且在移动过程中在 3 个座上都始终保持大盘在下、小盘在上。

【问题分析】

这是一个古典的数学问题，是一个只有用递归方法（而不可能用其他方法）解决的问题。为了实现递归求解，必须找到此问题的递归特点。

设盘子的个数为 n，如果 $n=1$，则此问题的解法就很简单，盘子从 A 直接移动到 C。如果 $n=2$，则可以按以下步骤进行：

（1）将 A 座最后面的 $n-1$（等于 1）个小圆盘移动到 B 座上；

（2）再将 A 座最后面一个圆盘移动到 C 座上；

（3）最后将 B 座最上面的 $n-1$（等于 1）个小圆盘移动到 C 座上。

如果 $n=3$，则按以下步骤进行。

（1）将 A 座最上面的 $n-1$（等于 2，令其为 n）个小圆盘移动到 B 座上（借助于 C 座），步骤如下：

① 将 A 座最上面的 $n-1$（等于 1）个小圆盘移动 C 座上；

② 将 A 座最后面一个圆盘移动到 B 座上；

③ 将 C 座最上面的 $n-1$（等于 1）个小圆盘移动到 B 座上。

（2）将 A 座一个圆盘移动到 C 座上。

（3）将 B 座最上面的 $n-1$（等于 2，令其为 n）个小圆盘移动到 C 座上（借助于 A 座），步骤如下：

① 将 B 座最上面的 $n-1$（等于 1）个小圆盘移动 A 座上；

② 将 B 座最后面一个圆盘移动到 C 座上；

③ 将 A 座最上面的 $n-1$（等于 1）个小圆盘移动到 C 座上。

至此完成了 3 个圆盘的移动过程。

从上面分析可以看出，当 n 大于等于 2 时，移动的过程可抽象为 3 个步骤：

（1）将 A 座最上面的 $n-1$ 个小圆盘移动到 B 座上（借助于 C 座）；

（2）将 A 座最后面一个圆盘移动到 C 座上；

（3）将 B 座最上面的 $n-1$ 个小圆盘移动到 C 座上（借助于 A 座）。

其中第（1）步和第（3）步是相同的做法（符合递归的特点），只是操作的对象不同；第（2）步是成功求解的最后一步，即当只剩一个圆盘时（*n*=1），递归算法终止。因此这种对 Hanoi（汉诺）塔求解算法符合上面的说明，可以使用递归函数实现。

【程序代码】

```c
#include <stdio.h>
void move(char x,char y)
{
    printf("%c-->%c\n",x,y);
}
void hanoi(int n,char one,char two,char three)
/*将 n 个盘从 one 座借助 two 座，移到 three 座*/
{
    if(n==1)move(one,three);
    else
    {
        hanoi(n-1,one,three,two);
        move(one,three);
        hanoi(n-1,two,one,three);
    }
}
void main()
{
    int m;
    printf("请输入圆盘数: ");
    scanf("%d",&m);
    printf("移动%d 个圆盘的步骤为:\n",m);
    hanoi(m,'A','B','C');
}
```

【运行结果】（见图 8.20）

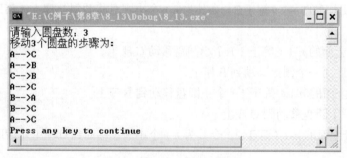

图 8.20 【例 8.13】运行结果

【例 8.14】编写一个函数，由参数传入一个字符串，统计此字符串中字母、数字和其他字符的个数，在主函数中输入字符串并显示统计结果。

【问题分析】

在函数参数传递过程中，如果实参是字符串，那么形参要么是字符数组，要么是字符指针（下一章将详细介绍），因此该函数的第一个形参应该是一个一维字符数组。由于该函数要求统计传入字符串中字母、数字和其他字符的个数，即要向主函数返回 3 个值，因此该函数的第二个形参应该是一个一维整型数组。

【程序代码】

```c
#include <stdio.h>
#include <ctype.h>
void statistics(char str[],int count[])
{
    int i;
    for (i=0;str[i]!='\0';i++)
    {
        if (isalpha(str[i])) count[0]++;
        else if (isxdigit(str[i])) count[1]++;
        else count[2]++;
    }
}
void main()
{
    char str[81];
    int count[3]={0};
    printf("请输入一个字符串: ");
    gets(str);
    statistics(str,count);
    printf("该字符串中字母字符的个数为: %d\n",count[0]);
    printf("该字符串中数字字符的个数为: %d\n",count[1]);
    printf("该字符串中其他字符的个数为: %d\n",count[2]);
}
```

【运行结果】（见图 8.21）

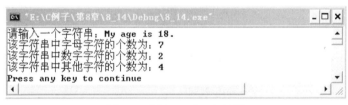

图 8.21　【例 8.14】运行结果

8.6　变量的作用域和存储类别

C 程序由若干个函数组成，在函数体内或函数外都可以定义变量。不同位置定义的变量，其作用域范围不同，作用域确定程序能在何处引用变量。存储类别表示系统为变量分配存储空间的方式。存储类别确定了系统在何时、何处为变量分配存储空间，又在何时回收变量所占的存储空间。

8.6.1　变量的作用域

变量的作用域是指变量的作用范围，即能够引用此变量的程序代码区域。根据变量声明位置的不同，其作用域也不同。C 语言中的变量，按作用域范围可分为两种：局部变量和全局变量。

1. 局部变量

在函数体内部定义的变量或函数的形参称为局部变量，具有函数作用域，即只能在本函数中可对该变量赋值或使用该变量值，一旦离开了这个函数就不能对该变量引用，或者该变量已被撤销，不存在。

在复合语句内定义的变量亦称局部变量，具有块作用域，即只能在复合语句内引用它，复合语句执行结束后，即出了该复合语句，就不能对该变量引用，或者该变量已被撤销，不存在。例如：

```
void f1(int a)
{
    int b=0;                 /*a、b作用域开始*/
    b++;
    {
        int c=3;             /*c作用域开始*/
        c=a+b;
        printf("%d,",c);
    }                        /*c作用域结束*/
    printf("%d,%d\n",a,b);
}                            /*a、b作用域结束*/
```

复合语句中的变量其作用域从定义处开始到它所在的复合语句结束为止。局部变量在引用前必须有值，否则结果是未知数。每次调用 f1 函数时，系统都为形参 a 分配内存单元，将实参的值送给 a，然后进入到函数体为局部变量分配内存单元，当局部变量的作用域结束，系统将回收其占用的内存单元，用户不用关心局部变量所占的内存单元的分配和回收。

C 语言规定，在局部变量作用域外使用它们是非法的。例如：

```
void f1(int a)
{
    int b=0;                 /*a、b作用域开始*/
    b++;
    {
        int c=3;             /*c作用域开始*/
        c=a+b;
    }                        /*c作用域结束*/
    printf("%d,%d,%d\n",a,b,c);
}                            /*a、b作用域结束*/
```

编译提示出错：Undefined symbol 'c'。这个错误是因为在 "printf("%d,%d,%d\n",a,b,c);" 中引用了作用域已结束的局部变量 "c"。

C 语言规定，在同一层中不允许定义相同名字的变量，不同层中允许定义同名变量。因此复合语句中定义的局部变量可以和外层的局部变量同名，此时在复合语句的局部变量的作用域内只能引用复合语句的局部变量。例如：

```
void f1(int a)
{
    int b=0;                 /*a、b作用域开始*/
    b++;
    {
        int a=3;             /*复合语句局部变量a作用域开始*/
        a=a+b;
        printf("%d\n",a);
    }                        /*复合语句局部变量a作用域结束*/
```

```
        printf("%d \n",a);
    }                               /*a、b 作用域结束*/
```

当函数调用 f1(1)执行时,该程序段的运行到第一个 printf("%d\n",a);,输出是与形参同名的复合语句局部变量 a 的值 4,运行到第二个 printf("%d\n",a);,输出的是形参 a 的值 1。

由于 C 语言的函数定义都是独立的、互相平行的,因此在不同的函数中可以定义具有相同名字的局部变量,它们在内存中占不同的单元,互不干扰,减轻了命名的烦恼。

2. 全局变量

在函数外定义的变量称为全局变量,具有程序作用域,即从变量定义的位置开始到文件结束,可被本文件的所有函数所引用。例如:

```
int a;                          /*定义全局变量 a, 可在 main 和 fun 函数中引用*/
void main()
{
    int  x,y;                   /*局部变量 x、y, 在 main 函数引用*/
        ……
}
int b;                          /*定义全局变量 b, 可在 fun 中引用*/
fun(int z)                      /*局部变量 z, 在 fun 函数中引用*/
{
    int  c;                     /*局部变量 c, 在 fun 函数中引用*/
        ……
}
```

但如果在全局变量的定义位置之前或其他文件中的函数要引用该全局变量时,必须用 extern 对变量进行声明。全局变量声明的一般形式为:

　extern 类型名 全局变量名;

例如,在上面的程序段中,main 主函数也要引用全部变量 b,就要进行全局变量声明。

```
int a;                          /*定义全局变量 a, 可在 main 和 fun 函数中引用*/
extern int a,b;                 /*声明全局变量 b, 将 b 的作用域扩大到 main 函数*/
void main()
{
    int  x,y;                   /*局部变量 x、y, 在 main 函数引用*/
        ……
}
int b;                          /*定义全局变量 b, 可在 fun 中引用*/
fun(int z)                      /*局部变量 z, 在 fun 函数中引用*/
{
    int  c;                     /*局部变量 c, 在 fun 函数中引用*/
        ……
}
```

小贴士　　　C 语言规定全局变量的定义和声明并不是同一概念。全局变量只能被定义一次,它的位置在函数外,但可以被多次声明,其位置可以在函数内也可以在函数外。全局变量只有在定义时系统才为其分配存储空间,声明时,不再对该变量分配存储空间。

由于通过 return 语句被调函数只能向主调函数返回一个值,若被调函数要向主调函数返回多个值，就可以使用全局变量。例如，编写一个函数，求两个数的和与积。

```
#include<stdio.h>
float  add, mult;                        /*全局变量*/
void func(float x,float y)
{
    add=x+y;
    mult=x*y;
 }
void main()
{
    float a,b;
    scanf("%f%f ",&a,&b);
    func(a,b);
    printf("%.2f %.2f\n",add,mult);
}
```

使用两个全局变量 add 和 mult，使所有函数都可以引用。定义 func 函数，将计算结果分别赋值给 add 和 mult，主函数中引用全局变量 add、mult 输出值。

由于全局变量能被多个函数引用，因此主调函数向被调函数传递数据除了通过参数传递外，还可以通过全局变量。例如，下面的程序也可以完成求两个数的和与积。

```
#include<stdio.h>
float  add, mult, x, y;                        /*全局变量*/
void func()
{
    add=x+y;
    mult=x*y;
 }
void main()
{
    scanf("%f%f ",&x,&y);
    func();
    printf("%.2f %.2f\n",add,mult);
}
```

虽然全局变量可以增加函数间的数据联系，但由于它能被多个函数访问，会降低程序的清晰性、可读性。并且由于在各函数中，都能修改全局变量的值，容易导致程序编写中的逻辑错误。因此从模块化程序设计的观点来看这是不利的，一般尽量不要使用全局变量。

3. 全局变量与局部变量同名

C 语言规定，在同一层中不允许定义相同名字的变量，不同层中允许定义同名变量。由于全局变量是在函数外定义的，而局部变量是在函数内定义的，不在同一层中，因此允许全局变量和局部变量同名。当全局变量与局部变量同名时，在局部变量的作用域范围内，全局变量不起作用，只能引用同名的局部变量。例如：

```
#include <stdio.h>
int a,b;                        /*全局变量 a、b 作用域开始*/
int max()
{
    int a=4,b=5;                 /*局部变量 a、b 作用域开始*/
    return (a>b?a:b);
```

```
}                              /*局部变量 a、b 作用域结束*/
void main()
{
    a=2,b=3;
    printf("max()=%d\n",max());
}                              /*全局变量 a、b 作用域结束*/
```

全局变量 a、b 与 max 函数中局部变量 a、b 同名，在 max 函数中，引用的是局部变量，函数值为 5，返回主函数后，输出 max()=5。

8.6.2 变量的存储类别

C 程序中变量有两种属性：数据类型和存储类别。数据类型确定了变量在内存中所占的字节数和存储在变量中的数据格式；存储类别确定了系统为变量分配存储空间的方式，即系统在何时、何处为变量分配存储空间，又在何时回收变量所占的存储空间。

C 程序运行时，供用户使用的内存空间由 3 部分组成：程序存储区、静态存储区和动态存储区。程序区存储程序代码，静态区和动态存储区存放程序中处理的数据。

变量的存储类别是指变量在内存中的存储方式，可以分为两类：静态存储方式和动态存储方式。变量在内存中的存储方式决定了变量值在内存中存在的时间（即生存期），且不同存储方式的变量存放在内存的不同存储区中。

静态存储方式的变量存放在静态存储区，其生存期从其编译时开始到整个程序执行结束为止。程序编译时系统在静态存储区中为它们分配内存单元，程序执行过程中它们一直占据给定的存储单元，当程序执行结束，这些存储单元自动释放。对未赋值的静态存储区变量，C 语言编译系统自动给它们赋初值为 0（对数值型变量）或'\0'（对字符型变量）。前面介绍的全局变量就是属于此类存储方式。

动态存储方式的变量存放在动态存储区，其生命期从函数调用开始到函数返回时为止。在程序执行过程中使用它们，系统就在动态存储区中为它们分配内存单元，使用完毕立即释放。典型的例子就是函数的形式参数，在函数定义时并不给形参分配内存单元，只是在函数被调用时予以分配，函数调用完毕后立即释放。如果一个函数被多次调用，则会多次分配和释放形参变量的存储单元。

变量的存储类别分为 4 种：自动（auto）、静态（static）、寄存器（register）和外部（extern）。

1. 自动变量

当在函数内部或复合语句中定义变量时，没有指定存储类别或使用了 auto 说明符，则该变量为自动变量。自动变量具有函数作用域或块作用域，且属于动态存储方式。系统在每次进入函数或复合语句时，在动态存储区为定义的自动变量分配存储空间。函数执行结束或复合语句结束，控制返回时，自动变量的存储空间被释放。例如：

```
void increase()
{
    int i=1;      /*自动变量*/
    i++;
    printf("%d ",i);
}
```

不管调用 increase 函数多少次，运行结果都为 "2"。

2. 静态变量

当在函数内部或函数外部定义变量时，使用了 static 说明符，则该变量为静态变量。静态变量属于静态存储方式，程序编译时，系统在静态存储区中为它们分配内存单元，当程序执行结束这些存储单元自动释放。静态变量的作用域根据静态变量定义位置的不同分为静态局部变量和静态全局变量。在函数内定义的静态变量称为静态局部变量，在函数外定义的静态变量称为静态全局变量。

（1）静态局部变量

静态局部变量同局部变量具有相同的作用域，不同的生存期。静态局部变量一般在函数内部或复合语句内部使用，在程序执行前系统为其静态存储区分配存储单元，并赋初值；若无显式赋初值，则系统自动赋值为 0（对数值型变量）或'\0'（对字符型变量）。当包含静态局部变量的函数调用结束后，静态局部变量的存储空间不释放，所以其值依然存在。当再次调用进入该函数时，则静态变量上次调用结束的值就作为本次的初值使用。例如：

```
void increase()
{
    static int i=1;   /*静态局部变量*/
    i++;
    printf("%d ",i);
}
```

在调用 increase 函数之前，静态局部变量 i 已经存在于静态存储区了，且赋初值 1；第一次调用 increase 函数，静态局部变量定义语句不再执行，i 自增 1 后为 2，函数调用结束后，i 的存储空间不释放。以后的第二次、第三次调用 increase 函数时，都是在上一次调用结束时的 i 值上加 1。

（2）静态全局变量

静态全局变量同全局变量具有相同的生存期，不同的作用域。全局变量的作用域不仅可以在本文件内扩展，还可以扩展到程序中的其他文件中，全局变量具有程序作用域；而静态局部变量的作用域仅在本文件内，在本文件内作用域的扩展也是使用 extern，也称静态局部变量具有文件作用域。因此在程序设计中，希望某些全局变量只限于被本文件引用，而不能被其他文件引用，这时可以在定义全局变量时加一个 static 修饰符。

由上可知，静态全局变量与静态局部变量之间除作用域不同之外，其他方面的存储特性完全相同，前者具有文件作用域，后者具有函数作用域。同样，静态全局变量与全局变量之间除作用域不同之外，其他方面的存储特性完全相同，前者具有文件作用域，后者具有程序作用域。而静态局部变量和局部变量之间作用域相同，而存储特性不一样，前者存在于静态存储区，后者存在于动态存储区，前者的生存期同程序，后者的生存期同函数。

3. 外部变量

外部变量也称全局变量。全局变量可以被整个程序所有文件中的函数引用，如果在每个文件中都定义一次全局变量，单个文件编译时没有语法错误，但当把所有文件连接起来时，就会产生对同一个全局变量多次定义的连接错误。为了避免这种情况，全局变量只需在一个文件中定义，其他文件中若要引用该变量，只需将该变量定义成外部变量，其目的是告诉计算引用的这个变量是全局变量且已在其他文件中定义过。要注意的是，如果在文件中引用全局变量，但该全局变量不在本文件中定义，则必须用 extern 声明为外部变量，否则编译时会引起语法错误。

外部变量的初始化是在外部变量定义时进行的，且其初始化仅执行一次。对未赋初值的外部变量，C 语言编译系统自动给它们赋初值为 0（对数值型变量）或'\0'（对字符型变量）。

4. 寄存器变量

前面介绍的变量都是内存变量，它们都是由编译程序在内存中分配单元。静态变量和外部变量被分配到内存的静态存储区，自动变量被分配到内存的动态存储区。C 语言还允许程序员使用 CPU 中的寄存器存放数据，即可以通过变量访问寄存器。这种变量存放在 CPU 中的寄存器内，使用时，不需要访问内存，而直接从寄存器中读写，从而提高了效率。计算机的寄存器是有限的，为确保寄存器用于最需要的地方，应将使用最频繁的值才定义为寄存器变量。寄存器变量用关键字 register 定义。

8.7　编译预处理

C 语言的编译系统分为编译预处理和正式编译，这是 C 语言的一大特点，其中编译预处理是它和其他高级语言的一个重要区别。编译 C 语言程序时，编译系统中首先是编译预处理模块根据预处理命令对源程序进行适当的处理，然后才是对源程序的正式编译：对加工过的 C 源程序进行语法检查和语义处理，最后将源程序转换为目标程序。

预处理命令均以符号"#"开头，并且一行只能写一条预处理命令，结束时不能使用语句结束符，若预处理命令太长，可以使用续行标志"＼"续写在下一行，一般将预处理命令写在源程序的开头。

如果能正确使用预处理命令，就能编写出易于阅读、易于调试、易于移植的程序，并为结构化程序设计提供帮助。

C 语言提供 3 种编译预处理命令：宏定义、文件包含和条件编译。

8.7.1　宏定义

1. 不带参数的宏定义

不带参数的宏定义通常用来定义符号常量，即用一指定的宏名（即标识符）来代表一个字符串，一般形式为：

```
#define 宏名  字符串
```

其中，宏名常用大写字母表示，宏名与字符串之间用空格符分隔。在进行编译预处理时，就进行宏展开，凡是宏名出现的地方均被替换为它所对应的字符串。例如，从键盘上输入半径，输出圆的周长、面积和体积。

```c
#define PI 3.14159
#include <stdio.h>
void main( )
{
    double r,l,s,v;
    printf("请输入半径:");
    scanf("%lf",&r);
    l=2.0*PI*r;
    s=PI*r*r;
    v=3.0/4*PI*r*r*r;
    printf("周长为: %10.2lf\n 面积为%10.2lf\n 体积为%10.2lf\n",l,s,v);
```

```
   }
```

　　其中，预处理程序将此程序中凡是出现 PI 的地方都用常量 3.14159 替换。如果 PI 的编码值有所变化，只需修改宏定义语句即可，这样有助于程序的调试和移植。

　　对于宏定义的使用，做以下几点说明。

　　（1）预处理模块只是用宏名做简单的替换，不做语法和语义检查，若字符串有错误，只有在正式编译时才能检查出来。 例如：

```
#include <stdio.h>
#define  M  x+x
void main()
{
    int x,y;
    scanf("%d",&x);
    y=M*M+2*M+1;
    printf("%d\n",y);
}
```

　　上例中的语句"y=M*M+2*M+1;"经宏展开后变为"y=x+x*x+x+2*x+x+1;"，而该程序原意是求表达式 y=(x+x)*(x+x)+2*(x+x)+1 的值。因此一般在定义宏时，将替代字符串用括号括起来。上例的宏定义就可以改为：

```
#define  M  (x+x)
```

　　（2）没有特殊的需要，一般在预处理语句的行末不必加分号，若加了分号，则连同分号一起替换。例如：

```
#define  PI  3.14159;
…
l=2.0*PI*r;
…
```

　　经过宏展开后，此语句变为：

```
l=2.0*PI;*r;
```

　　显然有错误。

　　（3）使用宏定义可以减少程序中重复书写字符串的工作量，提高程序的可阅读性、可修改性、可移植性。在上例中，若改变 PI 值，则只要修改 PI 对应的字符串就可以了：

```
#define  PI  3.1416
```

　　（4）宏定义命令一般写在文件开头、函数之前，作为文件的一部分，宏名的有效范围为宏定义之后到本源文件结束。如果要强制终止宏定义的作用域，可以使用#undef命令。如：

```
#define PI 3.14159             /*PI 的作用域开始*/
void main( )
{
    …
}
#undef  PI                     /*PI 的作用域结束*/
void fun( )
{
    …
```

```
}
```

这样就可以灵活控制宏定义的作用范围。

（5）进行宏定义时可以引用已定义的宏名，宏展开时层层替换。例如：

```
#define  PI  3.14159
#define  R  4.0
#define  L  2* PI* R
#define  S  PI* R* R
#include <stdio.h>
void main( )
{
    printf("L=%f\nS=%f\n",L,S);
}
```

经过宏展开后，printf 函数中的输出项 L、S 展开如下：

```
L——2* 3.14159* 4.0
S——3.14159* 4.0* 4.0
```

printf 函数被展开成：

```
printf(("L=%f\nS=%f\n",2* 3.14159* 4.0, 3.14159* 4.0* 4.0) ;
```

（6）程序中出现用双引号括起来的字符串中的字符，若与宏名同名，不进行替换。例如第（5）点的例子中 printf 函数内有两个 S 字符，一个在双引号内的 S 不被替换，而另一个在双引号外的 S 将被替换。

2. 带参数的宏定义

带参数的宏定义不仅要进行字符串的替换，而且还要进行参数替换，一般形式为：

```
#define  宏名(参数表)  字符串
```

带参数的宏调用的一般形式为：

```
宏名(实参表);
```

其中，宏定义中参数为形参，形参为标识符。在宏调用中的参数为实参，实参可以是常量、变量或表达式。带参的宏展开过程：首先用实参对#define 指定的字符串中相对应的形参从左至右进行替换。若宏定义的字符串中的字符不是形参，则在替换时保留。然后将替换过的字符串替换宏。例如，从键盘输入两个数，输出较小的数。

```
#include <stdio.h>
#define MIN(a,b) ((a)<(b)?(a):(b))
void main()
{
    int x,y;
    printf ("输入两个数:");
    scanf ("%d%d",&x,&y);
    printf ("MIN=%d",MIN(x,y));
}
```

以上程序执行时，用字符串((x)<(y)?(x):(y))来替换 MIN(x,y)。所以，可以输出两个数中的较小者。

对使用带参数的宏定义需要对以下几点进行说明。

（1）对用宏定义的字符串中的形参要用圆括号括起来，而且最好把整个字符串也用括号括起来，以保证在任何替换情况下都把宏定义作为一个整体，并且可以有一个合理的计算顺序，否则宏展开后，可能会出现意想不到的错误。例如：

```
#define S(r) 3.14159* r* r
    …
area=S(a+b);
```

经过宏展开变为：

```
area=3.14159* a+b* a+b;
```

显然是由于在进行宏定义时，对 r 没有加括号造成与设计的原意不符。那么，为了得到形如：

```
area=3.14159* (a+b) * (a+b);
```

就应该在宏定义时给字符序列中的形参加上括号，如：

```
#define S(r) 3.14159* (r) * (r)
```

（2）宏定义时，不要在宏名与带参数的括号之间加空格，否则会将空格后的字符都作为替换序列的一部分。如：

```
#define S  (a,b) a* b
```

如果程序中有

```
mul= S(x,y);
```

则被展开为：

```
mul=(a,b)a* b(x,y);
```

（3）把带参的函数和带参数的宏要区分开，虽然它们有相似之处，但它们是不同的。它们的区别主要体现在 4 个方面：其一是带参的宏不计算实参表达式的值，直接用实参对字符串中的形参进行简单的替换，而带参函数则是先计算出实参表达式的值，然后代替形参；其二是带参的宏只是在编译时进行宏展开，不分配内存单元，不进行值的处理，而带参的函数在程序运行时进行值的处理、分配临时的内存单元；其三是带参宏的形参和实参间不存在类型匹配问题，它们只是一个符号表示，可以为任何类型，而带参函数要求实参和形参要定义类型，且类型一致；其四是带参宏的调用时仅仅是进行宏扩展，没有占用系统资源，而带参函数调用会占用一定的系统资源，如为形参分配内存单元等。

8.7.2　文件包含

文件包含是指一个源文件可以将另外一个源文件的全部内容包含进来，即将另一个 C 语言的源程序文件嵌入正在进行预处理的源程序中相应位置。

一般形式为：

```
#include <文件名>
```

或

```
#include "文件名"
```

其中，"文件名"指被嵌入的源程序文件中的文件名，必须用尖括号或双引号括起来。通过使用不同的括号使查找嵌入文件时可采用不同的查找策略。

尖括号<>：预处理程序在规定的磁盘目录（通常为 include 子目录）查找文件。一般包含 C 的库函数常用这种方式。

双引号""：预处理程序首先在当前目录中查找文件，若没有找到则再去由操作系统的 path 命令设置的各目录中查找，若还没有找到，最后才去 Include 子目录中查找。例如：

（1）文件 pformat.h

```
#define PR printf
#define NL "\n"
#define D  "%d"
#define D1 D NL
#define D2 D D NL
#define D3 D D D NL
#define D4 D D D D NL
#define S "%s"
```

（2）文件 file.cpp

```
#include <stdio.h>
#include " pformat.h "
void main( )
{
    int a,b,c,d;
    char string[ ]="STUDENT";
    a=1;b=2;c=3;d=4;
    PR(D1,a);
    PR(D2,a,b);
    PR(D3,a,b,c);
    PR(D4,a,b,c,d);
    PR(S,string);
}
```

注意在编译时，这两个文件不是用 link 命令实现链接，而是作为一个源程序进行编译的，并得到一个相应的目标文件（.obj）。因此被包含的文件应该是源文件。

在 C 语言的编译系统中有许多以 .h（h 为 head 的缩写）为扩展名的文件，被称为"头文件"。在使用 C 语言的编译系统提供的库函数进行程序设计时，通常需要在源文件的开始部分包含进来相应的头文件。这些头文件都是由 C 语言提供的源程序文件，其中主要内容是使用相应库函数时所需要的函数原型说明、变量说明、类型定义及宏定义等。例如，在程序中要使用输入、输出类库函数（如 printf()等），就要在程序中加入"#include <stdio.h>"；使用数学处理类库函数，就需要在程序中加入命令"#include <math.h>"。因此若能正确使用#include 语句，就可以减少不必要的重复工作，提高工作效率。

使用#include 语句要注意以下几点。

（1）一条#include 语句只能指定一个被包含文件，若包含 n 个文件则需 n 条#include 语句。

（2）若#include 语句指定的文件内容发生变化，则应该对包含此文件的所有源文件重新编译处理。

（3）文件包含命令可以嵌套使用，即一个被包含的文件中可以再使用#include 语句包含另一个文件，而在该文件中还可以再包含其他文件，通常允许嵌套 10 层以上。

8.7.3 条件编译

条件编译命令有以下几种形式。

1. #ifdef 标识符

```
    程序段 1
#else
    程序段 2
#endif
```

其作用：若标识符已经被定义过（一般用#define 命令定义），那么程序段 1 参加编译，否则程序段 2 参加编译，其中#else 部分可以省略，即：

```
#ifdef 标识符
    程序段 1
#endif
```

例如：

```
#ifdef  DEBUG
printf("x=%d,y=%d\n",x,y);
#endif
```

若 DEBUG 被定义过，即：

```
#define DEBUG
```

则在程序运行时输出 x、y 的值，以便调试时用于分析；若删去#define DEBUG，则此处的 printf 语句就不参加编译。

注意：条件编译与 if 语句有区别，即不参加编译的程序段在目标程序中没有与之对应的代码。如果是 if 语句，则不管表达式是否为真，if 语句中的所有语句都产生目标代码。

2. #ifndef 标识符

```
    程序段 1
#else
    程序段 2
#endif
```

其作用：若标识符没有定义，程序段 1 参加编译，否则程序段 2 参加编译，其中#else 部分可以省略，即：

```
#ifndef 标识符
    程序段 1
#endif
```

例如：

```
#ifndef  DEBUG
printf("x=%d,y=%d\n",x,y);
#endif
```

若 DEBUG 没有定义，则在程序运行时输出 x、y 的值；若用#define 定义了 DEBUG，则此处的 printf 语句就不参加编译。

3. #if 表达式

```
    程序段 1
#else
    程序段 2
#endif
```

其作用：若表达式为"真"（非 0），程序段 1 参加编译，否则程序段 2 参加编译，其中#else 部分可以省略。 例如：

```
#define FLAG 1
#if FLAG
   a=1;
#else
   b=0;
#endif
```

若 FLAG 为非 0，则编译语句"a=1;"，否则编译语句"b=0;"。

注意：#if 预处理语句中的表达式是在编译阶段计算值的，因而此处的表达式不能是变量，必须是常量或用#define 定义的标识符。

4. #undef 标识符

其作用：将已定义的标识符变为未定义的。例如：

```
#undef DEBUG
```

则语句：

```
#ifdef  DEBUG
```

为假（0），而语句：

```
#ifndef  DEBUG
```

为真（非 0）。

8.8　项目实例

在上一章的项目实例中，我们利用结构体数组设计了一个较为完整的"学生成绩管理系统"。该系统只有一个主函数，所有功能都在主函数中实现，所以程序代码冗长不清晰，不利于阅读和程序维护。本节我们将采用模块化编程思想编写函数来实现每个功能。

"学生成绩管理系统"的主界面如图 8.22 所示。

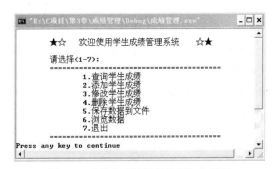

图 8.22　"学生成绩管理系统"主界面

从主界面可以看出，"学生成绩管理系统"可以被分成"查询"、"添加"、"修改"、"删除"、"保存"、"浏览"和"退出"等功能较为单一的模块，然后定义函数分别予以实现。由于用户每次选择不同功能时，都要显示主界面，因此主界面的显示也可以通过函数实现。主函数修改后如下：

```c
void main()
{
    char c;                         /*存储用户选择的功能编号*/
    while(1)
    {
        display();                  /*显示主界面*/
        c=getchar();getchar();      /*输入用户选择的功能编号*/
        switch (c)
        {
            case '1':find();break;       /*查询*/
            case '2':modify(); break;    /*修改*/
            case '3':add(); break;       /*添加*/
            case '4':del(); break;       /*删除*/
            case '5':write(); break;     /*保存*/
            case '6':list(); break;      /*浏览*/
            case '7':printf("\t\t...退出系统!\n"); return;
            default: printf("\t\t...输入错误!\n");
        }
    }
}
```

主函数中 7 个函数，除了显示主界面函数 display()外，其他 6 个函数都要使用学生成绩数据，因此可以定义一个全局的结构体数组存储学生成绩信息。由于要对该数组进行增删改查操作，所以要定义一个全局变量 *n* 动态维护学生人数。

```c
typedef struct
{
    char sno[6];            /*学号*/
    char name[9];           /*姓名*/
    float score[5];         /*成绩*/
} StudentScore;
StudentScore stu[100];/*定义一个具有 100 个元素的学生成绩结构体数组（全局）*/
int n=-1;
```

在添加、修改、删除、查询学生成绩记录时，都要通过录入学号，查看数组中是否存在该学生成绩记录，因此添加了一个根据学号判断学生成绩记录是否存在的函数 isExists()；同时，在查询和修改时，都要根据学号查看某个学生成绩记录，因此添加了一个根据学号显示一个学生成绩记录的函数 listOne()；由于 wirte()函数涉及文件的操作，在第 11 章将详细介绍。

下面将一一介绍项目中用户自定义函数的具体实现。

（1）display()函数：显示主界面。

```c
void display()
{
    system("cls");      /*清屏命令*/
```

```
        printf("\n\t★☆    欢迎使用学生成绩管理系统    ☆★\n\n");
        printf("\t 请选择(1-7)：\n");
        printf("\t========================================\n");
        printf("\t\t1.查询学生成绩\n");
        printf("\t\t2.添加学生成绩\n");
        printf("\t\t3.修改学生成绩\n");
        printf("\t\t4.删除学生成绩\n");
        printf("\t\t5.保存数据到文件\n");
        printf("\t\t6.浏览数据\n");
        printf("\t\t7.退出\n");
        printf("\t========================================\n");
        printf("\t 您的选择是：");
}
```

（2）isExsits()函数：判断某学生的成绩记录是否存在。存在返回该学生在数组中的下标，否则返回-1。

```
int isExsits(char sno[])
{
    for (int i=0;i<=n;i++)
        if (strcmp(stu[i].sno,sno)==0)
            return i;    /*找到该学生*/
    return -1;           /*未找到该学生*/
}
```

（3）listOne()函数：显示一条学生记录。

```
void listOne(3LudentScore s)
{
    printf("\n 该学生成绩记录如下：");
    printf("\n================================================\n\n");
    printf("%-8s%-10s%-7s%-7s%-7s%-7s%-7s\n","学号",
            "姓名","语文","数学","外语","综合","总分");
    printf("%-8s%-10s%-7.1f%-7.1f%-7.1f%-7.1f%-7.1f",s.sno,s.name,
            s.score[0],s.score[1],s.score[2],s.score[3],s.score[4]);
}
```

（4）find()函数：根据学号查询学生成绩记录。输入学生学号后，在学生成绩数组中查找该学生是否存在，存在就显示该学生成绩记录；否则提示"您所输入的学生学号有误或不存在！"。该功能运行结果如图 8.23 所示。

```
void find()
{
    char sno[6];    /*接收学生学号字符数组*/
    int i;

    if (n==-1)      /*人数为 0 说明学生成绩记录尚未添加*/
    {
        printf("\n\t\t 当前还没有学生成绩记录，按任意键返回主菜单......");
        getch();
        return;
```

```
    }
    printf("\t\t 请输入学生学号: ");
    gets(sno);
    if ((i=isExsits(sno))!=-1)  /*如果该学生存在则显示学生成绩记录*/
        listOne(stu[i]);
    else
        printf("\n\t\t 您所输入的学生学号有误或不存在! ");
    printf("\n\t\t 按任意键返回主菜单......");
    getch();
}
```

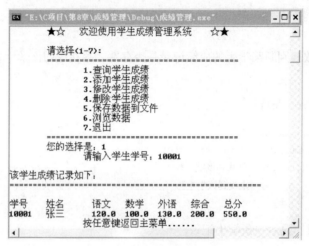

图 8.23　查询学生成绩记录界面

（5）add()函数：添加学生成绩记录。输入待添加的学生学号后，在学生成绩数组中查找该学生是否存在，不存在就添加，*n* 自增 1；否则提示"您所输入的学生学号已存在!"。该功能运行结果如图 8.24 所示。

```
void add()
{
    char sno[6];
    int i;

    if (n>=100)     /*学生成绩数组已满*/
    {
        printf("\n\t\t 学生成绩记录已满, 按任意键返回主菜单......");
        getch();
        return;
    }

    printf("\t\t 请输入学生学号: ");
    gets(sno);

    if ((i=isExists(sno))==-1)/*如果不存在该学生成绩记录, 则添加*/
    {
        strcpy(stu[++n].sno,sno);
```

```
        printf("\t\t 请输入学生姓名: ");
        gets(stu[n].name);
        printf("\t\t 请输入该学生的语文成绩:");
        scanf("%f",&stu[n].score[0]);
        printf("\t\t 请输入该学生的数学成绩:");
        scanf("%f",&stu[n].score[1]);
        printf("\t\t 请输入该学生的外语成绩:");
        scanf("%f",&stu[n].score[2]);
        printf("\t\t 请输入该学生的综合成绩:");
        scanf("%f",&stu[n].score[3]);
        /*计算总分并输出*/
        stu[n].score[4]=0;
        for (int i=0;i<4;i++)
            stu[n].score[4]+=stu[n].score[i];
        printf("\t\t 该学生的总分%-7.1f:",stu[n].score[4]);
    }
    else
        printf("\n\t\t 您所输入的学生学号已存在! ");

    printf("\n\t\t 按任意键返回主菜单......");
    getch();
}
```

图 8.24　添加学生成绩记录界面

（6）modify()函数：修改学生成绩记录。输入待修改的学生学号后，如果该学生存在则显示学生成绩记录并录入该学生新的成绩记录，否则提示"您所输入的学生学号有误或不存在!"。该功能运行结果如图 8.25 所示。

```
void modify()
{
    char sno[6];                /*接收学生学号字符数组*/
    int i;

    if (n==-1)                  /*人数为 0 说明学生成绩记录尚未添加*/
    {
        printf("\n\t\t 当前还没有学生成绩记录，按任意键返回主菜单......");
        getch();
```

```
        return;
    }

    printf("\t\t请输入学生学号：");
    gets(sno);
    if ((i=isExists(sno))!=-1)
    {   /*如果该学生存在则显示学生成绩记录并录入该学生新的成绩记录*/
        listOne(stu[i]);
        printf("\t\t请输入该学生新的语文成绩:");
        scanf("%f",&stu[i].score[0]);
        printf("\t\t请输入该学生新的数学成绩:");
        scanf("%f",&stu[i].score[1]);
        printf("\t\t请输入该学生新的外语成绩:");
        scanf("%f",&stu[i].score[2]);
        printf("\t\t请输入该学生新的综合成绩:");
        scanf("%f",&stu[i].score[3]);
        /*计算总分并输出*/
        stu[i].score[4]=0;
        for (int j=0;j<4;j++)
            stu[i].score[4]+=stu[n].score[j];
        printf("\t\t该学生新的总分%-7.1f:",stu[i].score[4]);
    }
    else
        printf("\n\t\t您所输入的学生学号有误或不存在！");
    printf("\n\t\t按任意键返回主菜单......");
    getch();
}
```

图 8.25　修改学生成绩记录界面

（7）del()函数：删除学生成绩记录。输入待删除的学生学号，如果该学生存在，就可以获得该记录在数组中的位置 i，将数组 i+1~n 的元素依次复制到 i~n-1，就可以实现该学生成绩记录的删除，删除成功 n 自减 1；否则输出"您所输入的学生学号有误或不存在！"。该功能运行结果如图 8.26 所示。

```
void del()
```

```
{
    char sno[6];   /*接收学生学号字符数组*/
    int i;

    if (n==-1)      /*人数为 0 说明学生成绩记录尚未添加*/
    {
        printf("\n\t\t 当前还没有学生成绩记录，按任意键返回主菜单......");
        getch();
        return;
    }

    printf("\t\t 请输入学生学号：");
    gets(sno);
    if ((i=isExists(sno))!=-1)  /*如果该学生存在则删除*/
    {
        for (int j=i+1;j<=n;j++)/*将数组 i+1~n 之间的元素依次复制到 i~n-1*/
        {
            strcpy(stu[j-1].sno,stu[j].sno);
            strcpy(stu[j-1].name,stu[j].name);
            for (int k=0;k<5;k++)
                stu[j-1].score[k]=stu[j].score[k];
        }
        n--;
        printf("\n\t\t 删除成功! ");
    }
    else
        printf("\n\t\t 您所输入的学生学号有误或不存在! ");
    printf("\n\t\t 按任意键返回主菜单......");
    getch();
}
```

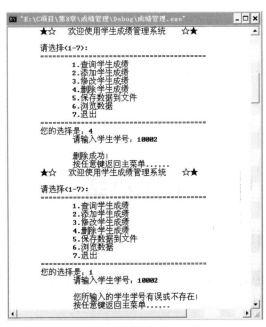

图 8.26　删除学生成绩记录界面

（8）list()函数：显示所有的学生成绩记录。该功能运行结果如图 8.27 所示。

```
void list()
{
    if (n==-1)      /*人数为 0 说明学生成绩记录尚未添加*/
    {
        printf("\n\t\t 当前还没有学生成绩记录，按任意键返回主菜单......");
        getch();
        return;
    }
    printf("\n 所有学生成绩记录如下: ");
    printf("\n===============================================\n\n");
    printf("%-8s%-10s%-7s%-7s%-7s%-7s%-7s\n","学号",
            "姓名","语文","数学","外语","综合","总分");
    for (int i=0;i<=n;i++)
        printf("%-8s%-10s%-7.1f%-7.1f%-7.1f%-7.1f%-7.1f\n",
                stu[i].sno,stu[i].name,stu[i].score[0],stu[i].score[1],
                stu[i].score[2],stu[i].score[3],stu[i].score[4]);
    printf("\n\t\t 按任意键返回主菜单......");
    getch();
}
```

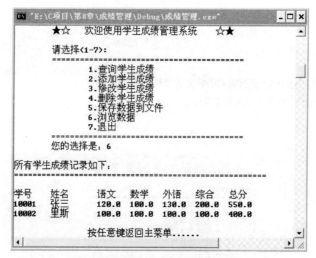

图 8.27 浏览学生成绩记录界面

本章小结

通过本章的学习，我们应该掌握以下知识点。

1. 函数的功用
函数可以把相对独立的某个功能抽象出来，使之成为程序中的一个独立实体。可以在同一个程序或其他程序中多次重复使用。

2. 函数的优点
（1）使程序变得更简短而清晰。

（2）有利于程序维护。

（3）可以提高程序开发的效率 。

（4）提高了代码的重用性。

3．函数的分类

（1）库函数：由 C 语言系统提供，用户无须定义，也不必在程序中做类型说明，只需在程序前包含有该函数定义的头文件。

（2）用户自定义函数：用户在程序中根据需要而编写的函数。

4．函数的定义、调用和声明

函数定义有两种形式：无参函数定义和有参函数定义。对函数进行定义，应该包括两个部分：函数头部和函数体。函数头部由函数返回值类型、函数名和形参列表组成，对于无参函数其形参列表为空。

函数调用的一般形式：函数名（实参列表）；如果是调用无参函数，则"实参列表"可以没有，但括号不能省略。函数调用可以以两种方式出现：一是在表达式中调用，二是作为单独的语句完成某种操作。有参函数调用时，根据传递数据的不同，分为传值调用和传址调用。在用数组作实参时，以传址方式调用函数，也就是说把实参数组的首地址赋给形参。实际上形参数组和实参数组为同一数组，共同拥有一段内存空间。函数调用还可以分为函数嵌套调用和函数递归调用。

当函数调用在函数定义之前，则必须对函数进行声明。函数声明在形式上与函数头部类似，最后加一个分号，函数声明中参数表里的参数名可以不写（只写参数类型）。函数声明语句的位置可以是函数调用前的任何位置。

5．函数调用过程

函数调用是通过栈来实现的。当函数调用发生时，如果有参数，先在栈顶为形参分配内存单元，并将对应的实参值传递到该存储单元。接着进入到函数体中，按照程序流程执行函数体中的语句，直至碰到 return 语句或到达函数末尾"}"，函数执行将终止，程序控制流将立即返回调用函数。当函数调用结束时，形参所占内存单元被释放，若函数返回值类型非 void，还要同时将返回值传递给主调函数。

6．变量的作用域

变量的作用域决定变量的可访问性。根据变量定义的位置不同分为局部变量和全局变量。局部变量不能在函数外使用，全局变量可以在整个程序中使用。同一层中不允许定义相同名字的变量，不同层中允许定义同名变量，在内层同名局部变量的作用域内可访问的是内层同名局部变量。局部变量可以与全局变量同名，在局部变量的作用域内可访问的是局部变量。

7．变量的存储类别

变量的存储类别决定了变量的存储位置和生存期，可分为 4 种。

（1）auto：也称自动变量，局部变量在缺省存储类型的情况下归为自动变量。此类变量存储在内存动态存储区——栈中，具有函数作用域。只要函数结束，其生存期结束，所占内存被释放。

（2）register：也称寄存器变量，存放在 CPU 的寄存器中。对于循环次数较多的循环控制变量及循环体内反复使用的变量均可定义为寄存器变量。

（3）static：也称静态变量，存放在内存静态存储去中，程序运行前已被分配内存空间，当程序运行结束后，才释放内存。根据静态变量定义的位置不同，可以分为静态局部变量和静态全局变量。前者具有函数作用域，后者具有文件作用域。

（4）extern：也称外部变量，存放在内存静态存储中，程序运行前已被分配内存空间，当程序运行结束后，才释放内存。具有程序作用域，即作用域可以扩张到该程序的各个文件。

8. 编译预处理

预处理功能是 C 语言特有的功能，它是在对源程序正式编译前由预处理程序完成的。程序员在程序中用预处理命令来调用这些功能，便于程序的修改、阅读、移植和调试，也便于实现模块化程序设计。编译预处理主要包括宏定义、文件包含和条件编译。

宏定义是用一个标识符来表示一个字符串，这个字符串可以是常量、变量或表达式。在宏调用中将用该字符串替换宏名。宏定义可以带有参数，宏调用时是以实参代形参。为了避免宏替换时发生错误，宏定义中的字符串应加括号，字符串中出现的形式参数两边也应加括号。

文件包含是预处理的一个重要功能，它可用来把多个源文件连接成一个源文件进行编译，结果将生成一个目标文件。

条件编译允许只编译源程序中满足条件的程序段，使生成的目标程序较短，从而减少了内存的开销并提高了程序的效率。

习题 8

一、单选题

1. 以下函数的类型是（　　　）。

```
fun(float x)
{
    printf("%f\n",x*x);
}
```

    A. 与参数 x 的类型相同　　　　　　　　B. void

    C. int　　　　　　　　　　　　　　　　D. 无法确定

2. 有以下函数调用语句：

```
func((exp1,exp2),(exp3,exp4,exp5));
```

    其中含有的实参个数和是（　　　）。

    A. 1　　　　　　　B. 2　　　　　　　C. 4　　　　　　　D. 5

3. 以下叙述中正确的是（　　　）。

    A. C 语言程序总是从第一个定义的函数开始执行。

    B. 在 C 语言程序中，要调用的函数必须在 main( ) 函数中定义。

    C. C 语言程序总是从 main( ) 函数开始执行。

    D. C 语言程序中的 main( ) 函数必须放在程序的开始部分。

4. 若已定义的函数有返回值，则以下关于该函数调用的叙述中，错误的是（　　　）。

    A. 函数调用可以作为独立的语句存在。

    B. 函数调用可以作为一个函数的实参。

    C. 函数调用可以出现在表达式中。

    D. 函数调用可以作为一个函数的形参。

5. 以下叙述不正确的是（　　　）。

　　A. 局部变量说明为 static 的存储类别，其生存期将得到延长。

　　B. 全局变量说明为 static 的存储类别，其作用域被扩大。

　　C. 任何存储类别的变量在未赋初值时，其值都是不确定的。

　　D. 形参可以使用的存储类别说明符与局部变量完全相同。

6. 在一个源文件中定义的外部变量的作用域为（　　　）。

　　A. 本文件的全部范围　　　　　　　　B. 本程序的全部范围

　　C. 本函数的全部范围　　　　　　　　D. 从定义该变量的位置开始至本文件结束

7. C 语言中形参的默认存储类别是（　　　）。

　　A. 自动（auto）　　B. 静态（static）　　C. 寄存器（register）D. 外部（extern）

8. C 语言中函数返回值的类型由（　　　）决定。

　　A. return 语句中表达式类型　　　　　B. 调用函数的主调函数类型

　　C. 调用函数时的临时类型　　　　　　D. 定义函数时所指定的函数类型

9. 以下叙述中不正确的是（　　　）。

　　A. 在 C 语言中，调用函数时，只能把实参的值传送给形参，形参的值不能传送给实参。

　　B. 在 C 函数中，最好使用全局变量。

　　C. 在 C 语言中，形式参数只是局限于所在函数。

　　D. 在 C 语言中，函数名的存储类别为外部。

10. 在 C 语言中（　　　）。

　　A. 函数的定义可以嵌套，但函数的调用不可以嵌套

　　B. 函数的定义和调用均可以嵌套

　　C. 函数的定义和调用均不可以嵌套

　　D. 函数的定义不可以嵌套，但函数的调用可以嵌套

11. 以下叙述中正确的是（　　　）。

　　A. 用#include 包含的头文件的后缀不可以是 ".a"。

　　B. 若一些源程序包含某个头文件，当该头文件有错时，只需对该头文件进行修改，包含此头文件的所有源程序不必重新进行编译。

　　C. 宏命令行可以看成是一行 C 语句。

　　D. C 编译中的预处理是在编译之前进行的。

12. 以下程序：

```
#define N 2
#define M N+1
#define NUM (M+1)*M/2
#include <stdio.h>
void main()
{
    int i;
    for (i=1;i<=NUM;i++);
    printf("%d\n",i);
}
```

for 循环执行的次数是（　　　）。

A. 3　　　　　　　B. 6　　　　　　　C. 8　　　　　　D. 9

13. 下面是对宏定义的描述，不正确的是（　　　）。

    A．宏不存在类型问题，宏名无类型，它的参数也无类型。

    B．宏替换不占用运行时间。

    C．宏替换时先求出实参表达式的值，然后代入形参运算求值。

    D．其实，宏替换只不过是字符替代而已。

14. 从下列选项中选择不会引起二义性的宏定义是（　　　）。

    A．#define POWER(x)　x*x　　　　　　　B．#define POWER(x) (x)*(x)

    C．#define POWER(x) (x*x)　　　　　　　D．#define POWER(x) ((x)*(x))

15. 设有以下宏定义

```
#define N 3
#define Y(n)  ((N+1)*n)
```

    则执行语句"z=2*(N+Y(5+1));"后，z 的值为（　　　）。

    A．出错　　　　　　B．42　　　　　　C．48　　　　　　D．54

二、看程序，写运行结果

1. 以下程序的运行结果是（　　　）。

```c
#include <stdio.h>
int sub(int x)
{
    int y=0;
    static int z=0;
    y+=x++,z++;
    printf("%d,%d,%d,",x,y,z);
    return y;
}
void main()
{
    int i;
    for (i=0;i<3;i++)
        printf("%d\n",sub(i));
}
```

2. 以下程序的运行结果是（　　　）。

```c
#include <stdio.h>
int x=1,y=2;
void sub(int y)
{
    x++;
    y++;
}
void main()
{
    int x=2;
    sub(x);
    printf("x+y=%d",x+y);
}
```

3. 以下程序的运行结果是（　　　）。

```c
#include <stdio.h>
```

```
void generate(char x,char y)   /*输出 x-y-x 的系列字符*/
{
    if (x==y) putchar(y);
    else
    {
        putchar(x);
        generate(x+1,y);
        putchar(x);
    }
}
void main()
{
    char i,j;
    for (i='1';i<'6';i++)
    {
        for (j=1;j<60-i;j++)
            putchar(' ');
        generate('1',i);
        putchar('\n');
    }
}
```

4. 以下程序的运行结果是（   ）。

```
#include <stdio.h>
#define SQR(x) x*x
void main()
{
    int a,k=3;
    a=++SQR(k+1);
    printf("%d\n",a);
}
```

三、程序填空

1. 寻找并输出 2000 以内的亲密数对。亲密数对的定义为：若正整数 a 所有因子（不包括 a）和为 b，b 的所有因子（不包括 b）和为 a，且 a! =b ，则称 a 和 b 为亲密数对。

程序如下：

```
#include <stdio.h>
int factorsum(int x)
{
    int i,y=0;
    for (i=1;_____;i++)
        if (x%i==0) y+=i;
    return y;
}
void main()
{
    int i,j;
    for (i=2;i<=2000;i++)
    {
        j=factorsum(i);
        if (_____)
            printf("%d,%d\n",i,j);
    }
}
```

程序运行结果为：

220, 284

1184, 1210

2. 输入一个大于 5 的奇数，验证歌德巴赫猜想：任何大于 5 的奇数都可以表示为 3 个素数之和（但不唯一），输出被验证之数的各种可能的和式。

程序如下：

```c
#include <stdio.h>
int prime(int x)
{
    int y=1,i=2;
    while(i<x&&y)
    {
        if (_____) y=0;
        i++;
    }
    return y;
}
void main()
{
    int m,i,j;
    printf("请输入一个大于 5 的奇数：");
    scanf("%d",&m);
    if (_____)
    {
        for (i=2;i<=m;i++)
            if (prime(i))
                for (j=i;j<=m-i-j;j++)
                    if (_____)
                        printf("%d=%d+%d+%d\n",m,i,j,m-i-j);
    }
    else printf("输入错误！");
}
```

四、编程题

1. 请编一个函数 int fun(int pm)，它的功能：判断 pm 是否是素数。若 pm 是素数，返回 1；若不是素数，返回 0。pm 的值由主函数从键盘读入。

2. 编写函数 jsValue，它的功能：求 Fibonacci 数列中大于 t 的最小的一个数，结果由函数返回。

3. 在三位整数（100～999）中寻找符合条件的整数并依次从小到大存入数组中；它既是完全平方数，又有两位相同的数字，如 144、676 等。请编制函数实现此功能，满足该条件的整数的个数通过所编制的函数返回。

4. 编写一个函数 change(x,r)，将十进制整数 x 转换成 $r(1<r<10)$ 进制后输出。

5. 分别用函数和带参数的宏完成：利用从两个数中找较大数 max 函数（或宏），从 3 个数中找出最大值。用函数实现时，要求将求的 max 函数保存到另一个程序文件 "func.h"。

第9章
指　针

指针究竟是什么？许多初学指针的人都有这样的感慨。其实生活中处处都有指针。我们也处处在使用它。有了它我们的生活才更加方便。不信？你看下面的例子。

这是一个生活中的例子：比如说，你要我借给你一本书，我到了你宿舍，但是你人不在，于是我把书放在你的2层3号的书架上，并写了一张纸条放在你的桌上。纸条上写着：你要的书在第2层3号的书架上。当你回来时，看到这张纸条。你就知道了我借给你的书放在哪了。你想想看，这张纸条的作用。纸条本身不是书，它上面也没有放着书。那么你又如何知道书的位置呢？因为纸条上写着书的位置！其实这张纸条就是一个指针了。它上面的内容不是书本身，而是书的地址，你通过纸条这个指针找到了我借给你的那本书。

那么C语言中的指针又是什么呢？它是C语言的重要数据类型，也是C语言的精华所在。利用指针可以直接对内存中各种不同数据结构的数据进行快速处理，并且指针为函数间各类数据的传递提供了简捷便利的方法。指针操作是与计算机系统内部资源密切相关的　种处理形式。因此，正确熟练地使用指针可以生成更高效、更紧凑的代码。但是，指针的不当使用也会产生造成程序失控的严重错误，特别是在微型计算机系统上运行这种缺陷程序，经常会发生侵入系统的情况，从而造成系统运行失败的严重后果。

充分理解和全面掌握指针的概念和使用特点，是学习C语言程序设计的重点内容之一。本章主要讨论指针的实质以及它在数据处理中的使用特点。

9.1　地址与指针的概念

为了理解指针的概念，必须弄清楚计算机程序与数据在内存中的存储问题。一个用户源程序要变成一个可在内存中执行的程序，通常都要经过以下几个步骤：首先是要编译，由编译程序（Compiler）将用户源代码编译成若干个目标模块（Object Module）；其次是链接，由链接程序（Linker）将编译后形成的一组目标模块，以及它们所需要的库函数链接在一起，形成一个完整的装入模块（Load Module）；最后是装入，由装入程序（Loader）将装入模块装入内存，如图9.1所示。

经过如上步骤，程序和数据被装入程序（Loader）装入内存。内存就是暂时存储程序以及数据的地方。例如，在使用Word处理文稿时，当你在键盘上敲入字符时，它就被存入内存中，当选择存盘时，内存中的数据才会被存入硬（磁）盘。要深入地理解它们得从存储数据的内存地址说起。计算机中的内存是由一系列连续的存储单元组成，每个单元占一个字节，每个字节都有一个唯一的"编号",这个"编号"就是该字节在内存中的地址。一般地,计算机内存地址从 0 开始编号,直到最后一个字节。例如,某台计算机的内存为 64KB,则它的内存地址为 0~65535,第一个字节的地址是 0,第二个字节的地址是 1,…,最后一个字节的地址是 65535,通常使用十六进制数表示内存地址,64KB 内存的地址为 0000H~FFFFH。

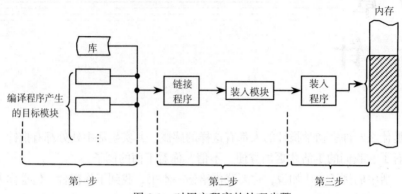

图 9.1 对用户程序的处理步骤

变量代表内存中具有特定属性的一个存储单元,用来存放数据,它具有三要素:变量名、变量值和存储单元。变量名实际上是以一个名字对应地代表一个地址。在对程序编译链接时由编译系统给每一个变量分配对应的内存地址。从变量中取值,实际上是通过变量名找到相应的内存地址,再从该存储单元中读取数据。在 C 语言程序中定义一个变量,根据变量类型的不同,会为其分配一定字节数的存储单元,所分配存储单元的首地址即为该变量的地址。如有下列定义:

```
int a=12345;
char b,c;
float x;
```

则给整型变量 a 分配两个字节的存储空间,给字符变量 b、c 各分配 1 个字节,给变量 x 分配 4 个字节的存储空间,其相对应的存储空间分配如图 9.2 所示。

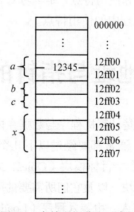

图 9.2 存储空间分配示意图

编译系统为变量分配的存储空间首地址(第一个字节单元编号)称为该变量的地址。如图 9.2 所示,a 的地址为 12ff00,b 的地址为 12ff02,x 的地址为 12ff04。变量 a 的地址可以表示为"&a",即"&a"等于 12ff00。可见,地址就像是要访问的存储单元的指示标,在高级语言中形象地称之为**指针**。

在前面的 C 语言程序设计中，对数据的处理往往是直接使用变量，每个变量都通过变量名与对应的存储单元相联系，具体分配哪些存储单元给变量不需要编程者去考虑，C 语言编译系统会自动完成变量名到对应内存单元地址的变换。图 9.2 中，变量 a 对应的内存空间首地址是 12ff00，变量 a 的数据类型为整型，分配两个连续的字节单元（Tubro C 2.0 的编译环境下整型占 2 个字节，而在 VC++6.0 的编译环境下整型占 4 个字节），即 12ff00 和 12ff01，这两个内存单元保存的内容 12345 为变量 a 的值。因此，在编程时可以直接使用变量名 a 来存取 12ff00 和 12ff01 字节单元中的内容。把这种直接按变量名或地址存取变量值的方式称为**直接存取方式**。

与直接存取方式相对应的是**间接存取方式**。这种方式是通过定义一种特殊的变量来专门存放内存或变量的地址，然后根据该地址值再去访问相应的存储单元。如图 9.3 所示，系统为特殊变量 p（用来存放地址的）分配的存储空间地址是 12ff08，p 中保存的是变量 a 的首地址，即 12ff00，当要读取变量 a 的值 12345 时，不是直接通过变量 a，也不是直接通过变量 a 的首地址 12ff00 去取值，而是先通过变量 p 得到 p 的值 12ff00，即 a 的地址，再根据地址 12ff00 读取它所指向单元的值 12345。这种间接的通过变量 p 得到变量 a 的地址，然后再存取变量 a 的值的方式称为间接存取。通常称变量 p 指向变量 a，变量 a 是变量 p 所指向的对象。

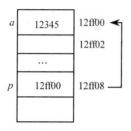

图 9.3　间接存取示意图

【例 9.1】基本类型变量和指针变量地址及其值对照表。

【问题分析】

```
int i;          //普通的整型变量 i
int *p;         /*首先从 p 处开始，先与*结合，说明 p 是一个指针，然后再与 int 结合，说明指针所指向的内
容的类型为 int 型。所以 p 是一个指向整型数据的指针变量*/
p=&i;           //将普通的整型变量 i 的物理地址取出来赋值给指向整型数据的指针变量 p
```

【程序代码】

```
#include <stdio.h>
void main( )
{
    int *p,i=32;    /*定义指针变量 p 及基本类型变量 i*/
    p=&i;
    printf("基本类型变量 i 的值是：%d\n",i);              /*数据变量的直接访问*/
    printf("基本类型变量 i 的地址是：%x\n",&i);
    printf("指针变量 p 中值是：%x\n",p);                  /*指针变量的值也是指针*/
    printf("指针变量 p 的地址是：%x\n",&p);
    printf("指针变量 p 所指向内存单元的值是：%d\n",*p);    /*数据变量的间接访问*/
    printf("sizeof(p)=%d\n",sizeof(p));                  /*指针变量所占存储空间大小*/
}
```

【运行结果】（见图 9.4）

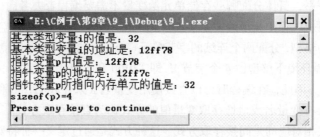

图 9.4 【例 9.1】运行结果

因此可以得出：i、*p 表示变量 i 的值，p、&i 表示变量 i 的地址，&p 则表示指针变量 p 的地址。

小贴士   在 Tubro C 2.0 的编译环境下内存物理地址采用 4 位 16 进制数描述，而在 VC++6.0 的编译环境下内存物理地址采用 6 位 16 进制数描述。

9.2 指针与指针变量

变量的**指针**就是变量的**地址**。存放变量的地址的变量就是**指针变量**。即在 C 语言中，允许用一个变量来存放指针，这种变量称为指针变量。因此，一个指针变量的值就是某个变量的地址或指针。

严格地说，一个指针是一个地址，它是一个常量。而一个指针变量却可以被赋予不同的指针值，它是一个变量。定义指针变量的目的是为了通过指针变量去访问内存单元。

9.2.1 指针变量的定义

定义指针变量的一般形式为：

类型说明符　*指针变量名；

其中，*表示其后的变量是一个指针变量，变量名即为定义的指针变量名，类型说明符表示该指针变量所指向的变量的数据类型。

例如：int *p1;

表示 p1 是一个指针变量，它的值是某个整型变量的地址。或者说 p1 指向一个整型变量。至于 p1 究竟指向哪一个整型变量，应由 p1 的值来决定。

又如：

```
float *p2;
char *p3;
```

p2 是指向浮点型变量的指针变量；p3 是指向字符型变量的指针变量。

9.2.2 指针变量的初始化

指针变量同普通变量一样，引用之前不仅要定义，而且必须初始化或赋值。未经初始化或赋值的指针变量不能引用，否则将造成系统混乱，甚至死机。

定义指针变量的同时给它赋初值，称为指针变量的初始化。初始化的一般形式为：

类型标识符 *指针变量名=地址值；

例如：

```
int m=10,n[8]={1,2,3,4,5,6,7,8};
char c;
int *pm=&m;
int *pn=n;          /*将数组 n 的首地址赋给指针变量 pn*/
char *pc=&c;
```

对于指针变量的初始化，应注意以下几点。

（1）对指针变量的初始化，不是对指针变量所指向的变量的初始化。例如，上面的 3 个指针变量初始化例子中，是把 "&m"、"n" 和 "&c" 分别赋给了指针变量 "pm"、"pn" 和 "pc"，而不是赋给指针变量所指向的变量 "*pm"、"*pn" 和 "*pc"。

（2）指针变量所指向的变量类型必须与指针变量的类型相一致。类型不一致，将引起致命错误。如下面的初始化方式就是错误的。

```
double  m;
int  *pm=&m;
```

（3）可以用一个指针变量的值初始化另一指针变量。

例如：

```
int n ;
int *pn=&n;
int *qn=pn;
```

（4）给指针变量初始化或赋值时，不能把除数组名以外的常量赋给指针。

例如：

```
int *p=300;
```

是不合法的。

（5）可以把一个指针变量初始化为一个空指针（不指向任何对象的指针）。当指针变量刚定义时，它的值是不确定的，因而指向一个不确定的单元，若这时引用指针变量，可能产生不可预料的后果（破坏程序或数据）。为了避免这些问题的产生，可以给指针变量赋予确定的地址值，还可以给指针变量赋空值，说明该指针不指向任何变量。空指针值用 NULL 表示，例如：

int * pn=NULL；

NULL 是在头文件 stdio.h 中预定义的常量，其值为 0，故也可以写成 "int * pn=0; "。

9.2.3　指针变量的引用

指针变量引用的一般形式为：

*指针变量名

其中，"*" 称为指针运算符或称为间接访问运算符。

例如:

```
int n =10;
int *pn=&n;
*pn=20;
printf("%d%d",n,*pn);
```

表达式 "*pn=&n" 意为将整型变量 n 的地址赋给指针变量 pn, 则 pn 就指向了以整型变量 n 的首地址开始的一段内存空间, 于是就可以对这一段内存空间中存放的数据进行操作。通过表达式 "*pn=20" 就可以对整型变量 n 进行重新赋值, 当执行完 printf 语句后可以看到 n 和*pn 的值都为 20。

注:

(1)当 "*" 出现在声明部分时仅表示 "*" 其后所跟变量为一指针变量, 当 "*" 出现在执行部分时表示引用其后所跟指针变量所指向的内存空间中的值。

(2)单目运算符 "*" 是 "&" 的逆运算, 它的操作对象是地址, "*" 运算的结果是该地址所在内存单元的值。

例如:

```
char c;
*(&c)='a';
```

表达式 "*(&c)" 表示的就是变量 c, 即 "*(&c)='a';" 等同于 "c='a'; "。

"&" 运算符是个单目运算符, 只能作用于变量, 包括基本类型和构造类型的变量, 不能作用于数组名和常量。

例如:

```
int a[20], n;
```

表达式 "&n", "&a[0]" 是合法的; "&a" 是非法的, 因为 a 本身就代表数组的首地址, 是个常量。

(3)指针变量除了可以指向一般变量外, 还可以指向数组变量、结构体变量、共用体变量和函数等。

【例 9.2】通过指针变量访问普通变量。

【问题分析】

使用指向字符型普通变量 c 的指针变量*pc, 指向整型普通变量 i 的指针变量*pi 和指向单精度实型普通变量 f 的指针变量*pf, 采用间接访问方式读取对应普通变量中所存放的值。

【程序代码】

```
#include <stdio.h>
void main( )
{
    char c,*pc;
    int i,*pi;
    float f,*pf;
    c='C';
    i=10;
    f=3.14;
    pc=&c;
    pi=&i;
```

```
    pf=&f;
    printf("%c  %d  %f\n",c,i,f);
    printf("%c  %d  %f\n ",*pc,*pi,*pf);
}
```

【运行结果】（见图 9.5）

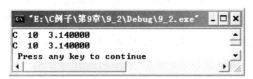

图 9.5　【例 9.2】运行结果

9.2.4　指针变量的运算

1．指针变量的赋值运算

（1）将变量地址赋值给指针变量。

设有如下定义：

```
int a,b,*pa,*pb;
float *pf;
a=12; b=18;
pa=&a;
pb=&b;
```

第一行定义了整型变量 a、b 及指针变量 pa、pb。pa、pb 还没有被赋值，因此 pa、pb 没有指向任何变量，如图 9.6（a）所示。第三行对变量 a、b 赋值，第四、五行将变量 a、b 的地址分别赋给指针变量 pa、pb，使 pa、pb 分别指向了变量 a 与 b。这样，变量 a 可以表示为*pa，变量 b 也可以表示为*pb。如图 9.6（b）所示。

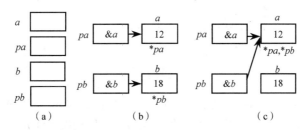

图 9.6　指针地址赋值示意图

（2）相同类型的指针变量间的赋值。

pa 与 pb 都是整型指针变量，它们之间可以相互赋值，例如：

pb = pa;

是合法的，此时 pa、pb 都指向变量 a，a、*pa 和*pb 是等价的，如图 9.6（c）所示。

注意：只有相同类型的指针变量才能相互赋值，如 "pf=pa;" 是不允许的。因为 pa 是整型指针变量，pf 是浮点型指针变量。

（3）给指针变量赋空指针。

全局指针变量与局部静态指针变量在定义时若未被初始化，则编译系统自动初始化为空指针；

局部指针变量在定义时不会被自动初始化，因此指向不明确，对未指向确定变量的指针变量的引用，可能会带来严重的后果。

【例 9.3】从键盘输入两个整数 a、b，按由大到小输出。

【问题分析】

在基础篇我们利用中间变量可以实现题目要求，但是改变了 a、b 中所存放的数据，在学完指针后又可以采用什么方法来解决呢？

从键盘输入两个整数 a、b，通过比较后，使得指针变量 pa 指向较大数，使得指针变量 pb 指向较小数，然后按顺序输出指针变量 pa 和 pb 所指向的存储空间中的值，即可完成题目要求。

【程序代码】

```c
#include <stdio.h>
void main( )
{
    int a,b,*pa=&a,*pb=&b,*p;    /*定义指针变量pa、pb,并进行初始化 */
    scanf("%d%d",&a,&b);
    if(*pa<*pb)
    {
        p=pa;
        pa=pb;
        pb=p;
    }
    printf("a=%d,b=%d\n",a,b);
    printf("max=%d,min=%d\n",*pa,*pb);    /*pa指向大数, pb指向小数*/
}
```

【运行结果】（见图 9.7）

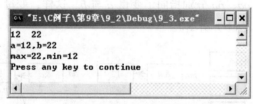

图 9.7 【例 9.3】运行结果

例 9.3 中指针变量 pa 和 pb 被初始化，分别指向变量 a 和 b，如图 9.8（a）所示；输出时约定 pa 指向大数，pb 指向小数。比较 a 和 b 的大小，a 小时则交换指针 pa 和 pb，使 pa 指向大数 b，pb 指向小数 a，如图 9.8（b）所示。

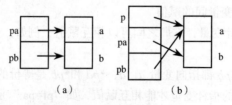

图 9.8 指针的变化情况示意图

思考：请读者仔细阅读以下程序，写出程序的运行结果。

```c
#include <stdio.h>
```

```
void main( )
{
    int *p1,*p2,i1=4,i2=6;
    p1=&i1;  p2=&i2;
    {
    /*方法 1： 使两个指针变量交换指向*/
     int *p;
     printf("方法1交换前：i1=%d  i2=%d\n",*p1,*p2);
     p=p1;  p1=p2;  p2=p;
     printf("交换后：i1=%d  i2=%d\n",*p1,*p2);
     }
     /*分程序*/
     {
    /*方法 2： 交换两个指针变量所指向的变量的值*/
     int i;
     printf("方法2交换前： i1=%d  i2=%d\n",*p1,*p2);
     i=*p1;  *p1=*p2;  *p2=i;
     printf("交换后：i1=%d  i2=%d\n",*p1,*p2);
     }
}
```

2. 指针变量的算术运算

由于指针变量是一种特殊的变量，其运算也具有自己的特点。

一个指针变量可以加、减一个整数 n，但其结果不是指针变量值直接加或减 n，而是与指针变量所指向的变量的数据类型有关。指针变量的值（地址）应增加或减少"$n \times \text{sizeof}$（指针类型）"。

例如：

```
int *p,a=2,b=4,c=6;
```

假设 a、b、c 这 3 个变量被分配在一段连续的内存区，a 的起始地址为 12ff00，如图 9.9（a）所示。

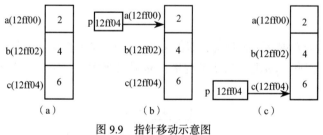

图 9.9　指针移动示意图

```
p=&a;
```

表示 p 指向变量 a，即 p 的内容是 12ff00，如图 9.9（b）所示。

```
p=p+2;
```

p 的值为 12ff00+2×sizeof(int)=12ff00+2×2=12ff04，而不是 12ff02，表示指针变量向下移两个整型变量的位置，如图 9.9（c）所示。

指针变量的算术运算归纳如下。

p=p+n：p 向高地址方向移动 n 个存储单元块（一个单元块是指指针变量所指变量所占存储空间）。

p=p-n：p 向低地址方向移动 n 个存储单元块。

p++、++p：把当前指针 p 向高地址移动一个存储单元。

p--、--p：把当前指针 p 向低地址移动一个存储单元块。

p1-p2：两个指针变量相减，所得之差是两个指针所指数组元素之间相差的元素个数。实际上是两个指针值（地址）相减之差再除以该数组元素的长度（字节数）。

3. 指针变量的关系运算

与基本类型变量一样，指针变量可以进行关系运算。在关系表达式中允许对两个相同类型的指针变量进行所有的关系运算，如 p>q、p<q、p==q、p!=q、p>=q 都是允许的。指针变量的关系运算在指向数组的指针变量中广泛运用。假设 p、q 是指向同一数组的两个指针变量，执行 p>q 的运算，其含义为若表达式结果为真（非 0 值），则说明 p 所指元素在 q 所指元素之后。

9.2.5　多级指针

指针变量不但可以指向基本类型变量，还可以指向指针变量，这种指向指针变量的指针变量称为指向指针的指针变量，或称多级指针变量。

下面以二级指针变量为例来说明多级指针变量的定义与使用。

前面介绍的指针都是一级指针变量。一级指针变量是直接指向数据对象的指针，即其中存放的是数据对象的地址，二级指针变量并不直接指向数据对象，而是指向一级指针的指针变量，也就是说，二级指针中存放的是一级指针变量的地址。

二级指针定义的一般形式：

数据类型　**指针变量名；

其中，指针变量名前面有两个*，表示是一个二级指针。

例如：

```
int a=365,*pa,**pb;
pa=&a;
pb=&pa;
```

则指针变量 *pa* 存放变量 *a* 的地址，即指向了变量 *a*，指针变量 *pb* 存放一级指针变量 *pa* 的地址，即指向了 *pa*。因此，*pa* 是一级指针变量，*pb* 是二级指针变量。如图 9.10 所示。

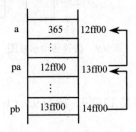

图 9.10　二级指针变量示意图

当一级指针变量 *pa* 指向变量 *a*，二级指针变量 *pb* 指向一级指针变量 *pa* 时，既可以用一级指针变量 *pa* 访问变量 *a*，也可以用二级指针变量 *pb* 访问变量 *a*，即 *a*、*pa*、**pb* 都表示访问变量 *a* 的值，三者是等价的。

多级指针的应用如下。

（1）使二级指针指向指针数组的元素，并通过二级指针指出指针数组中的元素。

设 p 是一个基类型为 T 的指针数组，q 是一个基类型为 T 的二级指针 T *p[N]，**q;（N 是一个正整数常量）

语句 for(q=p,k=0;k<N;++k,++q)

　　{ /* *q 按顺序方式指出指针数组 p 中一个元素（基类型为 T 的指针）*/ }

（2）通过二级指针类型的参数，向外传递一个指针类型的结果。

当函数通过参数向外传递一个 T 类型的计算结果时，该参数的类型应为 T* 的。当类型 T 是某种指针类型时，该参数的类型则应是二级指针类型的。

（3）向函数传递一个列数固定的二维数组（详见 9.3 节）。

9.3 数组与指针

数组与指针的关系，一方面可以使用指针变量指向数组和数组元素，另一方面数组元素的数据类型可以是指针类型。

9.3.1 数组元素的指针和指向数组元素的指针变量

1. 数组元素的指针

（1）一维数组元素的指针

数组在内存中占一段连续的存储单元。所谓数组元素的指针即数组元素的地址。表示一维数组元素地址的一般形式为：

```
&数组名[i]
```

或

```
数组名+i
```

例如：

```
int a[10];
```

则 a[i] 元素的地址为 &a[i] 或 a+i。

（2）二维数组元素的指针

二维数组元素的地址与一维数组元素的地址表示有所不同，例如：

```
int  a[3][4];
```

则有如下关系：

① 二维数组由若干个一维数组构成。在 C 语言中定义的二维数组实际上也是一个一维数组，而这个一维数组的每一个成员又是一个一维数组。如以上定义的二维数组 a 可视为由 a[0]、a[1] 和 a[2] 三个一维数组构成，这 3 个一维数组又分别是由 4 个整型元素组成。a[0]、a[1] 和 a[2] 都是一维数组名，因此 a[0] 代表一维数组 a[0] 中的第 0 个元素的地址，即 &a[0][0]。

② 二维数组名同样也是一个存放地址常量的指针，其值为二维数组中第一个元素的地址。以上 a 数组中，a 是一个二级指针，指向一维数组 a[0]，即 *(a+0)。a+0 代表的是第 0 行的首地址，

a+1 代表的是第 1 行的首地址，a+2 代表的是第 2 行的首地址。因此第 0 行第 0 列元素的地址也可以表示为*(a+0)+0；

因此，a[i][j]的地址可用以下不同方式表示：

```
&a[i][j]
a[i]+j
*(a+i)+j
&a[0][0]+4*i+j
a[0]+4*i+j
```

思考： &a[0][0]、a[0]、*a 分别代表什么含义？

【例 9.4】二维数组元素地址及其值对照表。

【问题分析】

编写一个测试程序，通过实践弄清楚二维数组元素及其值在计算机内存中究竟怎样存储？

【程序代码】

```
#define M 3
#define N 3
#include <stdio.h>
void main()
{
    int a[M][N]={1,2,3,4,5,6,7,8,9},i,j;
    printf("\t\t 二维数组 a[%d][%d]地址及其值对照表\n\n",M,N);
    printf("二维数组 a[%d][%d]的首地址 a 为:%x%\n",M,N,a);
    printf("        行首地址\t\t 元素地址&a[i][j]及其值\n");
    for (i=0;i<=M-1;i++)
      {
        printf("第%d 行首地址=%x\t",i,a[i]);
        for (j=0;j<=N-1;j++)
         printf("&a[%d][%d]=%x:%d ",i,j,&a[i][j],a[i][j]);
        printf("\n");
      }
}
```

【运行结果】（见图 9.11）

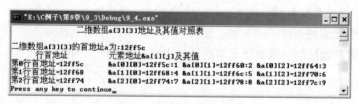

图 9.11 【例 9.4】运行结果

2. 指向数组元素的指针变量

指向数组元素的指针变量与指向普通变量的指针变量一样，只需将数组元素的指针赋给指针变量，指针变量就指向该数组元素。

（1）指向一维数组元素的指针变量

例如：

```
int a[10];          /*定义 a 为包含 10 个整型数据的数组*/
```

```
int *p;               /*定义 p 为指向整型变量的指针*/
```

应当注意，因为数组为 int 型，所以指针变量也应为指向 int 型的指针变量。下面是对指针变量赋值：

```
p=&a[0];    /*也可以写成 p=*(a+0) ;*/
```

把 a[0]元素的地址赋给指针变量 p。也就是说，p 指向 a 数组的第 0 号元素。数组指针示意图如图 9.12 所示。

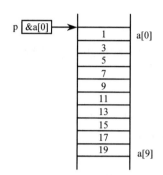

图 9.12　数组指针示意图

C 语言规定，数组名代表数组的首地址，也就是第 0 号元素的地址。因此，下面两个语句等价：

```
p=&a[0];
p=a;
```

在定义指针变量时可以赋给初值：

```
int *p=&a[0];
```

它等效于：

```
int *p;
p=&a[0];
```

当然定义时也可以写成：

```
int *p=a;
```

从图 9.12 中可以看出有以下关系：

p、a、&a[0]均指向同一单元，它们是数组 a 的首地址，也是 0 号元素 a[0]的地址。应该说明的是，p 是变量，而 a、&a[0]都是常量。在编程时应予以注意。

　　　用来存放数组的区域是一块在栈中静态分配的内存，而数组名是这块内存的代表，它被定义为这块内存的首地址。这就说明了数组名是一个地址，而且，还是一个不可修改的常量。完整地说，数组名就是一个地址常量，其所指向的位置不能改变。

小贴士

（2）指向二维数组元素的指针变量

指向数组元素的指针变量也可以指向二维和多维数组元素，例如：

```
int a[2][3] ;
int *p,*q,*m;
```

```
p=&a[1][1];
q=a[1]+1;
m=*(a+1)+1;
```

指针变量 *p*、*q*、*m* 都指向 a[1][1]元素。

值得注意的是：二维和多维数组的数组名虽然代表数组的首地址，与&a[0][0]、a[0]的值相同，都是表示第 0 个元素的地址，但是它代表的是数组的数组，因此以下操作是不合法的：

```
int a[2][3];
int *p;
p=a;
```

a 是一个二级指针常量，而 *p* 是一个一级指针变量。因此 "p=a;" 是错误的。

3. 数组元素的引用

（1）一维数组元素的引用

C 语言规定：如果指针变量 *p* 已指向数组中的一个元素，则 *p*+1 指向同一数组中的下一个元素，而不是将 *p* 的值（地址）简单地加 1。

如果 p 的初值为&a[0]，则：

① p+i 和 a+i 就是 a[i]的地址，或者说它们指向 a 数组的第 *i* 个元素。

② *(p+i)或*(a+i)就是 p+i 或 a+i 所指向的数组元素，即 a[i]。例如，*(p+5)或*(a+5)就是 a[5]。

③ 指向数组的指针变量也可以带下标，如 p[i]与*(p+i)等价。

根据以上叙述，引用一个数组元素可以用以下方法。

① 下标法，即用 a[i]形式访问数组元素。在前面介绍数组时都是采用这种方法。

② 地址法，即采用*(a+i)或*(p+i)形式，用间接访问的方法来访问数组元素，其中 a 是数组名，*p* 是指向数组的指针变量，其初值 p=a。

【例 9.5】在前面的章节中我们已经学会了采用下标法来访问一维数组元素，当我们学习到指针的时候如何利用指针来访问一维数组元素呢？

【问题分析】

分别采用下标法、地址法对一维数组进行分析对比。

【程序代码】

```
#include <stdio.h>
void main( )
{
    int a[5]={1,3,5,7,9},i,*p;
    printf("方法一：用下标法访问一维数组元素\n");
    for (i=0;i<=4;i++) printf("%d ",a[i]);
    printf("\n");
    printf("方法二：用地址法访问一维数组元素\n");
    for (i=0;i<=4;i++) printf("%d ",*(a+i));
    printf("\n");
    printf("方法三：用地址法访问一维数组元素（指针下移，效率最高）\n");
    for (p=a;p<=a+4;p++) printf("%d ",*p);
    printf("\n");
}
```

【运行结果】（见图 9.13）

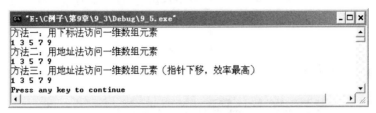

图 9.13　【例 9.5】运行结果

思考：程序运行结束后，p 指向何处？

（2）二维数组元素的引用

二维数组元素的引用也可用下标法和地址法。可以用以下不同表达式来引用二维数组 a 的数组元素：

```
a[i][j]
*(a[i]+j)
*(*(a+i)+j)、
(*(a+i))[j]、
*(&a[0][0]+4*i+j)、
```

【例 9.6】访问二维数组元素。

【问题分析】

二维数组在逻辑上是二维空间，但是在存储器中则是以行为主序占用一片连续的内存单元，其存储结构是一维线性空间。据此，就可以把二维数组视为一维数组来处理。

【程序代码】

```
#include <stdio.h>
void main()
{
    int *p,a[2][3]={1,2,3,4,5,6};
    int i,j;
    printf("方法一：用下标法输出二维数组元素\n");
    for (i=0;i<2;i++)
    {
        for (j=0;j<3;j++)
            printf("%3d",a[i][j]);
        printf("\n");
    }
    printf("方法二：用地址法输出二维数组元素\n");
    for (i=0;i<2;i++)
    {
        for (j=0;j<3;j++)
            printf("%3d",*(*(a+i)+j));//*(*(a+i)+j)可换成*(a[i]+j)
        printf("\n");
    }
    printf("方法三：用指针变量输出二维数组元素\n");
    p=&a[0][0]; /*指针变量 p 指向数组的第一个元素,&a[0][0]可换成 a[0]、*a  */
    for (i=0;i<2;i++)
    {
```

```
        for (j=0;j<3;j++)
            printf("%3d",*p++);//*p++可换成p[i][j]、*(*(p+i)+j)、*(p[i]+j)
        printf("\n");
    }
}
```

【运行结果】（见图 9.14）

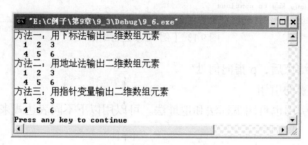

图 9.14 【例 9.6】运行结果

9.3.2 指向一维数组的指针变量

定义指向一维数组的指针变量的一般形式为：

存储类型 数据类型 (*指针名)[常量表达式];

首先通过现实生活中的实例进行类比，来理解指向一维数组的指针。

有一个排，下设 3 个班，每班有 10 名战士。规定排长只管理到班，班长管理战士。

在排长眼里只有第 0、1、2 班。排长从第 0 班的起始位置走到第 1 班的起始位置，看起来只走了一步，但实际上它跳过了 10 个战士。这相当于 $a+1$。

为了找到某一班内某一个战士，必须给两个参数，即第 i 班第 j 个战士，先找到第 i 班，然后由该班班长在本班范围内找第 j 个战士。这个战士的位置就是 a[i]+j（这是一个地址）。

排长和班长的初始位置是相同的。但它们的"指向"是不同的。排长"指向"班，他走一步就跳过 1 个班，而班长"指向"战士，走一步只是指向下一个战士。可以看到排长是"宏观管理"，只管班，在图 9.15 中是控制纵向，班长则是"微观管理"，管理到战士，在图中是控制横向。如果要找第 1 班第 2 个战士，则先由排长找到第 1 班的班长，然后由班长在本班范围内找到第 2 个战士。二维数组 a 相当于排长（*p,p=a;p），是指向一个具体的存储单元的指针变量即相当于一个管理战士的班长级别，而 a 则是相当于排长，级别不一样，所以赋值是不符合规定即不符合语法的，每一行（即一维数组 a[0]、a[1]、a[2]）相当于班长，每一行中的元素（如 a[1][2]）相当于战士。

图 9.15 二维数组指针示意图

【例 9.7】指向一维数组的指针变量。

【问题分析】

二维数组的递归定义指出，一个二维数组由若干个一维数组组成，而每个一维数组的数组元素又都是一维数组。我们不妨把这些数组理解成行向量。例如，数组 a[3][4]由 3 个行向量 a[0]、a[1]、a[2]组成，每个行向量都是含 4 个元素的一维数组。

【程序代码】

```c
#include <stdio.h>
void main( )
{
    int  a[3][4]={{1,3,5,7},{9,11,13,15},{17,19,21,23}};
    int  (*p)[4],i,j ;          /*指向一维数组的指针变量*/
    p=a;
    scanf("%d%d",&i,&j);
    printf("a[%d][%d]=%d\n", i , j,*(*(p+i)+j));
}
```

【运行结果】（见图 9.16）

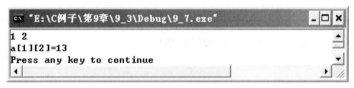

图 9.16　【例 9.7】运行结果

如图 9.17 所示，此时 p 只能指向一个包含 4 个元素的一维数组，p 的值就是该一维数组的起始地址。p 不能指向一维数组中的某一元素。程序中的 p+i 是二维数组 a 的 i 行的起始地址。

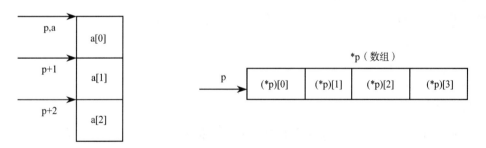

图 9.17　指向一维数组的指针变量示意图

二维数组名（如 a）是指向行的。因此 a+1 中的"1"代表一行中全部元素所占的字节数。一维数组名（如 a[0], a[1]）是指向列元素的。a[0]+1 中的"1"代表一个元素所占的字节数。

在行指针前面加一个*，就转换为列指针。例如，a 和 a+1 是行指针，在它们前面加一个*就是*a 和*(a+1)，它们就成为列指针，分别指向 a 数组 0 行 0 列的元素和 1 行 0 列的元素。反之，在列指针前面加&，就成为行指针。例如，a[0]是指向 0 行 0 列元素的列指针，在它前面加一个&，得&a[0]，由于 a[0]与*(a+0)等价，因此&a[0]与&*a 等价，也就是与 a 等价，它指向二维数组的 0 行。

不要把&a[i]简单地理解为 a[i]单元的物理地址，因为并不存在 a[i]这样一个变量。它只是一种地址的计算方法，能得到第 i 行的首地址，&a[i]和 a[i]的值是一样的，但它们的含义是不同的。&a[i]或 a+i 指向行，而 a[i]或*(a+i)指向列。当列下标 j 为 0 时，&a[i]和 a[i]（即 a[i]+j）值相等，即它们具有同一地址值。

*(a+i)只是a[i]的另一种表示形式，不要简单地认为是"a+i所指单元中的内容"。在一维数组中a+i所指向的是一个数组元素的存储单元，它有具体值，而对二维数组，a+i不是指向具体存储单元而指向行。

9.3.3 指针数组

指针本身也可以是变量，所以将一系列有序的指针变量集合在一起就构成了一个指针数组。指针数组的每个元素均为指针变量，并且它们具有相同的存储类型和指向相同的数据类型。

定义指针数组的一般形式为：

存储类型　数据类型　　*指针数组名[常量表达式]

例如：

```
int  *p[3];
```

说明 p 是一个一维数组，它由 3 个元素组成，每个元素均为指向整型对象的指针变量。注意"int　*p[3];"与"int (*p)[3];"的区别，由于"[ ]"的优先级高于"*"，因此，前者中"p"先与"[ ]"结合构成数组，再与"*"结合构成指针数组；而后者中"p"先与"*"结合构成一个指针，再与"[ ]"结合构成一个指向一维数组的指针。

若有以下定义：

```
int  *p[3],  a[3][2],  i,  j;
for(i=0;i<3;i++)  p[i]=a[i];
```

赋值号右边的 a[i]是常量，表示 a 数组每行的首地址，赋值号左边的 p[i]是指针变量，循环执行的结果使 p[0]、p[1]、p[2]分别指向 a 数组每行的开头。

由此可见，可以通过指针数组 p 来引用数组 a 元素，它们的等价形式如下：

(p[i]+j)等价于(a[i]+j)

((p+i)+j) 等价于*(*(a+i)+j)

(*(p+i))[j] 等价于(*(a+i))[j]

p[i][j]等价于a[i][j]

注意：p[i]中的值是可变的， a[i]中的值是不可变的常量。

【例9.8】用指针数组形式输出二维数组。

【问题分析】

指针数组中的每一个元素均为指针，即有诸形如"*ptr_array[i]"的指针。由于数组名本身也是一个指针，因此指针数组中的元素亦可以表示为"*（*（ptr_array+i））"。又因为"( )"的优先级较"*"高，且"*"是右结合的，因此可以写作**（ptr_array+i）。由于数组元素均为指针，因此ptr_array[i]是指第 i 个元素（在本例中指一维数组）的指针。

【程序代码】

```
#include <stdio.h>
void main( )
{
    int a[3][4]={{1,3,5,7},{9,11,13,15},{17,19,21,23}};
```

```
int *p[3],j,k ;
for(j=0;j<3;j++)
    p[j]=a[j];
for(j=0;j<3;j++)
   {
     printf("\n");
     for(k=0;k<4;k++)
        printf("%4d",*(*(p+j)+k));
 }
printf("\n");
 }
```

【运行结果】（见图 9.18）

图 9.18 【例 9.8】运行结果

9.4　字符串与指针

9.4.1　指向字符串的指针变量

字符串在内存中占一段连续的存储单元，这段存储单元的首地址为该字符串的指针。可以用字符指针变量指向字符串的首地址，这种字符指针变量称为指向字符串的指针变量。

在 C 程序中，可以用两种方法处理字符串：字符数组和字符指针变量。

【例 9.9】分别用字符数组和字符指针输出字符串。

【问题分析】

编写一个测试程序，分别用字符数组和字符指针两种方式来输出字符串。

【程序代码】

```
#include <stdio.h>
void main()
{/*字符数组*/
    char s[ ]="how are you";
    printf("%s\n",s);
}

#include <stdio.h>
void main()
{/*字符指针*/
    char *sp="how are you";
    printf("%s\n",sp);
}
```

【运行结果】（见图 9.19）

图 9.19 【例 9.9】运行结果

在例 9.9 的第二段程序中，sp 为指针变量，指向字符型数据。char *sp="how are you";语句的功能是把字符串常量在内存中的首地址赋给 sp，也就是 sp 指向了一个包含 12 个元素的字符串，如图 9.20 所示。

图 9.20　指向字符串常量的指针 sp

相当于：

```
char *sp;
sp="how are you";
```

而不是：

```
char *sp;
*sp="how are you";
```

至于 printf( )函数，在介绍字符数组时说明用%s 格式符时，输出项要用数组名。数组名为字符数组的首地址，实质上用%s 格式符是从首地址的字符开始输出直到 '\0' 字符结束。所以，指向字符串指针可作输出项，即 printf("%s\n",sp)。那么在数组一章中所有用字符数组名作参数的字符串处理函数，字符数组名都可用指针代替。

使用下面的方式来获得一个字符串是错误的。例如：

```
char *pstr;
scanf("%s",pstr);
```

C 编译系统不会指出任何错误，但这样的程序是不安全的，运行时可能导致系统崩溃。因为在读入串之前程序没有为指针 pstr 所指的对象分配存储空间。

利用字符数组和字符指针变量处理字符串时两者是有区别的，主要体现在以下两个方面。

（1）字符数组可以用字符串进行初始化而不能整体赋值，但字符指针变量二者皆可。例如：

```
char s[ ];
s="how are you";          /*错误*/
char s[ ]="how are you";  /*正确*/
char *sp="how are you";   /*正确*/
char *sp;
sp="how are you";         /*正确*/
```

（2）字符数组名代表数组首地址，值不能改变。字符指针变量指向字符串后，其值可以改变。例如：

```
char s[ ]="how are you";
s=s+2;                    /*错误*/
char *sp="how are you";
sp=sp+2;                  /*正确*/
```

9.4.2　字符串指针作为函数参数

用指向字符串的指针作函数参数时，与用指向数组的指针作函数参数的情况一样。形参和实参采用地址传递方式。形参和实参既可用数组名，也可用指针。

【例 9.10】编写一个函数，求一个字符串的长度。在 main( )函数中输入字符串，并输出其长度。

【问题分析】

利用字符串的指针作函数参数实现库函数 strlen（ ）的功能。其函数头格式可以参考库函数 strlen（ ）的函数原型。

【程序代码】

```c
#include <stdio.h>
int length(char *p)
{
    int n;
    n=0;
    while(*p!='\0')
    {
        n++;
        p++;
    }
    return n;
}
void main()
{
    int len;
    char str[20];
    printf("请输入一个字符串:\n");
    scanf("%s",str);
    len=length(str);
    printf("字符串长度为: %d\n",len);
}
```

【运行结果】（见图 9.21）

本程序中调用 length（ ）函数，形参是指针变量，实参是字符数组名。将实参数组的起始地址赋给指针变量，指针指向实参数组。

图 9.21 【例 9.10】运行结果

小贴士　　相比于二维字符数组，指针数组有明显的优点，一是指针数组中每个元素所指的字符串不必限制在相同的字符长度，二是访问指针数组中的一个元素是用指针间接进行的，效率比下标方式要高。 但是二维字符数组却可以通过下标很方便地修改某一元素的值，而指针数组却无法这么做。

9.5　指针与函数

9.5.1　指针变量作为函数参数

函数的参数不仅可以是整型、实型、字符型，也可以是指针类型。通过指针类型参数可以将一个变量的地址传送到函数中。

C 语言的函数参数是以传值和传址两种方式进行传递。具体地说，函数的实参通过栈传递给被调用的函数，因此函数获得的是实参值的副本，这意味着在函数中对参数进行修改时，被修改的只是实参值的副本，而不是实参本身，实参不会受到影响。但有时需要在函数中对实参进行控制，就必须通过传递实参地址的方式，间接控制实参。如例 9.11 所示。

【例 9.11】编写一个函数，将指定的两个整型变量进行交换。

【程序代码】

（1）错误的参数形式，无法达到控制实参的目的。

```
void swapint( int a, int b )
{
    int temp = a;
    a = b;
    b = temp;
}
```

上例中，函数 swapint 将两个参数进行了交换，但由于参数是传值传递的，被交换的只是实参的副本，实参并没有被交换。例如：

```
int x, y;
x = 10;
y = 20;
swapint( x, y );
printf( "x=%d, y=%d\n", x, y );
```

输出的结果为：x=10, y=20。

按照参数传值的原理，函数中是不能对实参进行直接控制的，但可以通过传递外部变量的地址来间接地控制外部的变量。如下所示。

（2）通过传递指针间接控制外部数据。

```
void swapint( int *a, int *b )
{
    int temp = *a;
    *a = *b;
    *b = temp;
}
```

上述程序中，函数的参数类型为指针类型，也就是说，传递给函数的是一个变量的地址值，通过变量的地址值可以间接地控制该变量。相应地，在调用该函数时，传递给函数的参数也必须是准备被控制的变量的地址，而不是变量本身，例如：

```
int x=10, y=20;
swapint( &x, &y );
printf( "x=%d, y=%d\n", x, y );
```

这时得到的输出结果为：x=20, y=10。

当参数类型为指针类型时，函数得到的参数是一个指针值，按照参数传值的原理，如果直接对该指针参数进行修改，并不会影响到外部的变量，只有当修改该指针参数指向的变量时，才会间接地修改外部的变量。例如：

指针参数也是通过传值方式传递的。

```
void swapint( int *a, int *b )
{
```

```
    int *temp = a;
    a = b;
    b = temp;
}
```

上例与（1）一样，参数本身的变化并不会影响到外部的变量。例如：

```
int x=10, y=20;
swapint( &x, &y );
printf( "x=%d, y=%d\n", x, y );
```

得到输出结果为：x=10，y=20。

可以看到，变量 *x* 和 *y* 并没有被交换过来。

思考：仔细对（1）、（2）进行分析对比，要将指定的两个整型变量进行交换要注意些什么？

指针类型的函数参数有一种比较特殊的形式：数组形式的形参。数组形式的形参在 C 语言中将被解释为指针类型的形参。

【例 9.12】 数组形式的形参。

【问题分析】

回顾我们在提高篇中采用数组作为函数参数，此时实参上传的是一个数组的数组名，形参是一个数组，这样它们共享同一片存储空间，即相当于给上传上来的数组取了一个别名。

【程序代码】

```
#include <stdio.h>
void f( int b[10] )
{
    int i;
    for( i=0; i<10; i++ )
        b[i] = i;
}
void main( )
{
    int a[10], i;
    f( a );
    for( i=0; i<10; i++ )  printf( "%d ", a[i] );
    printf( "\n");
}
```

【运行结果】（见图 9.22）

图 9.22 【例 9.12】运行结果

可以看到，当数组名 a 作为实参传递时，并不是将整个数组 a 传递给了函数 f，而是将数组 a 的首地址传递给了函数 f，因此函数中对形参数组 b 的操作实际就是对实参数组 a 的操作。

例 9.12 也可以等价地写成下面的形式：

```
void  f( int b[ ] )
{
    ......
```

```
}
```
或
```
void  f( int  *b )
{
     ......
}
```

虽然用数组形式和用指针形式定义的形参在 C 语言中是等价的，都被解释为指针类型的形参，但是在实际应用当中，应当根据参数的实际意义来选择使用某一种形式。如果函数的实参是一个指向单一变量的指针，则使用指针形式的形参定义较为合适；如果函数的实参是一个数组的首地址，则采用数组形式的形参定义在字面意义上会更为准确，但是它只传递了数组的首地址，这意味着在函数中并不能识别数组的实际长度，因此，一般来说还应定义一个形参来传递数组长度。如例 9.13 所示。

【例 9.13】将指定整型数组倒转。

【问题分析】

将主函数中待倒转的整型数组上传，子函数中设置两个变量 i、j 分别从数组中数据的两头开始扫描并交换，直到 $i<j$ 终止循环。

【程序代码】

```
#include <stdio.h>
void invert( int s[ ], int n )
{
     /*s 是待倒转的数组，n 是数组的长度*/
     int i, j, t;
     /*i 从数组头向数组尾扫描，j 从数组尾向数组头扫描*/
     for(i=0,j=n-1;i<j; i++,j--)
     {
         t=s[i];
         s[i]=s[j];
         s[j]=t;
     }
}
void main( )
{
     int i, a[100], n;
     printf("输入数据个数 n(n<100):");
     scanf("%d",&n);
     printf("\n 输入%d 个数据:\n",n);
     for(i=0;i<n;i++)
         scanf("%d",&a[i]);
     printf("\n 数组为:\n");
     for(i=0;i<n;i++)
         printf("%6d", a[i]);
     printf("\n");
     invert(a,n);
     printf("倒转后的数组为:\n");
     for(i=0;i<n;i++)
         printf("%6d",a[i]);
     printf("\n");
}
```

也可以用指针操作重新实现 invert 函数，如下所示：

```
void invert( int s[], int n )
{
    /*s 是待倒转的数组，n 是数组的长度*/
    int *p, *q, t;
    /* p 从数组头向数组尾扫描，q 从数组尾向数组头扫描*/
    for(p=s,q=s+n-1;p<q;p++,q--)
    {
        t=*p;
        *p=*q;
        *q=t;
    }
}
```

【运行结果】（见图 9.23）

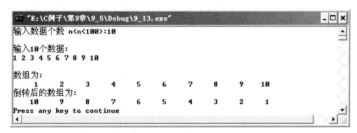

图 9.23 【例 9.13】运行结果

用指针操作比用下标操作的效率更高——下标操作需要两步运算：加法运算、取值运算。而用指针操作，只需一步取值运算。

【例 9.14】编写函数，从给定的整数数组中找出最小值和最大值。

【问题分析】

因为要得到的结果是两个整数，不便于直接通过函数的返回值来返回结果，需要考虑其他的途径。一种方法是通过全局变量在函数间传递数据，如下所示。

【程序代码】

```
#include <stdio.h>
int max, min;
void findmaxmin(int a[], int n)
{
    /*从数组 a 中找出最大值和最小值，并存入全局变量 max 和 min 中*/
    /* n 是数组的长度 */
    int i;
    max = min = a[0];
    for(i=1;i<n;i++)
    {
        if(a[i]>max)    max = a[i];      /*记录目前已知的最大值*/
        else if(a[i]<min)    min = a[i]; /*记录目前已知的最小值*/
    }
}
void main()
{
```

```
    int i, num[10];
    printf("输入 10 个整数: ");
    for( i=0; i<10; i++ )    scanf("%d",&num[i]);
    printf("\n");
    /*找出最大值和最小值*/
    findmaxmin(num,10);
    /*输出结果*/
    printf("最大值为%d,最小值为%d\n",max,min);
}
```

【运行结果】（见图 9.24）

图 9.24 【例 9.14】运行结果

另一种方法是通过指针类型参数在函数间传递数据，如下所示。

```
#include <stdio.h>
void findmaxmin(int a[],int n,int *pmax,int *pmin)
{
    /*从数组 a 中找出最大值和最小值，并存入*pmax 和*pmin 中*/
    /*n 是数组 a 的长度*/
    int i;
    *pmax = *pmin = a[0];
    for(i=1;i<n;i++)
    {
        if(a[i]<*pmax)    *pmax = a[i];    /* 记录目前已知的最大值 */
        else if(a[i]>*pmin)    *pmin = a[i];    /* 记录目前已知的最小值 */
    }
}
void main()
{
    int i, num[10], max, min;
    printf("输入 10 个整数:");
    for(i=0;i<10;i++)    scanf("%d", &num[i]);
    printf("\n");
    /*找出最大值和最小值*/
    findmaxmin(num, 10, &max, &min);
    printf("最大值为%d,最小值为%d\n", max, min);
}
```

利用全局变量在函数间传递数据，使函数对全局变量有依赖性，因而减弱了函数的独立性，一定程度上会影响整个程序的结构性。而第二种方法中，利用参数方式传递数据则不存在这种问题。因此，在程序中应当谨慎使用全局变量。

【例 9.15】一维数组的输入、输出、排序（选择排序法）和查找。

【问题分析】

在提高篇中我们学习了如何利用数组下标来完成对一维数组的各种操作，在本例中采用指针对一维数组的操作进行一个总结。

【程序代码】

```
#include <stdio.h>
#define TRUE  1
#define FALSE 0
#define N 5
void inputarr(int n,int *arr)
{
    /*一维数组的输入*/
    int *p;
    printf("请给一维数组输入%d个值:\n",n);
    for(p=arr;p<=arr+n-1;p++) scanf("%d",p);
    return;
}
void outputarr(int n,int *arr)
{
    /*一维数组的输出*/
    int *p;
    for(p=arr;p<=arr+n-1;p++) printf("%d ",*p);
    printf("\n");
    return;
}
void choosesort(int n,int *arr)
{
    /*选择排序*/
    int *p,*q,*r,t;
    for (p=arr;p<=arr+n-2;p++)
      {
        r=p;
        for (q=p+1;q<=arr+n-1;q++) if (*r>*q) r=q;
         t=*p; *p=*r; *r=t;
      }
}
int find(int n,int *arr,int x)
{
    /*二分查找，在具有 n 个元素首地址为 arr 的一维数组中查找元素 x*/
    int low,high,mid;
    low=0; high=n-1;
    while (low<=high)
      {
        mid=(low+high)/2;
        if (x==arr[mid])
          {
            printf("找到%d,其序号为:%d\n",arr[mid],mid+1);
            return TRUE;
          }
        else if (x<arr[mid]) high=mid-1;
            else low=mid+1;
      }
    if (low>high) printf("查无此数!\n");
    return FALSE;
}
```

```
void main()
{
int a[N],x;
    inputarr(N,a);
    outputarr(N,a);
    choosesort(N,a);
    outputarr(N,a);
    printf("请输入要查找的数:"); scanf("%d",&x);
    find(N,a,x);
}
```

【运行结果】（见图 9.25）

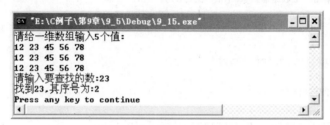

图 9.25 【例 9.15】运行结果

由于数组名和指针变量在作函数参数时方式一样，可以混合使用，有 4 种情况：

（1）实参与形参都用数组名；

（2）实参用数组名，形参用指针变量；

（3）实参与形参都用指针变量；

（4）实参用指针变量，形参用数组名。

9.5.2 返回值为指针类型的函数

指针类型作为一种合法的数据类型，也可以作为函数的返回值类型。例如，在前面介绍的许多字符串库函数中，就是以字符指针作为函数的返回类型，返回结果串的首地址。

函数返回一个指针（地址值）时，应当注意返回值的有效性。如例 9.16 所示。

【例 9.16】从字符串的第 m 个位置起截取长度为 n 个字符的子串。

【问题分析】

错误地返回局部变量的地址。

【程序代码】

```
char *strcut( char a[], int m, int n )
{
    char s1[1024];
    int i;
    /*将子串复制到 s1 中(不超过 s1 的容量) */
    for( i=0; i<n && i<sizeof(s1)-1; i++ )
        s1[i]=a[m+i];
    s1[i]='\0';
    return(s1);
}
```

例 9.16 从表面上看似乎是合乎逻辑的，但实际上是错误的。函数返回了局部数组 s1 的首地址。由于局部变量的生存期仅限于该函数内部，当函数调用结束后，局部变量占用的内存空间将被释放，如果函数将局部变量的地址作为结果值返回，调用者获得的将是一块已经被系统收回的内存空间的地址，而系统可能会将这块空间再次分配作其他用途，如果调用者试图访问这块空间，将会产生不可预测的后果。

一种修改方法是将需要充当返回值的局部变量定义为静态局部变量，即在局部变量定义前加 static 修饰即可。当然，如果这样修改，意味着该函数的所有调用者将共用这个静态局部变量。如下所示。

【程序代码】

```c
#include <stdio.h>
char *strcut( char a[], int m, int n )
{
    static char s1[1024];
    int i;
    /*将子串复制到 s1 中(不超过 s1 的容量) */
    for( i=0; i<n && i<sizeof(s1)-1; i++ )
        s1[i]=a[m+i];
    s1[i]='\0';
    return(s1);
}
void main()
{
    char *s0 = "This is the first string.";
    char *s1 = "And this is the second string.";
    char *s3, *s4;
    s3 = strcut( s0, 5, 4 );
    s4 = strcut( s1, 2, 8 );
    printf( "s3 is \"%s\"\n", s3 );
    printf( "s4 is \"%s\"\n", s4 );
}
```

【运行结果】（见图 9.26）

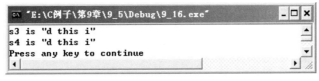

图 9.26 【例 9.16】运行结果

之所以显示 s3 和 s4 的结果是一样的，就是因为在第二次调用 strcut 函数时，strcut 中的静态局部变量 s1 被再次使用，而原来的内容则被新的内容所覆盖了。

因此，函数如果返回的是静态局部变量的地址，对调用者来说，意味着不能并发地执行该函数，而且对于所获得的结果值，也应当及时予以处理。

9.5.3 函数的指针和指向函数的指针变量

函数在运行时也是存放在内存中的，也需要占有内存的存储单元。函数指针就是函数在内存中的首地址，也就是函数运行的入口地址。与变量相似，程序员在书写源程序时并不需要知道函数运行时的具体物理地址，函数名就代表函数的入口地址。函数名如果单独用在表达式中，就是一个函数指针常量。指向函数的指针变量也称为函数指针变量，即存储函数首地址的指针变量。

在函数指针变量定义中，必须说明指向的函数的返回值类型和所需参数，函数指针变量的定义形式与函数说明的形式比较相似，如下所示：

返回类型名（*指针变量名）(形参表)；

函数指针变量可以像函数名一样进行函数调用。所不同的是，函数名是一个函数指针常量，而函数指针变量则可以在程序运行过程中通过赋值指向不同的函数（但函数的返回类型、参数个数和参数类型应当是相同的），在程序运行过程中来决定要调用的函数。

【例 9.17】通过函数指针调用函数。

【问题分析】

在主函数中上传一个一维数组，然后通过函数指针调用函数，完成对该一维数组求总和、平均值和最大值的要求。

【程序代码】

```c
#include <stdio.h>
int arraysum( int a[ ], int n )
{
     /*计算指定整型数组的总和*/
     int sum = 0, i;
     for( i=0; i<n; i++ ) sum += a[i];
     return sum;
}
int arrayave( int a[], int n )
{
     /*计算指定整型数组的平均值*/
      int sum = 0, i;
     for( i=0; i<n; i++ ) sum += a[i];
     return n>0? sum/n : 0;
}
int arraymax( int a[], int n )
{
     /*查找指定整型数组中的最大值*/
     int max = a[0], i;
     for( i=1; i<n; i++ )   if( a[i]>max ) max = a[i];
     return max;
}
void main()
{
     int x[]={11, 32, 73, 34, 555, 86, 27, 78, 49, 109};
     int xlen = sizeof(x)/sizeof(*x);
     int (*func)( int s[], int m );         /*定义函数指针变量*/
     func = arraysum;                       /*func 指向 arraysum 函数*/
     printf( "结果=%d\n", func(x,xlen) );
     func = arrayave;                       /*func 指向 arrayave 函数 */
     printf( "结果=%d\n", func(x,xlen) );
     func = arraymax;                       /*func 指向 arraymax 函数*/
     printf( "结果=%d\n", func(x,xlen) );
}
```

【运行结果】（见图 9.27）

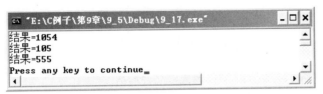

图 9.27　【例 9.17】运行结果

在 main 函数中定义了一个函数指针 func，通过将不同的函数名赋给 func，可以使 func 指向不同的函数，并可以通过 func 调用不同的函数。

【例 9.18】用梯形法求以下定积分。

（1）$\int_0^1 \frac{1}{\sqrt{1+x^3}} dx$

（2）$\int_2^3 \frac{1}{e^{x^2}} dx$

（3）$\int_{\frac{\pi}{2}}^{\pi} \frac{\sin x}{x} dx$

【问题分析】

首先编一函数求 $\int_a^b f(x)dx$，函数 $f(x)$ 在区间 $[a, b]$ 上的定积分的几何意义是由直线 $x=a$，$x=b$，$y=0$ 及曲线 $y=f(x)$ 围成的曲边梯形的面积，如图 9.28 所示。

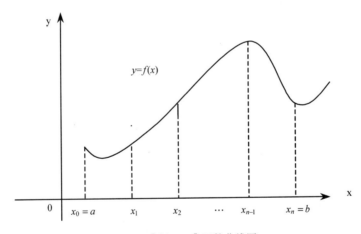

图 9.28　【例 9.18】函数曲线图

将积分区间 $[a, b]$ 平均分成 n 等份，于是每一等份的长度为 $h=\frac{b-a}{n}$，设在 x 轴上的等分点分别为 $x_0=a$，x_1，x_2，$\cdots$，x_{n-1}，$x_n=b$。

那么从左至右：第 1 个梯形面积为 $\dfrac{f(a)+f(a+h)}{2}h$

第 2 个梯形面积为 $\dfrac{f(a+h)+f(a+2h)}{2}h$

第 3 个梯形面积为 $\dfrac{f(a+2h)+f(a+3h)}{2}h$

…

第 n 个梯形面积为 $\dfrac{f(a)+(n-1)h+f(b)}{2}h$

n 个梯形面积之和 S 即为定积分 $\displaystyle\int_a^b f(x)dx$ 的近似值。

$$S=\int_a^b f(x)dx \approx \frac{f(a)+f(a+h)}{2}h+\frac{f(a+h)+f(a+2h)}{2}h+$$

$$\frac{f(a+2h)+f(a+3h)}{2}h+\cdots+\frac{f(a)+(n-1)h+f(b)}{2}h$$

$$=[\frac{f(a)+f(b)}{2}+f(a+h)+f(a+2h)+\cdots+f(a+(n-1)h)]h$$

于是可以得到如下求定积分的计算公式：

$$\int_a^b f(x)dx \approx [\frac{f(a)+f(b)}{2}+f(a+h)+f(a+2h)+\cdots+f(a+(n-1)h)]h$$

【程序代码】

```c
#define PI 3.14159
#include <stdio.h>
#include <math.h>
double djf(double (*f)(double x),double a,double b,int n)
{
int i; double h,s;
    h=(b-a)/n;
    s=((*f)(a)+(*f)(b))/2;
    for (i=1;i<=n-1;i++) s+=(*f)(a+i*h);
      s*=h;
    return (s);
}
double f1(double x)
{
    return (1/sqrt(1+x*x*x));
}
double f2(double x)
{
    return (exp(-x*x));
}
double f3(double x)
{
    return (sin(x)/x);
}
void main()
{
  printf("函数 1/sqrt(1+x*x*x)在区间[0,1]上的定积分为：%lg\n",djf(f1,0,1,200));
  printf("函数 exp(-x*x)    在区间[2,3]上的定积分为：%lg\n",djf(f2,2,3,200));
  printf("函数 sin(x)/x 在区间[PI/2,PI]上的定积分为：%lg\n",djf(f3,PI/2,PI,200));
}
```

【运行结果】（见图 9.29）

图 9.29　【例 9.18】运行结果

通过函数指针变量，可以使程序具有更大的灵活性。

9.6　带参数的 main 函数

前面介绍的 main 函数都是不带参数的，因此 main 后的括号都是空括号。实际上，main 函数可以带参数，这个参数可以认为是 main 函数的形式参数。C 语言规定 main 函数的参数只能有两个，第一个形参 argc 必须是整型变量，第二个形参 argv 必须是指向字符串的指针数组。

main 函数的一般形式为：

```
int main (int argc,char *argv[ ]);
```

由于 main 函数不能被其他函数调用，因此不可能在程序内部取得实际值。那么，在何处把实参值赋予 main 函数的形参呢？实际上，main 函数的参数值是从操作系统命令行上获得的。把在操作系统状态下为了执行某个程序而键入的一行字符称为命令行。命令行一般以回车作为结束符。

当需要运行一个可执行文件时，在 DOS 提示符下键入文件名，再输入实际参数即可把这些实参传送到 main 的形参中去。

例如，

为了复制文件需键入以下一行字符：

```
copy file1.txt  file2.txt
```

其中，copy 是可执行文件名，有时称它为命令名；而 file1.txt 和 file2.txt 则是命令行参数。一个命令行的命令与各个参数之间要求用空格分隔，并且命令名和参数不准使用空格字符。那么，在操作系统下键入的命令行参数如何传递到 C 语言程序中去呢？C 语言专门设置了接收命令行参数的方法：在程序的主函数 main 中使用形式参数 argc 和 argv，这两个参数的名字由用户任意命名，但习惯上都使用上面给定的名字。这些参数在程序运行时由系统对它们进行初始化。初始化的结果是：

（1）argc 的值是命令行中包括命令在内的所有参数的个数之和；

（2）指针数组 argv[]的各个指针分别指向命令行中命令名和各个参数的字符串。其中，指针 argv[0]总是指向命令名字符串，从 argv[1]开始依次指向按先后顺序出现的命令行参数字符串。

例如，C 语言程序 test 带有 3 个命令行参数，其命令行是：

```
test  prog1.c prog2.c /p
```

在执行这个命令行时，若 test 程序被启动运行，则主函数 main 和参数 argc 被初始化为 4，因为命令行中命令名和参数共有 4 个字符串。指针数组 argv[]的初始化过程是：

```
argv[0]="test";
```

```
argv[1]="prog1.c";
argv[2]="prog2.c";
argv[3]="/p";
argv[4]=0;
```

最后一个参数是编译系统为了程序处理的方便而设置的。由此看出，argc 的值和 argv[ ]元素个数取决于命令行中命令名和参数的个数。argv[]的下标是从 0 到 argc 范围内。

在程序中使用 argc 和 argv[ ]就可以处理命令行参数的内容。从而把用户在命令行中键入的参数字符串传递到程序内部。

【例 9.19】显示当前程序所保存的路径。

【程序代码】

```c
#include <stdio.h>
void main(int argc, char *argv[ ])
{
    int i;
    printf("命令行参数个数是:%d\n",argc);
    for (i=0; i<=argc-1;i++) printf("命令行第%d项是:%s\n",i,*(argv+i));
}
```

【运行结果】（见图 9.30）

运行这个程序后，将会产生如图 9.30 所示的结果。

图 9.30 【例 9.19】运行结果

注：此程序运行结果与程序所保存的路径相关。

9.7　项目实例

在第 6 章的项目实例中，利用结构体数组设计了一个较为完整的"学生成绩管理系统"。在学习了指针之后，我们可以利用指针来重新设计"学生成绩管理系统"。

"学生成绩管理系统"的头文件包含、存储结构、全局变量的定义、函数调用申明、主调函数以及主界面代码如下：

```c
//头文件包含
#include <stdio.h>
#include <conio.h>
#include <string.h>

//存储结构
typedef struct
{
    char sno[6];        /*学号*/
    char name[9];       /*姓名*/
    float score[5];     /*成绩*/
```

```
} StudentScore;

//全局变量的定义
StudentScore stu[100];                /*定义一个具有 100 个元素的学生成绩结构体数组（全局）*/
StudentScore *p=stu;                  /*一个结构体指针，指向数组的首地址*/
int n=-1;

//函数调用申明
void display();
void find();
void modify();
void add();
void del();
void list();
void listOne(StudentScore *s);        /*显示一条学生记录*/
int isExists(char *sno);        /*是否存在学号为 sno 的学生记录，存在返回该学生在数组中的下标，否则
返回-1*/

//主调函数
void main()
{
    char c;                           /*存储用户选择的功能编号*/
    while(1)
    {
        display();                    /*显示主界面*/
        c=getchar();getchar();        /*输入用户选择的功能编号*/
        switch (c)
        {
            case '1':find();break;        /*查询*/
            case '2':add(); break;        /*修改*/
            case '3':modify(); break;     /*添加*/
            case '4':del(); break;        /*删除*/
            //case '5':write(); break;    /*保存*/
            case '6':list(); break;       /*浏览*/
            case '7':printf("\t\t.…        退出系统!\n"); return;
            default: printf("\t\t 输入错误!请按任意键返回重新选择(1-6)\n");getch();
        }
    }
}

/*显示主界面*/
void display()
{
    //System("cls");    /*清屏命令*/
    fflush(stdin);
    printf("\n\t★☆     欢迎使用学生成绩管理系统     ☆★\n\n");
    printf("\t 请选择(1-6): \n");
    printf("\t================================\n");
    printf("\t\t1.查询学生成绩\n");
```

```
        printf("\t\t2.添加学生成绩\n");
        printf("\t\t3.修改学生成绩\n");
        printf("\t\t4.删除学生成绩\n");
        printf("\t\t5.保存数据到文件\n");
        printf("\t\t6.浏览数据\n");
        printf("\t\t7.退出\n");
        printf("\t=====================================\n");
        printf("\t 您的选择是: ");
}
```

程序运行后,"学生成绩管理系统"的主界面如图 9.31 所示。

图 9.31 "学生成绩管理系统"主界面

从主界面可以看出,"学生成绩管理系统"可以被分成"查询"、"添加"、"修改"、"删除"、"保存"、"浏览"和"退出"等功能模块。在第 8 章函数中,我们知道可以通过简单操作来构成复杂操作,也就是说在各功能模块中都需要使用到的操作我们可以编写一个子函数。分析可知,显示一条学生记录和判断是否存在学号为 sno 的学生记录的操作在大多数功能模块中出现了,因此我们先来完成这两个子函数,代码如下:

```
/*显示一条学生记录*/
void listOne(StudentScore *s)
{
    printf("\n该学生成绩记录如下: ");
    printf("\n=====================================\n\n");
    printf("%-8s%-10s%-7s%-7s%-7s%-7s%-7s\n","学号","姓名","语文","数学","外语","综合","总分");
    printf("%-8s%-10s%-7.1f%-7.1f%-7.1f%-7.1f%-7.1f\n",s->sno,s->name,s->score[0],s->score[1],s->score[2],s->score[3],s->score[4]);
}
```

在第 6 章中,我们使用的是形参结构体变量 s 来接收从主函数上传来的数据,通过结构体成员运算符"."来输出各数据域,而在本例中使用的是形参结构体指针变量来处理,相应的需要采用指向结构体成员运算符"->"来进行输出。

```
/*是否存在学号为 sno 的学生记录,存在返回该学生在数组中的下标,否则返回-1*/
int isExists(char *sno)
{
    for (int i=0;i<=n;i++)
        if (strcmp((*(p+i)).sno,sno)==0)
            return i;      /*找到该学生*/
    return -1;             /*未找到该学生*/
}
```

通过对比，isExists 函数的形参表列中，"isExists(char *sno)" 与 " isExists(char sno[])" 可以通用，它们都用来接收主调函数上传上来的学号信息。

下面将一一介绍项目中各功能模块的具体实现。

（1）find( )函数：根据学号查询学生成绩记录。输入学生学号后，在学生成绩数组中查找该学生是否存在，存在就显示该学生成绩记录；否则提示"您所输入的学生学号有误或不存在!"。该功能运行结果如图 9.32 所示。

```
/*根据学号查询学生成绩记录*/
void find()
{
    char sno[6];   /*接收学生学号字符数组*/
    int i;
    if (n==-1)       /*人数为 0 说明工资记录尚未添加*/
    {
        printf("\n\t\t 当前还没有学生成绩记录，按任意键返回主菜单......");
        getch();
        return;
    }
    printf("\t\t 请输入学生学号：");
    gets(sno);
    if ((i=isExists(sno))!=-1)  /*如果该学生存在则显示学生成绩记录*/
        listOne(p+i);
    else
        printf("\n\t\t 您所输入的学生学号有误或不存在! ");
    printf("\n\t\t 按任意键返回主菜单......");
    getch();
}
```

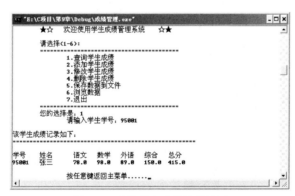

图 9.32　查询学生成绩记录界面

（2）add( )函数：添加学生成绩记录。输入待添加的学生学号后，在学生成绩数组中查找该学生是否存在，不存在就添加；否则提示"您所输入的学生学号已存在!"。该功能运行结果如图 9.33 所示。

```
/*添加学生成绩记录*/
void add()
{
    char sno[6];
    int i;
```

```
    if (n>=100)      /*学生成绩数组已满*/
    {
        printf("\n\t\t 学生成绩记录已满，按任意键返回主菜单......");
        getch();
        return;
    }

    printf("\t\t 请输入学生学号: ");
    gets(sno);

    if ((i=isExists(sno))==-1)/*如果不存在该学生成绩记录，则添加*/
    {
        ++n;
        strcpy((p+n)->sno,sno);
        printf("\t\t 请输入学生姓名: ");
        gets((p+n)->name);
        printf("\t\t 请输入该学生的语文成绩:");
        scanf("%f",&((p+n)->score[0]));
        printf("\t\t 请输入该学生的数学成绩:");
        scanf("%f",&((p+n)->score[1]));
        printf("\t\t 请输入该学生的外语成绩:");
        scanf("%f",&((p+n)->score[2]));
        printf("\t\t 请输入该学生的综合成绩:");
        scanf("%f",&((p+n)->score[3]));
        /*计算总分并输出*/
        (p+n)->score[4]=0;
        for (int i=0;i<4;i++)
            (p+n)->score[4]+=(p+n)->score[i];
        printf("\t\t 该学生的总分%-7.1f:",(p+n)->score[4]);
    }
    else
        printf("\n\t\t 您所输入的学生学号已存在! ");

    printf("\n\t\t 按任意键返回主菜单......");
    getch();
}
```

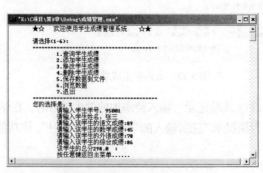

图 9.33　添加学生成绩记录界面

（3）modify( )函数：修改学生成绩记录。输入待修改的学生学号后，如果该学生存在则显示学生成绩记录并录入该学生新的成绩记录，否则输出"您所输入的学生学号有误或不存在！"。该功能运行结果如图 9.34 所示。

```c
/*修改学生成绩记录*/
void modify()
{
    char sno[6];   /*接收学生学号字符数组*/
    int i;

    if (n==-1)      /*人数为 0 说明工资记录尚未添加*/
    {
        printf("\n\t\t 当前还没有学生成绩记录, 按任意键返回主菜单......");
        getch();
        return;
    }

    printf("\t\t 请输入学生学号: ");
    gets(sno);
    if ((i=isExists(sno))!=-1) /*如果该学生存在则显示学生成绩记录并录入新的学生成绩记录*/
    {
        listOne(p+i);
        printf("\t\t 请输入该学生新的语文成绩:");
        scanf("%f",&((p+n)->score[0]));
        printf("\t\t 请输入该学生新的数学成绩:");
        scanf("%f",&((p+n)->score[1]));
        printf("\t\t 请输入该学生新的外语成绩:");
        scanf("%f",&((p+n)->score[2]));
        printf("\t\t 请输入该学生新的综合成绩:");
        scanf("%f",&((p+n)->score[3]));
        /*计算总分并输出*/
        (p+i)->score[4]=0;
        for (int j=0;j<4;j++)
            (p+i)->score[4]+=(p+n)->score[j];
        printf("\t\t 该学生新的总分%-7.1f:",(p+i)->score[4]);
    }
    else
        printf("\n\t\t 您所输入的学生学号有误或不存在! ");
    printf("\n\t\t 按任意键返回主菜单......");
    getch();
}
```

图 9.34　修改学生成绩记录界面

（4）del( )函数：删除学生成绩记录。输入待删除的学生学号，如果该学生存在则执行链表删除操作；否则输出"您所输入的学生学号有误或不存在！"。该功能运行结果如图 9.35 所示。

```
/*删除学生成绩记录*/
void del()
{
    char sno[6];   /*接收学生学号字符数组*/
    int i;

    if (n==-1)      /*人数为 0 说明工资记录尚未添加*/
    {
        printf("\n\t\t 当前还没有学生成绩记录，按任意键返回主菜单......");
        getch();
        return;
    }

    printf("\t\t 请输入学生学号: ");
    gets(sno);
    if ((i=isExists(sno))!=-1)  /*如果该学生存在则删除*/
    {
        for (int j=i+1;j<=n;j++)/*将数组 i+1~n 的元素依次复制到 i~n-1*/
        {
            strcpy((p+j-1)->sno,(p+j)->sno);
            strcpy((p+j-1)->name,(p+j)->name);
            for (int k=0;k<5;k++)
                (p+j-1)->score[k]=(p+j)->score[k];
        }
        n--;
        printf("\n\t\t 删除成功! ");
    }
    else
        printf("\n\t\t 您所输入的学生学号有误或不存在! ");
    printf("\n\t\t 按任意键返回主菜单......");
    getch();
}
```

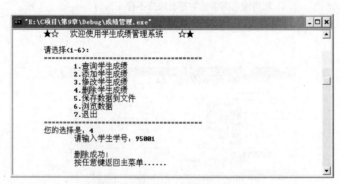

图 9.35　删除学生成绩记录界面

（5）list( )函数：显示所有的学生成绩记录。该功能运行结果如图 9.36 所示。

```
void list()
```

```
    {
        if (n==-1)        /*人数为 0 说明工资记录尚未添加*/
        {
            printf("\n\t\t 当前还没有学生成绩记录，按任意键返回主菜单......");
            getch();
            return;
        }
        printf("\n 所有学生成绩记录如下：");
        printf("\n====================================================\n\n");
        printf("%-8s%-10s%-7s%-7s%-7s%-7s%-7s\n","学号","姓名","语文","数学","外语","综合","总分");
        for (int i=0;i<=n;i++)
    printf("%-8s%-10s%-7.1f%-7.1f%-7.1f%-7.1f%-7.1f\n",(p+i)->sno,(p+i)->name,(p+i)->
score[0],(p+i)->score[1],(p+i)->score[2],(p+i)->score[3],(p+i)->score[4]);
        printf("\n\t\t 按任意键返回主菜单......");
        getch();

    }
```

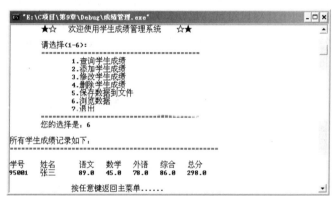

图 9.36　浏览学生成绩记录界面

本章小结

1. 指针数据类型的小结

指针数据类型的小结如表 9.1 所示。

表 9.1　　　　　　　　　　　　　　指针数据类型及其含义

定　　义	含　　义
int a[n];	定义整型数组 a，它有 *n* 个元素
int i;	定义整型变量 *i*
int*p;	p 为指向整形数据的指针变量
int*p[n];	定义指针数组 p，它由 *n* 个指向整型数据的指针元素组成

定　义	含　义
int(*p)[];	p 为指向 n 个元素为一位数组的指针变量
intf();	f 为返回整型函数值的函数
int*p();	p 为返回一个指针的函数，该指针指向整型数据
int(*p)();	p 为指向函数的指针变量，该函数返回一个整型值
int**p;	p 是一个指向整型数据的指针变量

2．"从里向外"阅读组合说明符

从标识符开始，先看它右边有无中括号或小括号，如有先做出解释，再看左边有无*号。如果在任何时候遇到了小括号，则在继续之前必须用相同的规则处理小括号内的内容。

例如：

```
float *(*(*m)( ))[8];
```

对上述的程序语句按照"从里向外"的阅读顺序进行分析如下：

首先是*m，接下来是(*m)( )、*(*m)( )、*(*m)( )[8]、*(*(*m)( ))[8]，最后是 float*(*(*m)( ))[8]。因此，概括起来用文字来表示为：m 是一个函数指针变量，该函数返回的一个指针值又指向一个实型指针数组。

3．指针编程的优点

指针是 C 语言中一个重要的组成部分，使用指针编程有以下优点。

（1）提高程序的编译效率和执行速度。

（2）通过指针可使主调函数和被调函数之间共享变量和数据结构，便于实现双向数据通信。

（3）可以实现动态的存储分配。

（4）便于表示各种数据结构，编写高质量的程序。

习题 9

一、单选题

1．设有定义语句 int(*f)(int);,则以下叙述正确的是（　　　）。

    A．f 是基于类型为 int 的指针变量。

    B．f 是指向函数的指针变量，该函数具有一个 int 类型的形参。

    C．f 是指向 int 类型一维数组的指针变量。

    D．f 是函数名，该函数的返回值是基类型为 int 类型的地址。

2．若在定义语句：int a,b,c,*p=&c;之后，接着执行以下选项中的语句，则能正确执行的语句是（　　　）。

    A．scanf("%d",a,b,c);   B．scanf("%d%d%d",a,b,c);

    C．scanf("%d",p);   D．scanf("%d",&p);

3．有以下程序

```
#include<stdio.h>
```

```
void fun(char *s)
{
    while(*s)
    { if(*s%2==0)
        printf("%c",*s);
        s++;
    }
}
main()
{   char a[]={"good"};
    fun(a);   printf("\n");
}
```

注意：字母 a 的 ASCⅡ码值为 97，程序运行后的输出结果是（　　　）。

A．d　　　　　　　B．go　　　　　　　C．god　　　　　　　D．good

4．有以下程序段

```
struct st
{   int x; int *y;}*pt:
    int a[]={1,2}, b[]={3,4};
    struct st c[2]={10,a,20,b
};
```

pt=c;以下选项中表达式的值为 11 的是（　　　）。

A．*pt->y　　　B．pt->x　　　C．++pt->x　　　D．(pt++)->x

5．已有定义 int k=2;int　* ptr1,* ptr2;且 ptr1 和 ptr2 均已指向变量 k，下面不能正确执行的赋值语句是（　　　）。

A．.k=* ptr1+* ptr2;　　　　　　　B．　ptr2=k;

C．　ptr1=ptr2　　　　　　　　　　D．　k=* ptr1*(* ptr2);

6．以下正确的叙述是（　　　）。

A．C 语言允许 main 函数带形参，且形参个数和形参名均可由用户指定。

B．C 语言允许 main 函数带形参，形参名只能是 argc 和 argv。

C．当 main 函数带有形参时，传给形参的值只能从命令行中得到。

D．若有说明：main(int argc,char *argv),则形参 argc 的值必须大于 1。

二、看程序，写结果

1．下面程序的运行结果是（　　　）。

```
main()
{
    char *p1,*p2,str[50]="ABCDEFG";
    p1="abcd";
    p2="efgh";
    strcpy(str+1,p2+1);
    strcpy(str+3,p1+3);
    while(i<strlen(str))
    {
        printf("%c",str[i]);
        i++;
    }
}
```

2. 下面程序的运行结果是 (　　　)。

```c
main( )
{
    int x[5]={2,4,6,8,10},*p,**pp;
    p=x;
    pp=&p;
    printf("%d",* (p++));
    printf("%3d\n",* *pp);
}
```

3. 下面程序的运行结果是 (　　　)。

```c
void swap(char *x,char *y)
{char t;t=*x; *x=*y; *y=t;}
main()
{   char *s1="abc",*s2="123";
    swap(s1,s2); printf("%s,%s\n",s1,s2);
}
```

4. 下面程序的运行结果是 (　　　)。

```c
void fun(int n,int *p)
{
    int f1,f2;
    if(n==1||n==2) *p=1;
    else
    {   fun(n-1,&f1); fun(n-2,&f2);
        *p=f1+f2;
    }
}
main()
{
    int s;
    fun(3,&s);
    printf("%d\n",s);
}
```

5. 下面程序的运行结果是 (　　　)。

```c
void fun(char *c,int d)
{   *c=*c+1;d=d+1;
    printf("%c,%c,",*c,d);
}
main()
{   char a='A',b='a';
    fun(&b,a); printf("%c,%c\n",a,b);
}
```

三、程序填空

1. 下列程序中的函数 strcpy2( ) 实现字符串两次复制，即将 t 所指字符串复制两次到 s 所指内存空间中，合并形成一个新的字符串。例如，若 t 所指字符串为 efgh，调用 strcpy2 后，s 所指字符串为 efghefgh。请填空。

```c
#include <stdio.h>
#include <string.h>
void strcpy2(char *s,char *t)
{
```

```
        char *p=t;
        while(*s++=*t++);
        s= (_____) ;
        while(_____ =*p++);
    }
main()
{
        char str1[100]="abcd",str2[]="efgh";
        strcpy2(str1 ,str2); printf("%s\n",str1);
    }
```

2. 下面程序的功能是输出 1～100 每位数的乘积大于每位数的和的数。例如数字 26，数位上数字的乘积 12 大于数字之和 8。

```
main()
{
        int n,k=1,s=0,m;
        for(n=1; n<=100; n++)
        {
            k=1;
            s=0;
            _____ ;
            while (_____)
            {
                k*=m; s+=m; _____ ;
            }
            if(k>s)
                printf("%d",n);
        }
    }
```

3. 下面程序的功能是从键盘上输入一行字符，存入一个字符数组中，然后输出该字符串。

```
#include main ( )
{
        char str[81], *sptr;
        int i;
        for(i=0; i<80; i++ )
        {
            str[i]=getchar( );
            if(str[i]== '\n') break;
        }
        str[i]=_____ ;
        sptr=str;
        while( *sptr ) putchar( *sptr_____);
    }
```

四、程序设计题

1. 用指针编写函数：insert(s1,s2,f)，其功能是在字符串 s1 中的指定位置 f 处插入字符串 s2。

2. 编写一个统计函数：int count(char *string ,char *type)，其中参数 string 是字符串，type 是统计类型串指针：letter（字母）digit（数字）space（空格）others（其他）。函数返回为统计结果。

第 **10** 章

链　　表

迄今为止，所介绍的各种基本类型和构造类型数据都是静态的数据结构，静态数据结构所占存储空间的大小是在变量说明时确定的，且在程序执行过程中不能改变；访问静态数据结构可以用变量的名字也可以用指向变量的指针。

动态数据结构是在程序运行过程中逐步建立起来的，其存储空间在程序执行过程中由系统提供的存储分配函数动态分配，也可以随时交还给系统（释放），即动态数据结构的大小在程序执行过程中可以改变；访问动态数据结构只能用指针。动态数据结构特别适合于那些内存空间大小经常改变的数据结构。

链表就是动态数据结构，它是一种物理存储单元上非连续、非顺序的存储结构，数据元素的逻辑顺序是通过链表中的指针链接次序实现的。链表由一系列结点（链表中每一个元素称为结点）组成，结点可以在运行时动态生成。每个结点包括两个部分：一个是存储数据元素的数据域，另一个是存储下一个结点地址的指针域。相比于数组的顺序结构，链表比较方便插入和删除操作，但同时也失去了顺序结构可随机存取的优点。

10.1　动态分配内存

在数组一章中，曾介绍过数组的长度是预先定义好的，必须是一个常量值，在整个程序中固定不变。C 语言中不允许动态定义数组。

例如：

```
int n;
scanf("%d",&n);
int a[n];
```

用变量表示长度，想对数组的大小做动态说明，这是错误的。但是在实际的编程中，往往会发生这种情况，即所需的内存空间取决于实际输入的数据，而无法预先确定。比如，有的班级有100 人，而有的班级只有 30 人，如果要用同一个数组先后存放不同班级的数据，则必须定义长度为 100 的数组。如果事先难以确定一个班的最多人数，则必须把数组定义得足够大，显然这将会浪费内存。链表则没有这些缺点，它根据需要开辟内存单元。C 语言提供了一些内存管理函数，这些内存管理函数可以按需要动态地分配内存空间，也可把不再使用的空间回收待用，为有效地利用内存资源提供了手段。

常用的内存管理函数有以下 3 个。

1. malloc 函数

调用形式:

```
(类型说明符*) malloc (size)
```

功能:在内存的动态存储区中分配一块长度为"size"字节的连续区域。函数的返回值为该区域的首地址。

"类型说明符"表示把该区域用于何种数据类型。

(类型说明符*)表示把返回值强制转换为该类型指针。

"size"是一个无符号数。

例如:

```
pc=(char *)malloc(100);
```

表示分配 100 个字节的内存空间,并强制转换为字符数组类型,函数的返回值为指向该字符数组的指针,把该指针赋予指针变量 pc。

如果内存缺乏足够大的空间进行分配,则 malloc 函数值为"空指针",即为 0。

2. calloc 函数

calloc 也可用于分配内存空间。

调用形式:

```
(类型说明符*) calloc (n, size)
```

功能:在内存动态存储区中分配 n 块长度为"size"字节的连续区域。函数的返回值为该区域的首地址。

(类型说明符*)用于强制类型转换。

calloc 函数与 malloc 函数的区别仅在于一次可以分配 n 块区域。

例如:

```
ps=(struct stu*)calloc(2,sizeof(struct stu));
```

其中的 sizeof(struct stu)是求 stu 的结构长度。因此该语句的意思是:按 stu 的长度分配两块连续区域,强制转换为 stu 类型,并把其首地址赋予指针变量 ps。

3. free 函数

调用形式:

```
free (void*ptr)
```

功能:释放 ptr 所指向的一块内存空间,即交还给系统,系统可以另行分配他用。ptr 是一个任意类型的指针变量,它指向被释放区域的首地址。被释放区域应是由 malloc 或 calloc 函数所分配的区域。

下面的程序就是 malloc()和 free()两个函数配合使用的简单实例。

【例 10.1】分配一块区域,输入一个学生数据。

【问题分析】

动态内存分配不像数组等静态内存分配方法那样需要预先分配存储空间,而是由系统根据程序的需要即时分配,且分配的大小就是程序要求的大小。在本例中通过 malloc 函数动态地给一个学生数据分配存储空间,然后进行赋值操作。

【程序代码】

```c
#include <stdio.h>
#include <stdlib.h>
void main( )
{
    struct stu
    {
        int num;
        char *name;
        char sex;
        float score;
    } *ps;
    ps=(struct stu*)malloc(sizeof(struct stu));    //申请内存空间
    ps->num=102;
    ps->name="Zhang ping";
    ps->sex='M';
    ps->score=62.5;
    printf("Number=%d\nName=%s\n",ps->num,ps->name);
    printf("Sex=%c\nScore=%f\n",ps->sex,ps->score);
    free(ps);        //释放内存空间
}
```

【运行结果】(见图 10.1)

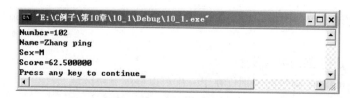

图 10.1 【例 10.1】运行结果

本例中,整个程序包含了申请内存空间、使用内存空间、释放内存空间 3 个步骤,实现存储空间的动态管理。

小贴士

内存泄漏(Memory Leak)指由于疏忽或错误造成程序未能释放已经不再使用的内存的情况。内存泄漏会因为减少可用内存的数量从而降低计算机的性能。最终,在最糟糕的情况下,过多的可用内存被分配掉导致全部或部分设备停止正常工作,或者应用程序崩溃。

10.2 链表的概述

链表的特点是用一组任意的存储单元存储数据元素(这些存储单元可以是连续的,也可以是不连续的)。因此,为了表示每个数据元素与其他数据元素之间的逻辑关系,对数据元素来说,除了存储其本身的信息之外,还需存储一个指示与其他数据元素的逻辑关系的信息。这两部分信息组成数据元素的存储映像，称为**结点**。它包括两个域：其中存储数据元素信息的域称为**数据域**；存储其与其他数据元素的逻辑关系的信息的域称为**指针域**。可在第一个结点的指针域内存放第二个结点的首地址，在第二个结点的指针域内又存放第三个结点的首地址，如此串连下去直到最后一个结点。最后一个结点因无后续结点连接，其指针域可赋为 0（NULL）。这样一种连接方式，在数据结构中称为**链表**，如图 10.2 所示。

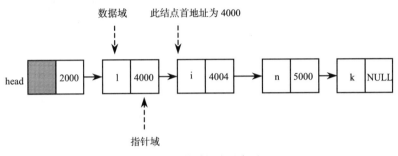

图 10.2　简单链表示意图

那么对于以上问题，有一个学生就分配一个结点，无须预先确定学生的准确人数，某学生退学，可删去该结点，并释放该结点占用的存储空间。从而节约了宝贵的内存资源。

例如，一个存放学生学号和成绩的结点应为以下结构：

```
struct stu
{
    int num;
    int score;
    struct stu *next;
}
```

前两个成员项组成数据域，后一个成员项 next 构成指针域，它是一个指向 stu 类型结构的指针变量。

为了访问链表，需要设置一个头结点，头结点数据域中的数据无意义，头结点的指针域用来保存下一个结点的首地址，若没有下一个结点则指针域赋值为空（NULL），即用头结点来描述一个链表的初始状态，如图 10.3 所示。

常用"head"来表示头结点，在示意图中"^"表示为空（NULL）。

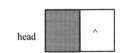

图 10.3　带头结点的单链表初始状态示意图

小贴士　　链表的结点定义打破了先定义再使用的限制，即可以用自己定义自己（链表的指针域）；递归函数的定义也违反了先定义再使用；这是 C 语言程序设计上的两大特例。

10.3　建立链表

所谓建立链表是指一个一个地输入各结点的数据，并建立起各结点之间的先后关系。

建立单向链表的方法有头插法和尾插法两种。头插法的特点是新产生的结点作为新的表头插入链表。尾插法的特点：新产生的结点接到链表的表尾。

下面通过一个程序实例来说明如何采用尾插法建立带头结点的动态单链表。

【例 10.2】建立一个有 n 名学生数据的单向链表。为简单起见，假定学生结构体中只有学号和姓名两项。

【问题分析】

采用尾插法建立带头结点的动态单链表，首先生成一个头结点，然后通过两个临时指针 p 和 r，指针 p 不断地分配新的结点，指针 r 则不断地将新的结点链接到链表末尾，并将最后一个结点的指针域赋值为空。

【程序代码】

```
#define NULL 0
struct student
{char sno[6];                    //学号域 5 个字符
 char name[9];                   //姓名域 4 个汉字
 struct student *next;           //指针域
};
typedef struct student st;
#include <stdlib.h>
#include <stdio.h>
#include <string.h>

st *createlink()
{//尾插法建立带头结点的动态单链表,返回头指针。
 st *head,*p,*r;
 r=head=(st *)malloc(sizeof(st));   //生成头结点
 p=(st *)malloc(sizeof(st));        //分配新结点
 printf("学号:");  gets(p->sno);
 printf("姓名:");  gets(p->name);
 while (strcmp(p->sno,"#")!=0)      //当学号为字符串"#"时结束循环
 {r->next=p;        //新结点链入表尾
  r=p;              //表尾指针后移
  p=(st *)malloc(sizeof(st));       //分配新结点
  printf("学号:");  gets(p->sno);
  printf("姓名:");  gets(p->name);
 }
 r->next=NULL;   //最后结点指针域为空
 free(p);        //释放最后输入学号为#的结点
 return head;
}
```

【运行结果】（见图 10.4）

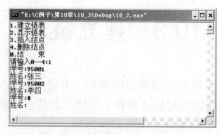

图 10.4 【例 10.2】运行结果

当学号为字符串"#"时结束循环，终止动态分配下一个结点。最后输入学号为#的结点并没有输入数据，为了不浪费存储空间，可对该结点所分配的内存进行释放。

10.4　链表的插入和删除

1．链表的插入

写一个函数，在链表中指定位置插入一个结点：在一个链表的指定位置插入结点，首先需要查找插入位置。在本例的学生数据链表中，要求按学号顺序插入一个结点，可在几种不同情况下进行插入。

① 原表是空表，只需使 head 头结点指向被插结点即可。

② 被插结点值最小，应插入第一结点之前。这种情况下使 head 指向被插结点，被插结点的指针域指向原来的第一结点则可。

③ 在其他位置插入，这种情况下，使插入位置的前一结点的指针域指向被插结点，使被插结点的指针域指向插入位置的后一结点。

④ 在表末插入，这种情况下使原表末结点指针域指向被插结点，被插结点指针域置为 NULL。

当查找到插入位置后，将新结点链入链表的操作只需要做两个工作，如图 10.5 所示，要将新结点 s 插入链表相应位置中，只需要将新结点 s 的首地址赋给其前一个结点 p2 的指针域即"p2->next=s;"，再把新结点 s 其后结点的首地址赋给新结点 s 的指针域即"s->next=p1;"，这样就可以看到，在结点 p2 和结点 p1 之间已插入了一个新的结点 s。

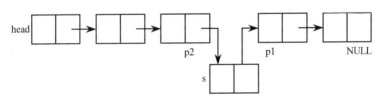

图 10.5　向链表中插入一个结点

【例 10.3】在例 10.2 建立链表的基础上插入一个学生数据。

【问题分析】

在已建立好的链表中插入一个结点，首先要做的是寻找插入位置，建立链表时采用的是尾插法，可以通过指针的移动继续将数据插入在尾部，也可以由用户指定插入位置或根据一定的规则寻找插入位置。本例中通过比较插入结点的学号来寻找插入位置，并使得新插入的结点在该链表中依然保持有序。

【程序代码】

```
void insertNode(st *head, st *s)
{//在以 head 为头指针且按学号升序排列的单链表中插入指针 s 所指向的结点仍按升序排列
 //返回插入结点后新链表头指针
 st *p1,*p2;
 p1=head->next; p2=head;
 while (p1!=NULL&&strcmp(p1->sno,s->sno)<0)
 {p2=p1; p1=p1->next;}  //寻找插入位置
 p2->next=s; s->next=p1;
```

```
    return;
    }
```

【运行结果】

运行这个程序后，将会产生如图 10.6 所示的结果。

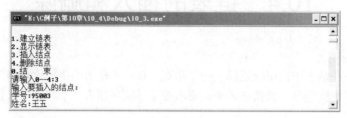

图 10.6 【例 10.3】运行结果

2. 链表的删除

写一个函数，在链表中指定位置删除一个结点。

删除就是将待删除的结点与前后的结点解除关系。结点被删除后，顺着链表就访问不到该结点了。

写一个函数，删除链表中的指定结点。删除一个结点有两种情况。

（1）被删除结点是第一个结点。这种情况只需使 head 指向第二个结点即可。

（2）被删除结点不是第一个结点，这种情况使被删结点的前一结点指向被删结点的后一结点即可。操作过程的链表结构如图 10.7 所示。

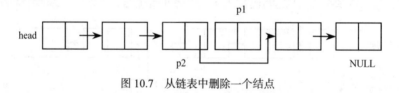

图 10.7 从链表中删除一个结点

【例 10.4】在例 10.2 和例 10.3 建立和插入链表的基础上删除一个学生数据。

【问题分析】

从主调函数中上传欲删除的结点的学号,通过学号的比较和指针的移动寻找到要删除的结点。为防止结点被删除后，顺着链表就访问不到被删除结点之后的后继结点，因此应先完成要删结点的前一结点和后一结点的链接，然后再释放被删除的结点。

【程序代码】

```
void deleteNode(st *head,char *s)
{//在以 head 为头指针的单链表中删除给定学号 s 所在的结点
 st *p1,*p2;
 if (!head->next) {printf("Empty LinkList.\n"); exit(0);}
 p1=head->next;  p2=head;
 while (p1!=NULL&&strcmp(p1->sno,s)!=0)
 {p2=p1; p1=p1->next;} //p1 指向要删除的结点,p2 指向要删除结点的前一结点
 if (p1==NULL) printf("链表中无所删结点!\n");
 else  {p2->next=p1->next; free(p1); } //删除 p1 所指结点
 }
```

【运行结果】（见图 10.8）

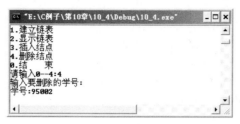

图 10.8　【例 10.4】运行结果

10.5　链表的输出

在本章的 10.3 节～10.4 节中，我们已经学会了如何建立链表以及插入、删除等操作，接下来我们编写一个单链表的输出函数。

【例 10.5】对例 10.2、例 10.3 和例 10.4 的操作进行输出操作，从而验证链表的建立、插入和删除是否成功。

【问题分析】

将链表中各结点的数据依次输出，首先要知道链表第一个结点的地址，也就是要知道 head 的值。然后设一个指针变量 p，先指向第一个结点，输出 p 所指向的结点的值，然后通过"p=p->next;"使 p 后移一个结点，再输出，直到链表的尾结点。

【程序代码】

```
void outlink(st *head)
{//输出以 head 为头指针的单链表
 st *p;
 if (!head->next) {printf("Empty LinkList.\n"); exit(0);}
 p=head->next;
 while (p!=NULL)
 {printf("%s %s\n",p->sno,p->name);
  p=p->next;
 }
}
```

完成单链表的输出操作之后，要做的就是编写一个主函数对上述函数进行调用来完成一个完整的用尾插法建立带头结点的动态单链表程序。

```
void main()
{st *head,*s; char no[6]; char c;
 while (1)
 {printf("1.建立链表\n");
  printf("2.显示链表\n");
  printf("3.插入结点\n");
  printf("4.删除结点\n");
  printf("0.结　　束\n");
  printf("请输入 0--4:"); c=getchar(); getchar();
  switch (c)
  {case '0': return;
   case '1': head=createlink(); break;
```

```
        case '2': outlink(head); break;
        case '3': s=(st *)malloc(sizeof(st));
                   printf("输入要插入的节点:\n");
                   printf("学号:"); gets(s->sno);
                   printf("姓名:"); gets(s->name);
                   insertNode(head,s);
                   break;
        case '4': printf("输入要删除的学号:\n");
                   printf("学号:"); gets(no);
                   deleteNode(head,no);
                   break;
   }
   printf("\n");
  }
}
```

那么整个程序以一个菜单的形式对链表的各部分操作进行调用，用户输入不同的需求实现相对应的功能。

【运行结果】

对例 10.2 执行显示链表操作，将会产生如图 10.9 所示的结果。

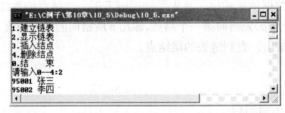

图 10.9　对【例 10.2】执行显示链表操作的运行结果

对例 10.3 执行显示链表操作，将会产生如图 10.10 所示的结果。

图 10.10　对【例 10.3】执行显示链表操作的运行结果

对例 10.4 执行显示链表操作，将会产生如图 10.11 所示的结果。

图 10.11　对【例 10.4】执行显示链表操作的运行结果

10.6 项目实例

在第 6 章的项目实例中，利用结构体数组设计了一个较为完整的"学生成绩管理系统"。 但是数组不允许动态定义数组的大小，即在使用数组之前必须确定数组的大小。而在实际应用中，用户使用数组之前有时无法准确确定数组的大小，只能将数组定义成足够大，这样数组中有些空间可能不被使用，从而造成内存空间的浪费。而链表是动态分配内存，不会造成内存空间的浪费。现在我们用链表来重新设计"学生成绩管理系统"。

首先要定义链表结点的存储结构，如下：

```
typedef struct StudentScore
{
    char sno[6];        /*学号*/
    char name[9];       /*姓名*/
    float score[5];     /*成绩*/
    struct StudentScore * next;
}StudentScore,*Student;
```

学号、姓名和成绩是数据域，"struct StudentScore * next;"是指针域，这样就可以通过 next 指针的移动来完成添加、修改、删除等操作。

"学生成绩管理系统"的头文件包含、全局变量的定义、函数调用申明、初始化链表表头结点、主调函数以及主界面代码如下。

```
//头文件包含
#include <stdio.h>
#include <conio.h>
#include <string.h>
#include <malloc.h>
#define null 0

//全局变量的定义
Student head;

//函数调用申明
void display();
void find();
void modify();
void add();
void del();
void write();
void list();
void listOne(StudentScore s); /*显示一条学生记录*/
Student isExists(char *sno);  /*是否存在学号为 sno 的学生记录*/
void init();

/*初始化链表表头结点*/
void init()
```

```
{
    head=(Student)malloc(sizeof(StudentScore));
    head->next=null;
}


//主调函数
void main()
{
    init();
    while(1)
    {
        char c;
        display();              /*显示主界面*/
        scanf("%c",&c);         /*输入用户选择的功能编号*/

        switch (c)
        {
            case '1':find();break;          /*查询*/
            case '2':add(); break;          /*添加*/
            case '3':modify(); break;       /*修改*/
            case '4':del(); break;          /*删除*/
            //case '5':write(); break;      /*保存*/
            case '6':list(); break;         /*浏览*/
            case '7':printf("\t\t...退出系统!\n"); return;
            default: printf("\t\t 输入错误!请按任意键返回重新选择(1-7)\n");getch();
        }
    }
}


/*显示主界面*/
void display()
{
    printf("\n\t★☆    欢迎使用学生成绩管理系统    ☆★\n\n");
    printf("\t 请选择(1-7): \n");
    printf("\t========================================\n");
    printf("\t\t1.查询学生成绩\n");
    printf("\t\t2.添加学生成绩\n");
    printf("\t\t3.修改学生成绩\n");
    printf("\t\t4.删除学生成绩\n");
    printf("\t\t5.保存数据到文件\n");
    printf("\t\t6.浏览数据\n");
    printf("\t\t7.退出\n");
    printf("\t========================================\n");
    printf("\t 您的选择是: ");
}
```

程序运行后，"学生成绩管理系统"的主界面如图 10.12 所示。

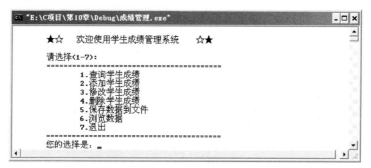

图 10.12　"学生成绩管理系统"主界面

　　从主界面可以看出，"学生成绩管理系统"可以被分成"查询"、"添加"、"修改"、"删除"、"保存"、"浏览"和"退出"等功能模块。在第 8 章函数中，我们知道可以通过简单操作来构成复杂操作，也就是说在各功能模块中都需要使用到的操作我们可以编写一个子函数。分析可知，显示一条学生记录和判断是否存在学号为 sno 的学生记录的操作在各功能模块中均有出现，因此我们先来完成这两个子函数，代码如下：

```
/*显示一条学生记录*/
void listOne(Student p)
{
    printf("\n该学生成绩记录如下：");
    printf("\n===================================================\n\n");
    printf("%-8s%-10s%-7s%-7s%-7s%-7s%-7s\n","学号","姓名","语文","数学","外语","综合","总分");
    printf("%-8s%-10s%-7.1f%-7.1f%-7.1f%-7.1f%-7.1f\n",p->sno,p->name,p->score[0]
,p->score[1],p->score[2],p->score[3],p->score[4]);
}

/*是否存在学号为 sno 的学生记录*/
Student isExists(char *sno)
{
    Student p,q;
    p=head;
    q=p->next;
    while(q!=null)
    {
        if(strcmp(q->sno,sno)==0)
            return p;//返回查找结点的上一个结点
        p=q;
        q=p->next;
    }
    return p;
}
```

　　下面将一一介绍项目中各功能模块的具体实现。

　　（1）find( )函数：根据学号查询学生成绩记录。输入学生学号后，在学生成绩链表中查找该学生是否存在，存在就显示该学生成绩记录；否则提示"您所输入的学生学号有误或不存在！"。该功能运行结果如图 10.13 所示。

```
/*根据学号查询学生成绩记录*/
```

```
void find( )
{
    Student p;
    char sno[6];  /*接收学生学号字符数组*/
    if (head->next==null)
    {
        printf("\n\t\t 当前还没有学生成绩记录，按任意键返回主菜单......");
        getchar();
        return;
    }

    printf("\t\t 请输入学生学号: ");
    scanf("%s",sno);
    p=isExists(sno);
    p=p->next;
    if (p!=null)  /*如果该学生存在则显示学生成绩记录*/
        listOne(p);
    else
        printf("\n\t\t 您所输入的学生学号有误或不存在! ");
    printf("\n\t\t 按任意键返回主菜单......");
    getchar();
}
```

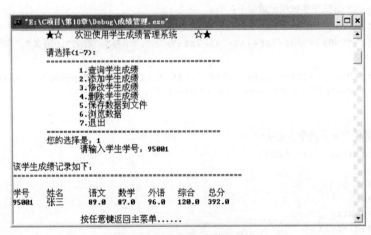

图 10.13 查询学生成绩记录界面

（2）add( )函数：添加学生成绩记录。输入待添加的学生学号后，在学生成绩链表中查找该学生是否存在，不存在就添加；否则提示"您所输入的学生学号已存在!"。该功能运行结果如图 10.14 所示。

```
/*添加学生成绩记录*/
void add()
{
    Student p,q;
    q=(Student)malloc(sizeof(StudentScore));
    char sno[6];
    printf("\t\t 请输入学生学号: ");
    getchar();
    scanf("%s",sno);
```

```
p=isExists(sno);
if (p->next==null)/*如果不存在该学生成绩记录,则添加*/
{
    strcpy(q->sno,sno);
    printf("\t\t请输入学生姓名:");
    scanf("%s",&q->name);
    printf("\t\t请输入该学生的语文成绩:");
    scanf("%f",&q->score[0]);
    printf("\t\t请输入该学生的数学成绩:");
    scanf("%f",&q->score[1]);
    printf("\t\t请输入该学生的外语成绩:");
    scanf("%f",&q->score[2]);
    printf("\t\t请输入该学生的综合成绩:");
    scanf("%f",&q->score[3]);
    q->next=null;
    /*计算总分并输出*/
    q->score[4]=0;
    for (int i=0;i<4;i++)
        q->score[4]+=q->score[i];
    printf("\t\t该学生的总分%-7.1f:",q->score[4]);
    p->next=q;//在链表尾插入新结点
}
else
    printf("\n\t\t您所输入的学生学号已存在!");
printf("\n\t\t按任意键返回主菜单......");
getchar();
}
```

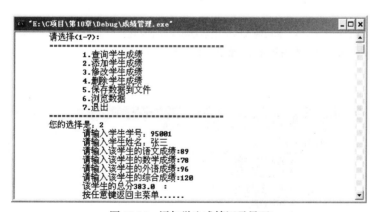

图 10.14 添加学生成绩记录界面

(3) modify( )函数:修改学生成绩记录。输入待修改的学生学号后,如果该学生存在则显示学生成绩记录并录入该学生新的成绩记录,否则输出"您所输入的学生学号有误或不存在!"。该功能运行结果如图 10.15 所示。

```
/*修改学生成绩记录*/
void modify()
{
    char sno[6]; /*接收学生学号字符数组*/
    if (head->next==null)
```

```
    {
        printf("\n\t\t 当前还没有学生成绩记录，按任意键返回主菜单......");
        getchar();
        return;
    }

    printf("\t\t 请输入学生学号: ");
    scanf("%s",sno);
    Student p,q;
    p=isExists(sno);
    q=p->next;
    if (q!=null)  /*如果该学生存在则显示学生成绩记录并录入新的学生成绩记录*/
    {
        listOne(q);
        printf("\t\t 请输入该学生新的语文成绩:");
        scanf("%f",&q->score[0]);
        printf("\t\t 请输入该学生新的数学成绩:");
        scanf("%f",&q->score[1]);
        printf("\t\t 请输入该学生新的外语成绩:");
        scanf("%f",&q->score[2]);
        printf("\t\t 请输入该学生新的综合成绩:");
        scanf("%f",&q->score[3]);
        /*计算总分并输出*/
        q->score[4]=0;
        for (int j=0;j<4;j++)
            q->score[4]+=q->score[j];
        printf("\t\t 该学生新的总分%-7.1f:",q->score[4]);
    }
    else
        printf("\n\t\t 您所输入的学生学号有误或不存在! ");
    printf("\n\t\t 按任意键返回主菜单......");
    getchar();
}
```

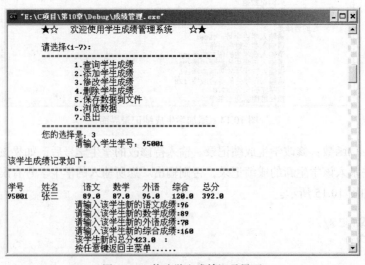

图 10.15　修改学生成绩记录界面

（4）del( )函数：删除学生成绩记录。输入待删除的学生学号，通过 next 指针的移动来寻找该学生，如果该学生存在则执行链表删除操作；否则输出"您所输入的学生学号有误或不存在！"。该功能运行结果如图 10.16 所示。

```
/*删除学生成绩记录*/
void del( )
{
    char sno[6];  /*接收学生学号字符数组*/
    if (head->next==null)
    {
        printf("\n\t\t 当前还没有学生成绩记录，按任意键返回主菜单......");
        getchar();
        return;
    }
    printf("\t\t 请输入学生学号：");
    scanf("%s",sno);
    Student p,q;
    p=isExists(sno);
    q=p->next;
    if (q!=null) /*如果该学生存在则删除*/
    {
        q=q->next;
        p->next=q;
        printf("\n\t\t 删除成功！");
    }
    else
        printf("\n\t\t 您所输入的学生学号有误或不存在！");
    printf("\n\t\t 按任意键返回主菜单......");
    getchar();
}
```

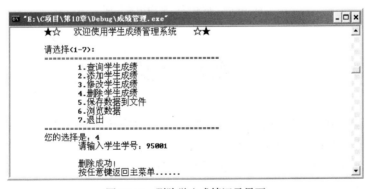

图 10.16　删除学生成绩记录界面

（5）list( )函数：显示所有的学生成绩记录。该功能运行结果如图 10.17 所示。

```
void list()
{
    Student p;
    if (head->next==null)
    {
        printf("\n\t\t 当前还没有学生成绩记录，按任意键返回主菜单......");
```

```
            getchar();
            return;
        }
        printf("\n 所有学生成绩记录如下：");
        printf("\n========================================================\n\n");
        printf("%-8s%-10s%-7s%-7s%-7s%-7s%-7s\n","学号","姓名","语文","数学","外语","综合","总分");
        p=head->next;
        while(p!=null)
        {
    printf("%-8s%-10s%-7.1f%-7.1f%-7.1f%-7.1f%-7.1f\n",p->sno,p->name,p->
score[0],p->score[1],p->score[2],p->score[3],p->score[4]);
            p=p->next;
        }
        printf("\n\t\t 按任意键返回主菜单......");
        getchar();
    }
```

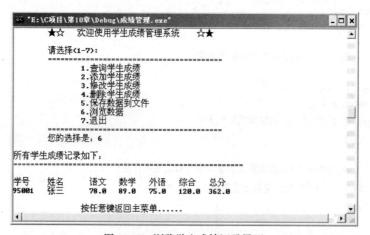

图 10.17　浏览学生成绩记录界面

本章小结

　　链表是程序设计中一种重要的动态数据结构，它是动态地进行存储分配的一种结构。比较数组和链表的优缺点，总地来说如下所述。

　　1. 链表灵活，数组简洁。链表动态地进行存储分配，可以适应数据动态地增减的情况。而数组中的元素可以按下标来访问，实现方式简单。

　　2. 要在数据中间做插入或删除，链表高效些，对数组进行插入、删除数据项时，需要移动其他数据项。

　　3. 数组的检索比链表快，因为它可以直接用偏移（offset），而链表要一个结点一个结点地接着找。

　　4. 数组的建立、销毁比链表要快。

习题 10

一、单选题

1. 程序的运行结果是（　　　）。

```
#include <stdio.h>
#include <stdlib.h>
int fun(int n)
{
    int *p;
    p=(int*)malloc(sizeof(int));
    *p=n; return *p;
}
main()
{
    int a;
    a = fun(10); printf("%d\n", a+fun(10));
}
```

　A．0　　　　　　B．10　　　　　　C．20　　　　　　D．出错

2. 现有以下结构体说明和变量定义，如图所示，指针 p,q,r 分别指向一个链表中连续的 3 个结点。

```
struct node
char data;
struct node *next;
}*p,*q,*r;
```

现要将 q 和 r 所指结点交换前后位置，同时要保持链表的连续，以下不能完成此操作的语句是（　　　）。

A．q->next=r->next; p->next=r; r->next=q;

B．p->next=r; q->next=r->next; r-.next=q;

C．q->next=r->next; r->next=q; p->next=r;

D．r->next=q; p-next=r; q-next=r->next;

3. 假定已建立以下链表结构，且指针 p 和 q 已指向如图 10.18 所示的结点：

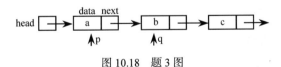

图 10.18　题 3 图

则以下选项中可将 q 所指结点从链表中删除并释放该结点的语句组是（　　　）。

　A．(*p).next=(*q).next; free(p);　　　　B．p=q->next; free(q);

　C．p=q; free(q);　　　　　　　　　　　　D．p->next=q->next; free(q);

4. 程序中已构成如图所示的不带头结点的单向链表结构，指针变量 *s*、*p*、*q* 均已正确定义，并用于指向链表结点，指针变量 *s* 总是作为头指针指向链表的第一个结点。

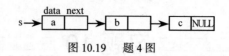

图 10.19　题 4 图

若有以下程序段

```
q=s; s=s>next; p=s;
while(p->next) p=p->next;
```

p->next=q; q->next=NULL;该程序段实现的功能是（　　　）。

A. 首结点成为尾结点
B. 尾结点成为首结点
C. 删除首结点
D. 删除尾结点

5. 下列叙述中正确的是（　　　）。

A. 线性链表是线性表的链式存储结构。
B. 栈与队列是非线性结构。
C. 双向链表是非线性结构。
D. 只有根结点的二叉树是线性结构。

6. 下列叙述中正确的是（　　　）。

A. 有一个以上根结点的数据结构不一定是非线性结构。
B. 只有一个根结点的数据结构不一定是线性结构。
C. 循环链表是非线性结构。
D. 双向链表是非线性结构。

二、程序阅读题

1. 以下程序运行后的输出结果是（　　　）。

```
#include <stdio.h>
void main()
{   char *p; int i;
    p=(char *)malloc(sizeof(char)*20);
    strcpy(p,"welcome");
    for(i=6;i>=0;i--) putchar(*(p+i));
    printf("\n-"); free(p);
}
```

2. 以下程序的输出结果是（　　　）。

```
#include <stdio.h>
void main()
{   char *s1,*s2,m;
    s1=s2=(char*)malloc(sizeof(char));
    *s1=15;*s2=20;
    M=*s1+*s2;
    Printf("%d\n",m);
}
```

三、程序填空题

1. 下面程序的功能是建立一个有 3 个节点的单向循环链表，然后求各个节点数值域 data 中数据的和，请填空。

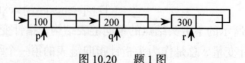

图 10.20　题 1 图

```
#include <stdio.h>
#include <stdlib.h>
struct NODE{
    int data;
    struct NODE *next;
};
void main()
{
    struct NODE *p,*q,*r; int sum=0;
    p=(struct NODE*)malloc(sizeof(struct NODE));
    q=(struct NODE*)malloc(sizeof(struct NODE));
    r=(struct NODE*)malloc(sizeof(struct NODE));
    p->data=100;  q->data=200;   r->data=200;
    p->data=q;     q->data=r;      r->data=p;
    m=p->data+p->next->data+r->next->data _____;
    printf("%d\n",sum);
}
```

2. 链接成一个简单的链表，并在 while 循环中输出链表结点数据域中的数据，请填空。

```
#include <stdio.h>
struct node
{
    int data;
     struct node *next;
};
typedef struct node NODETYPE;
void main()
{
    NODETYPE a,b,c,*h,*p;
    a.data=10;b.data=20;c.data=30;h=&a;
    b.next=&b;b.next=&c;c.next='\0';
    p=h;
    while(p){printf("&d",p->data);_____; }
}
```

3. 函数 main()的功能是在带头结点的单链表中查找数据域中值最小的结点，请填空。

```
#include <stdio.h>
struct node
{
    int data;
    struct node *next;
};
int min(struct node *first)/*指针 first 为链表头指针*/
{
    strct node *p; int m;
    p=first->next; m=p->data;p=p->next;
    for(;p!=NULL;p=_____)
         if(p->data<m)m=p->data;
    return m;
}
```

4. 以下程序中函数 fun 的功能是构成一个如图所示的带头结点的单向链表，在结点数据域中放入了具有两个字符的字符串。函数 disp 的功能是显示输出该单链表中所有结点中的字符串。请填空完成函数 disp。

```
#include <stdio.h>
typedef struct node /*链表结点结构*/
{
    char sub[3];
    struct node *next;
}Node;
Node fun(char s) /*建立链表*/
{ …… }
void disp(Node *h)
{
    Node *p;p=h->next;
    While(_____)
    {
        printf("%s\n",p->sub);
        p=_____;
    }
}
void main()
{
    Node *hd;hd=fun();
    disp(hd); printf("\n");
}
```

5. 函数 fun 的功能是将不带头结点的单向链表逆置。即若原链表中从头至尾结点数据域依次为：2、4、6、8、10，逆置后，从头至尾结点数据域依次为：10、8、6、4、2。完成 fun 函数的功能。

```
#define N 5
typedef struct node {
    int data;
    struct node *next;
} NODE;
/**********found**********/
_____ fun(NODE *h)
{
    NODE *p, *q, *r;
    p = h;
    if (p == NULL)
        return NULL;
    q = p->next;
    p->next = NULL;
    while (q)
    {
        /**********found**********/
        r = q->_____;
        q->next = p;
        p = q;
        /**********found**********/
        q = _____ ;
    }
    return p;
}
NODE *creatlist(int a[])
```

```
    {
        NODE *h,*p,*q; int i;
        h=NULL;
        for(i=0; i<="" p="">
        {
            q=(NODE *)malloc(sizeof(NODE));
            q->data=a[i];
            q->next = NULL;
            if (h == NULL) h = p = q;
            else {p->next = q; p = q;}
        }
        return h;
    }
    void outlist(NODE *h)
    {
        NODE *p;
        p=h;
        if (p==NULL) printf("The list is NULL!\n");
        else
        {
            printf("\nHead ");
            do{printf("->%d", p->data); p=p->next;}
            while(p!=NULL);
            printf("->End\n");
        }
    }
    void main()
    {
        NODE *head;
        int a[N]={2,4,6,8,10};
        head=creatlist(a);
        printf("\nThe original list:\n");
        outlist(head);
        head=fun(head);
        printf("\nThe list after inverting :\n");
        outlist(head);
    }
```

四、编程题

1. n 名学生的成绩已在主函数中放入一个带头节点的链表结构中，h 指向链表的头节点。请编写函数 fun，它的功能是找出学生的最高分，由函数值返回。

2. 编程序建立一个带头结点的单项链表，链表结点中的数据通过键盘输入，当输入数据为 –1 时，表示输入结束。

3. 已知 head 指向双向链表的第一个结点。链表中每个结点包含数据域（info）、后继元素指针域（next）和前驱元素指针域（pre）。编写函数 printl 用来从头至尾输出这一双向链表。

第11章 文件

在前面章节的阐述中，已多次涉及微型计算机的输入输出操作，这些输入输出操作仅对常规输入输出设备进行：从键盘输入数据，或将数据从显示器或打印机输出。通过这些常规输入输出设备，有效地实现了微型计算机与用户的联系。

然而，在实际应用系统中，仅仅使用这些常规外部设备是很不够的。使用微型计算机解决实际问题时往往需要处理大量的数据；并且希望这些数据不仅能被本程序使用，而且也能被其他程序使用。为了保存这些数据，必须将它们以文件形式存储在外存储器中，当其他程序要使用这些数据，或该程序还要使用这些数据时，再以文件形式将数据从外存读入内存。尤其在用户处理的数据量较大、数据存储要求较高、处理功能需求较多的场合，应用程序总要使用文件操作功能。

文件的输入输出操作是实际应用程序必须具备的基本功能，也常是构成应用程序的重要部分，因此在高级语言中一般都配置了文件操作语句。本章介绍 ANSI C 规定的文件系统以及对它的读写操作。

11.1 文件概述

11.1.1 数据项、记录和文件

1. 数据项

在文件系统中，数据项是最低级的数据组织形式，可把它分成以下两种类型。

（1）基本数据项。这是用于描述一个对象的某种属性的字符集，是数据组织中可以命名的最小逻辑数据单位，即原子数据，又称为数据元素或字段。它的命名往往与其属性一致。例如，用于描述一个学生的基本数据项有学号、姓名、年龄、所在班级等。

（2）组合数据项。它是由若干个基本数据项组成的，简称组项。例如，经理便是个组项，它由正经理和副经理两个基本项组成。又如，工资也是个组项，它可由基本工资、工龄工资和奖励工资等基本项所组成。

基本数据项除了数据名外，还应有数据类型。因为基本项仅是描述某个对象的属性，根据属性的不同，需要用不同的数据类型来描述。例如，在描述学生的学号时，应使用整数；描述学生的姓名则应使用字符串（含汉字）；描述性别时，可用逻辑变量或汉字。可见，由数据项的名字和类型两者共同定义了一个数据项的"型"。而表征一个实体在数据项上的数据则称为"值"。例如，学号/30211、姓名/王有年、性别/男等。

2. 记录

记录是一组相关数据项的集合，用于描述一个对象在某方面的属性。一个记录应包含哪些数据项，取决于需要描述对象的哪个方面。而一个对象，由于它所处的环境不同可把它作为不同的对象。例如，一个学生，当把他作为班上的一名学生时，对他的描述应使用学号、姓名、年龄及所在系班，也可能还包括他所学过的课程的名称、成绩等数据项。但若把学生作为一个医疗对象时，对他描述的数据项则应使用诸如病历号、姓名、性别、出生年月、身高、体重、血压及病史等项。

在诸多记录中，为了能唯一地标识一个记录，必须在一个记录的各个数据项中，确定出一个或几个数据项，把他们的集合称为关键字（key）。或者说，关键字是唯一能标识一个记录的数据项。通常，只需要一个数据项作为关键字。例如，前面的病历号或学号便可用来从诸多记录中标识出唯一的一个记录。然而有时找不到这样的数据项，只好把几个数据项定为能在诸多记录中唯一地标识出某个记录的关键字。

3. 文件

文件是指由创建者所定义的、具有文件名的一组相关元素的大集合，可分为有结构文件和无结构文件两种。在有结构的文件中，文件由若干个相关记录组成；而无结构文件则被看成一个字符流。文件在文件系统中是一个最大的数据单位，它描述了一个对象集。例如，可以将一个班的学生记录作为一个文件。一个文件必须要有一个文件名，它通常是由一串 ASCII 码或（和）汉字构成的，名字的长度因系统不同而异。如在有的系统中把名字规定为 8 个字符，而在有的系统中又规定可用 14 个字符。用户利用文件名来访问文件。

此外，文件应具有自己的属性，属性可以包括以下几个方面。

（1）文件类型。可以从不同的角度来规定文件的类型，如源文件、目标文件及可执行文件等。

（2）文件长度。文件长度指文件的当前长度，长度的单位可以是字节、字或块，也可能是最大允许的长度。

（3）文件的物理位置。该项属性通常是用于指示文件在哪一个设备上及在该设备的哪个位置的指针。

（4）文件的建立时间。这是指文件最后一次的修改时间等。

11.1.2 数据文件的存储形式

在 C 语言中使用的磁盘文件系统中，数据文件的数据存储形式有两种：一种以字符形式存放，这种文件称为字符文件，也称为文本文件；另一种以二进制形式存放，这种文件称为二进制文件。

字符文件中的数据以字符的形式出现，每个字符用一个 ASCII 码表示，占一个字节的空间；二进制文件则是以数据在内存中存储形式的原样存于磁盘上。

例如，10000 这个整数，在字符文件中用其 ASCII 码表示为如图 11.1 所示。

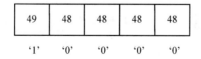

图 11.1 整数 10000 在字符文件中的表示

即将整个数字表示成对应的字符序列。这个整数有 5 位数字，共用了 5 个字符，一个字符占一个字节，共用了 5 个字节。

而在二进制文件中，该数表示成相应的二进制数为 0010011100010000，它只需要占用 4 个字节。

一般来说，字符文件形式输出时与字符一一对应，一个字节代表一个字符，因而便于对字符进行逐个处理，也便于输出字符，但占存储空间较多，而且要花费转换时间（二进制形式与 ASCII 码之间的转换）；用二进制形式输出数值，可以节省存储空间，由于在输入时不需要把字符先转换成二进制形式再送入内存，在输出时也不需要把数据由二进制转换为字符再输出，因而输入/输出速度快，节省时间。但一个字节并不对应一个字符，不能直接输出字符形式。用户在进行程序设计时，要综合考虑时间、空间和用途进行选择。

在 C 语言中，对文件的读写操作都是用库函数来实现的。

11.1.3　缓冲区

缓冲区指在程序执行时，所提供的额外内存，可用来暂时存放准备执行的数据。它的设置是为了提高存取效率，因为内存的存取速度比磁盘驱动器快得多。

C 语言的文件处理功能依据系统是否设置"缓冲区"分为两种：一种是设置缓冲区，另一种是不设置缓冲区。由于不设置缓冲区的文件处理方式，必须使用较低级的 I/O 函数（包含在头文件 io.h 和 fcntl.h 中）来直接对磁盘存取，这种方式的存取速度慢，并且由于不是 C 的标准函数，跨平台操作时容易出问题。下面只介绍第一种处理方式，即设置缓冲区的文件处理方式：当使用标准 I/O 函数（包含在头文件 stdio.h 中）时，系统会自动设置缓冲区，并通过数据流来读写文件。当进行文件读取时，不会直接对磁盘进行读取，而是先打开数据流，将磁盘上的文件信息拷贝到缓冲区内，然后程序再从缓冲区中读取所需数据。当写入文件时，并不会马上写入磁盘中，而是先写入缓冲区，只有在缓冲区已满或"关闭文件"时，才会将数据写入磁盘，如图 11.2 所示。

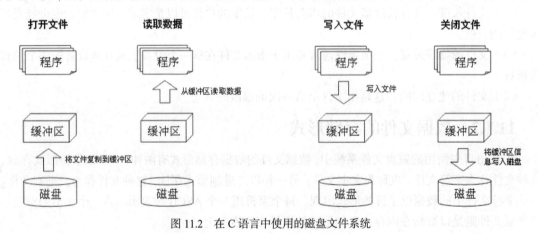

图 11.2　在 C 语言中使用的磁盘文件系统

11.2　文件类型指针

在 C 语言程序中当建立或调用一个磁盘文件时，必须了解如下信息：与该文件对应的内存缓冲区的地址、文件当前的读写位置、文件操作的方式、是文本文件还是二进制文件、是读操作还是写操作等。

对于缓冲区系统而言，关键的概念是"文件指针"。每个被使用的文件都在内存中开辟一段存储单元，用来存放文件的有关信息。这些信息是保存在一个结构体变量中的。该结构体类型变量是由系统定义的，取名为 FILE。有几个文件就建立几个这样的结构体变量，分别存放各文件的有关信息。同时返回对应的 FILE 结构指针。这样，对该文件的操作，都以该指针为参考，用户无需对这个结构的内容进行控制。

FILE 结构体类型在 stdio.h 文件中定义如下：

```
typedef struct
{
    short level;                /*缓冲区"满"或"空"的程度*/
    unsigned flags;             /*文件状态标志*/
    char fd;                    /*文件描述符*/
    unsigned char hold;         /*如无缓冲区不读取字符*/
    short  bsize;               /*缓冲区的大小*/
    unsigned char *buffer;      /*数据缓冲区的位置*/
    unsigned char *curp;        /*指针，当前的指向*/
    unsigned  istemp;           /*临时文件，指示器*/
    short token;                /*用于有效性检查*/
}FILE;
```

有了 FILE 结构体类型之后，可以用它来定义若干个 FILE 类型的变量，以便存放若干个文件的信息。例如，可以定义以下 FILE 类型的数组：

```
FILE f[5];
```

定义了一个结构体数组 f，它有 5 个元素，可以用来存放 5 个文件的信息。

程序中设置一个指向该结构体变量的指针变量，通过它来访问 FILE 结构体变量，例如：

```
FILE *fp;
```

便定义了一个 FILE 结构体类型的指针变量。当程序打开一个文件，就得到对应的 FILE 结构指针。只要把该指针值赋给指针变量 *fp*，fp 就指向了这个 FILE 结构体变量，也就是指向这个文件了。也就是说，通过文件指针变量能够找到与它相关的文件。如果有 *n* 个文件，一般应设 *n* 个指针变量，使它们分别指向 *n* 个文件，以实现对文件的操作。

11.3 文件操作

对文件的操作包括打开文件、读文件、写文件、关闭文件或删除文件等操作。对文件进行操作之前，必须先打开该文件；使用结束后，应立即关闭，以免数据丢失。C 语言规定了标准输入/输出函数库，用 fopen 函数打开一个文件，用 fclose 函数关闭一个文件。

11.3.1 文件的操作函数

1. 文件打开函数 fopen

所谓打开文件，是在程序和文件之间建立起联系，把所要操作的文件的有关信息，如文件名、文件操作方式等通知给程序。实质上，打开文件表示给用户指定的文件在内存中分配一段 FILE 结构的存储单元，并将该结构的指针返回给用户程序，此后用户程序就可用此 FILE 指针来实现对指定文件的操作。

fopen 函数的一般调用形式为：

```
FILE *fp;
fp=fopen(char *filename,char *mode);
```

fopen()打开一个 filename 指向的文件，文件操作方式由 mode 的值决定，将函数调用后的返回值赋给 FILE 类型的指针变量*fp*，这样 fp 就指向了文件 filename。

例如：

```
FILE *fp;
fp=fopen("datafile.dat","r");
```

表示用只读方式打开名为 datafile.dat 的文件，并把该文件的首地址赋给指针变量*fp*。

一般文件名需要用双引号括起来，文件名中也可以包含用双反斜线"\\"隔开的路径名。

例如：

```
fp=fopen("c:\\cfiles\\datafile.dat","r");
```

文件操作方式及含义如表 11.1 所示。

表 11.1　　　　　　　　　　　　C 语言文件操作方式

文件操作方式	含　义
"r"（只读）	为只读打开一个字符文件
"w"（只写）	为只写打开一个字符文件
"a"（追加）	打开字符文件，指向文件尾，在已存在的文件中追加数据
"rb"（只读）	为只读打开一个二进制文件
"wb"（只写）	为只写打开一个二进制文件
"ab"（追加）	打开一个二进制文件，以向文件追加数据
"r+"（读写）	以读写方式打开一个已存在的字符文件
"w+"（读写）	为读写建立一个新的字符文件
"a+"（读写）	为读写打开一个字符文件，进行追加
"rb+"（读写）	为读写打开一个二进制文件
"wb+"（读写）	为读写建立一个新的二进制文件
"ab+"（读写）	为读写打开一个二进制文件进行追加

【说明】

（1）"r"、"w"、"a"、"b"分别是单词"read"、"write"、"append"、"binary"的第一个字母，分别用来表示"读"、"写"、"追加"、"二进制"的意思。

（2）从表中可以看出，后 6 种方式是在前 6 种方式基础上加一个"+"符号得到的，其区别是由单一的读方式、写方式或追加方式扩展到既能读又能写的方式。

（3）用"r"方式打开的文件必须是已经存在的文件，否则出错。用"w"方式打开的文件可以存在，也可以不存在。如果原来不存在该文件，则在打开时新建立一个以指定的名字命名的文件。用"a"方式打开的文件也必须是已经存在的，否则将出错，打开时，位置指针移到文件末尾。

（4）如果不能实现"打开"的任务，fopen 函数将会带回一个出错信息。出错的原因可能是：

① 用"r"方式打开一个并不存在的文件；

② 磁盘出故障；

③ 磁盘已满无法建立新文件等。

此时函数将带回一个空指针值 NULL。

常用下面的方法打开一个文件：

```
if((fp=fopen("filename","r"))==NULL)
{
    printf("不能打开这个文件\n");
    exit(0);
}
```

即先检查打开的操作是否成功，如果失败就在终端上输出"不能打开这个文件"。exit 函数的作用是直接退出程序。待用户检查出错误，修改源代码后再运行。注意，exit 函数包含在 stdlib.h 文件中，在使用前要用"#include <stdlib.h>"包含进来。

（5）在向计算机输入字符文件时，将回车换行转换为一个换行符，在输出时把换行符转换成为回车和换行两个字符。在用二进制文件时，不进行这种转换，在内存中的数据形式与输出到外部文件中的数据形式完全一致，一一对应。

（6）对磁盘文件而言，在使用前一定要打开。而对外部设备，尽管它们也可以作为设备文件处理，但在以前的应用中并未用到"打开文件"的操作。这是因为当运行一个 C 程序时，系统自动地打开了 5 个设备文件，并自动地定义了 5 个 FILE 结构指针变量，它们的含义如表 11.2 所示。

用户程序在使用这些设备时，不必再进行打开或关闭操作，它们由 C 编译程序自动完成，用户可任意使用。

表 11.2　　　　　　　　　　标准设备文件及其 FILE 结构指针变量

设 备 文 件	FILE 结构指针变量名
标准输入（键盘）	stdin
标准输出（显示器）	stdout
标准辅助输入输出（异步串行口）	stdoux
标准打印（打印机）	stdprn
标准错误输出（显示器）	stderr

2. 文件关闭函数 fclose

程序对文件的读写操作完成后，必须关闭文件。这是因为对打开的磁盘文件进行写入时，若文件缓冲区的空间未被写入的内容填满，这些内容将不会自动写入到打开的文件中，从而导致内容丢失。只有对打开的文件进行关闭操作时，停留在文件缓冲区的内容才能写到磁盘文件上去，从而保证了文件的完整性。

所谓"关闭"就是指文件指针变量不指向该文件，也就是断开文件指针变量与文件的联系，此后不能再通过该指针对原来与其相联系的文件进行读写操作。除非再次打开，使该指针变量重新指向该文件。

关闭标准文件用 fclose 函数，一般调用形式为：

```
fclose(FILE *stream);
```

例如：

```
fclose(fp);
```

它表示该函数关闭 FILE 结构指针变量 fp 对应的文件。若成功地关闭了文件，则返回一个 0 值；否则返回一个非零值。

测试关闭文件成功与否的程序段如下：

```
if (fclose(fp)!=0)
  {printf("\n 不能关闭这个文件。");
   exit(0);
  }
else
   printf("\n 文件被关闭了。");
```

另外有一个函数 fcloseall()，它可以同时关闭程序中已打开的多个文件（前述 5 个标准设备文件除外），将各文件缓冲区未装满的内容写到相应的文件中去，随后便释放这些缓冲区，并返回关闭文件的数目。例如，若程序已打开 3 个文件，当执行"n=fcloseall();"时，这 3 个文件将同时被关闭，且使 *n* 的值为 3。

3. 文件字符读函数 fgetc

从指定的磁盘文件读取一个字符，该文件必须是以读或读写方式打开的，其调用的一般形式为：

```
fgetc(FILE *stream);
```

例如：

```
ch=fgetc(fp);
```

它表示函数从指针变量 *fp* 指定的文件中读取一个字符并赋给变量 *ch*，fgetc 函数的值就是该字符。这个 *fp* 的值是用函数 fopen() 打开该文件时设定的。若执行 fgetc 函数时遇到文件结束符 EOF（end of file 的首写字母），则函数返回一个值"–1"给 *ch*。注意，这个"–1"并不是函数读入的字符值，而是因为没有一个字符的 ASCII 码为"–1"，当系统判断出函数返回文件尾的信息 EOF 时，它就使函数的返回值为"–1"。

从一个磁盘文件顺序读入字符并在屏幕上显示出来，程序段如下：

```
ch=fgetc(fp);
while (ch!=EOF)
{
    putchar(ch);
    ch=fgetc(fp);
}
```

但以上的程序段只适用于读字符文件中的情况。现在 ANSI C 已允许用缓冲文件系统处理二进制文件，而读入某一个字节中的二进制数据的值有可能是"–1"，而这又恰好是 EOF 的值。这就出现了需要读入有用数据而却被处理为"文件结束"的情况。为了解决这个问题，ANSI C 提供了一个 feof 函数来判断文件是否真的结束。feof(fp) 用来测试 fp 所指向的文件当前状态是否为"文件结束"。如果是文件结束，函数 feof(fp) 的值为 1（真），否则为 0（假）。

4. 文件字符写函数 fputc

把一个字符写到磁盘文件中去，其调用的一般形式为：

```
fputc(char ch,FILE *stream);
```

例如：

```
fputc(ch,fp);
```

其中，ch 是要输出的字符，它可以是一个字符常量，也可以是一个字符变量。fp 是文件指针变量。fputc(ch,fp)函数的功能是将字符 ch 输出到 fp 所指向的文件中去。fputc 函数也返回一个值，如果输出成功则返回值就是输出的字符，如果输出失败，则返回一个 EOF。

【例 11.1】 读出磁盘文件 datafile.txt 中的内容，将它们显示在屏幕上。

【问题分析】

首先在程序运行之前应在当前目录（程序保存目录）下用 Windows 操作系统自带记事本软件建立文件 "datafile1.txt"，并输入文本信息，如图 11.3 所示。

图 11.3 datafile1.txt 中的文本信息

然后通过 fopen 打开该文件，接着在循环语句中使用 fgetc 函数一个一个读取字符直到文本结束，即循环的终止条件是碰到文件结束符 EOF。程序中使用了写文件函数 fputc()，函数中使用的指针变量名为 stdout，指示使用显示器设备文件，因而写文件的结果是将字符显示在显示器上。

【程序代码】

```c
#include <stdio.h>
#include <stdlib.h>
void main()
{
    FILE *fp;
    char ch;
    if ((fp=fopen("datafile1.txt","r"))==NULL)
    { printf("不能打开这个文件\n");
    exit(0);
    }
    while((ch=fgetc(fp) )!=EOF)
        fputc(ch,stdout);
    fclose(fp);
    printf("\n");
}
```

【运行结果】（见图 11.4）

图 11.4 【例 11.1】运行结果

【例 11.2】 从键盘输入字符，逐个把它们送到磁盘中，直到输入一个 "#" 为止。

【问题分析】

程序中文件名由键盘输入，将其赋给字符数组 filename，然后输入要写入该磁盘文件的字符，程序将输入的内容写到磁盘文件中，同时在屏幕上显示这些字符。

【程序代码】

```c
#include <stdio.h>
#include <stdlib.h>
void main()
{
    FILE *fp;
    char ch,filename[10];
    printf("请输入文件名: ");
    scanf("%s",filename);
    if((fp=fopen(filename,"w"))==NULL)
    {
        printf("不能打开这个文件\n");
        exit(0);
    }
    printf("请输入数据: ");
    ch=getchar();
    while (ch!='#')
    {
        fputc(ch,fp);
        putchar(ch);
        ch=getchar();
    }
    fclose(fp);
}
```

【运行结果】（见图 11.5）

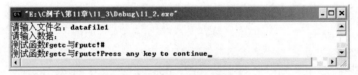

图 11.5　【例 11.2】运行结果

再将文件 datafile1 以记事本方式打开，即可看到通过 fgetc 录入的文本信息，如图 11.6 所示。

图 11.6　【例 11.2】运行后文件 datafile1 中的文本信息

5. 文件字符串读函数 fgets

其调用的一般形式为：

```c
*fgets(char *str,int n,FILE *stream);
```

功能：从指针 stream 所指定的文件中读取 n-1 个字符，把它送到由指针 str 指向的字符数组中。

例如：

```
fgets(databuf,6,fp);
```

将 fp 指定的文件中的 5 个字符读到 databuf 内存区中。databuf 可以是定义的字符数组，也可以是动态分配的内存区。

fgets()读完指定的 $n-1$ 个字符后返回。若在读入 $n-1$ 个字符完成之前就遇到换行符 '\n' 或文件结束符 EOF，也将停止读入，但将遇到的换行符 '\n' 也作为一个字符送入字符数组中。fgets()在读入字符串之后会自动添加一个串结束符 '\0'，因此送入字符数组中的字符串（包括 '\0' 在内）最多为 n 个字节。

fgets 函数执行完后，返回一个指向该串的指针，即字符数组的首地址。如果读到文件尾或出错，则返回一个空值 NULL。

6. 文件字符串写读函数 fputs

其调用的一般形式为：

```
fputs(char *str,FILE *stream);
```

功能：fputs 函数把由 str 指针指明的字符数组中的字符串写入由 stream 指针指定的文件中。该字符串以空字符 '\0' 结束，但此字符将不写入到文件中去。str 指向的字符串也可以用数组名代替，或用字符串常量代替。该函数正确执行后，将返回写入的字符数，当出错时将返回 "-1"。

例如：

```
c=fputs("computer",fp2);
```

将把 "computer" 字符串写入由 fp2 指定的文件中去。

【例 11.3】从键盘输入若干行字符，把它们添加到磁盘文件 datafile2.txt 中。

【问题分析】

程序运行时，每次从标准输入设备 stdin（即键盘）中读取一行字符送入 buffer 数组，用函数 fputs 把该字符串写入 datafile2.txt 文件中。

【程序代码】

```
#include <stdio.h>
#include <stdlib.h>
#include <string.h>
void main()
{
    FILE *fp3;
    char buffer[64];
    if((fp3=fopen("datafile2.txt","a"))==NULL)      /*打开文件*/
    {
        printf("不能打开目标文件\n");
        exit(0);
    }
    while(strlen(fgets(buffer,64,stdin))>1)
        /*从键盘读入一行字符，并测试读入的字符串长度是否为1*/
    {
        fputs(buffer,fp3);          /*写入磁盘文件*/
        fputs("\n",fp3);            /*添加分隔标志*/
```

```
    }
    fclose(fp3);                        /*关闭文件*/
}
```

【运行结果】（见图 11.7）

图 11.7 【例 11.3】运行结果

再将文本文件 datafile2 以记事本方式打开，即可看到通过 fgets 录入的文本信息，如图 11.8 所示。

图 11.8 【例 11.3】运行后文件 datafile2 中的文本信息

7. 数据块读写函数 fread 和 fwrite

fgetc 和 fputc 函数可以用来读写文件中的一个字符，fgets 和 fputs 函数可以用来读写文件中的一个字符串。但实际应用时，常常要求一次读入一组数据（如一个数组、一个结构体数据等），ANSI C 提供两个函数 fread 和 fwrite，用来读写一个数据块。

函数的一般形式为：

```
fread(void *ptr, int size, int count, FILE *stream);
fwrite(void *ptr, int size, int count, FILE *stream);
```

其中：

ptr：是一个指针，指向内存缓冲区，对 fread() 来说，它是读入数据的起始地址，对 fwrite() 来说，是要输出数据的起始地址。

count：是数据项的个数。

size：每个数据项的长度。

stream：是文件指针变量，读入或写入的文件名。

fread 函数从文件指针变量所指定的文件中，读取长度为 size 的 count 个数据项，存入由 stream 指定的内存缓冲区中。函数依据文件指针指定的位置读取，该指针也随着读取的字节数向后移动。函数执行结束后，将返回实际读出的数据项项数，这个项数可能不等于 count，因为若文件中没有足够的数据项或读过程中出错，均会导致返回的数据项项数少于设定的项数。当返回的项数少于设定的数目时，可以用 feof 或 ferror 函数进行检查。

fwrite 函数从由 ptr 指定的内存缓冲区中取出 count 个数据项，写入文件指针变量指向的文件中。执行该操作后，文件指针也将向后移动，移动的字节数等于写入文件的字节数。函数操作完成后，也将返回写入的数据项项数。当返回值小于设置的项数时，可能是缓冲区的数据不够，或是写入出错。

注意：用 fread 和 fwrite 函数进行读写时，必须采用二进制。

【例 11.4】从键盘输入 3 个学生的基本信息，然后把它们转存到磁盘文件上去。

【问题分析】

在 main 函数中，从终端键盘输入 3 个学生的数据，然后调用函数，将这些数据输出到以 "stu_list" 命名的磁盘文件中。fwrite 函数的作用是将一个长度为 34 字节的数据块送到 stu_list 文件中。

【程序代码】

```c
#include <stdio.h>
#include <stdlib.h>
#define SIZE 3
struct student
{   char name[10];
    int num;
    int age;
    char addr[20];
}stud[SIZE];
void save()
{   FILE *fp;
    int i;
    if((fp=fopen("str_list","wb"))==NULL)
    {
        printf("不能打开这个文件\n");
        exit(0);
    }
    for(i=0;i<SIZE;i++)
    {
        if(fwrite(&stud[i],sizeof(struct student),1,fp)!=1)
            printf("写文件出错\n");
    }
}
void main()
{
    int i;
    for(i=0;i<SIZE;i++)
        scanf("%s%d%d%s",stud[i].name,&stud[i].num,&stud[i].age,stud[i].addr);
    save();
}
```

【运行结果】（见图 11.9）

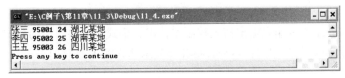

图 11.9 【例 11.4】运行结果

程序运行时，屏幕上并无任何信息输出，只是将从键盘输入的数据送到磁盘文件上。可以用以下的程序从 "str_list" 文件中读入数据，然后在屏幕上输出，来验证以上程序是否正确。

```
#include <stdio.h>
#include <stdlib.h>
#define SIZE 3
struct student
{  char name[10];
   int num;
   int age;
   char addr[20];
}stud[SIZE];
void main()
{
    int i;
    FILE *fp;
    fp=fopen("str_list","rb");
    for(i=0;i<SIZE;i++)
    {
        fread(&stud[i],sizeof(struct student),1,fp);
        printf("%10s%4d%4d%20s\n",stud[i].name,stud[i].num,stud[i].age, stud[i].addr);
    }
}
```

【运行结果】（见图 11.10）

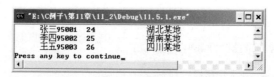

图 11.10 【例 11.4】数据验证运行结果

程序运行时，不需要从键盘输入任何数据。屏幕上会显示前面程序所输入的信息。

在上面两个程序中，在打开文件时，是以"wb"和"rb"方式打开的，用于二进制文件的输入输出，如果企图以"w"和"r"方式读写数据，就会出错，因为 fread 和 fwrite 函数是按数据块的长度来处理输入输出的，在字符发生转换的情况下很可能出现与原设想的情况不同。

8. 格式化读写函数 fscanf 和 fprintf

在实际应用中，应用程序有时需要按照规定的格式进行文件的读写，这时可以利用 C 语言文件格式读写函数 fscanf 和 fprintf 来完成。fscanf 和 fprintf 函数与 scanf 和 printf 函数作用相仿，都是格式化读写函数，只有一点不同：fscanf 和 fprintf 函数的读写对象不是终端而是磁盘文件。当文件指针变量定义为 stdin 和 stdout 时，这两个函数的功能就和 scanf 函数、printf 函数相同。

格式化读写函数的调用的一般形式为：

```
fscanf( FILE *stream, char *format, <variable-list>);
fprintf( FILE *stream, char *format, <variable-list>);
```

其中，char *format 表示输入输出格式控制字符串，格式控制字符串的格式说明与 scanf 函数和 printf 函数的格式说明完全相同；<variable-list>表示输入输出参数列表。

例如：

```
fprintf( fp,"%d,%6.2f",i,t);
```

它的作用是将整型变量 i 和实型变量 t 的值按%d 和%6.2f 的格式输出到 fp 指向的文件上。

　　用 fprintf 和 fscanf 函数对磁盘文件进行读写，使用方便，容易理解，但由于在输入时要将 ASCII 码转换为二进制形式，在输出时又要将二进制形式转换成字符，花费时间比较多。因此，在内存与磁盘频繁交换数据的情况下，最好不用 fprintf 和 fscanf 函数，而用 fread 和 fwrite 函数。

9. 文件定位函数

　　实现随机文件读写操作，首先必须解决文件指针的定位问题。如果能将文件指针指向文件的任意位置，再利用前面所述的文件操作函数，就可以实现文件的随机读写操作。C 语言提供的文件指针定位函数有 3 个。

　　（1）rewind 函数

　　其函数的调用的一般形式为：

```
rewind (FILE *stream);
```

　　它的作用是把文件指针重新移到文件的开头。移动成功时，返回值为 0，否则返回一个非零值。

　　（2）fseek 函数

　　其函数的调用的一般形式为：

```
fseek (FILE *stream, long offset, int origin);
```

　　它的作用是使文件指针移动到所需的位置。stream 指定需要操作的文件，origin 指明以什么地方为基准进行指针移动，起点位置有 3 种，ANSI C 指定的名字如表 11.3 所示。

　　在使用时，origin 既可用符号来表示，也可以用数字来表示。

表 11.3　　　　　　　　　　　　　　指针起始位置及其代表符号

起始点具体位置	符　号　代　表	数　字　代　表
文件开始	SEEH_SET	0
文件当前位置	SEEK_CUR	1
文件末尾	SEEK_END	2

　　offset 是位移量，是以 origin 为基准指针向前或向后移动的字节数。所谓向前是指从文件开头向文件末尾移动的方向；向后则反之。位移量的值如果为负，表示指针向后移动。位移量应为 long 型数据，这样当文件的长度很长时，位移量仍在 long 型数据可表示的范围之内。

　　例如：

　　fseek (fp，100L，SEEK_SET)；// 将位置指针移到离文件开头 100 个字节处

　　fseek (fp，10L，0)；// 将位置指针移到离文件开头 10 个字节处

　　fseek (fp，20L，1)；// 将位置指针移到离当前位置 20 个字节处

　　fseek (fp，50L，2)；// 将位置指针从文件末尾向后退 50 个字节

　　利用 fseek 函数控制文件位置后，就可以使用前面所述的函数进行顺序读写，但此时顺序读写的起始位置不一定是从头开始或从当前位置开始，这样也就实现了文件的随机读写了。

　　函数一般用于二进制文件，因为字符文件要发生字符转换，在计算位置时往往容易发生混乱。

　　（3）ftell 函数

　　其函数调用的一般形式为：

```
ftell (FILE *stream);
```

它的作用是得到流式文件中的当前位置，用相对于文件开头的位移量来表示。由于文件中的位置指针经常移动，不容易知道其当前位置，而用 ftell 函数可以得到当前位置。函数的返回值为一个长整型的正整数，如果函数的返回值为"-1L"，表示出错。

11.3.2　创建文件

【例 11.5】建立文本文件，从键盘终端输入文本信息，并将这些文本信息存储到指定的文件夹下。

【问题分析】

通过 strcat 函数连接指定存储路径与自定义文件名，然后通过 getchar 函数循环录入字符，将每次循环录入的字符通过 fputc 函数保存到 filename 字符数组中所指定的文件夹中。

【程序代码】

```c
#include <stdlib.h>//含 exit()
#include <stdio.h>
#include <string.h>
void createText()
{FILE *fp; char filename[50]="e:\\C 例子\\第 11 章\\11_3\\",filename1[10],ch;
 printf("请输入文件名:"); scanf("%s",filename1); getchar();
 strcat(filename,filename1);
 if ((fp=fopen(filename,"w"))==NULL) {printf("cannot open file\n");  exit(0);}
 printf("请输入文本文件内容:\n");
 ch=getchar();
 while(ch!='#') {fputc(ch,fp);  ch=getchar();}
 fclose(fp);
}
void main()
{
  createText();
}
```

【运行结果】（见图 11.11）

图 11.11　【例 11.5】运行结果

11.3.3　显示文件

【例 11.6】显示文本文件，将指定的文件夹下的文本文件调入程序。

【问题分析】

将指定文件夹中的文本文件调入程序中，每从该文本中取得一个字符就将它赋值给变量 ch，通过循环取值输出直到到达文件末尾，即遇到文件结束符 EOF。

【程序代码】

```c
#include <stdlib.h>//含 exit()
```

```
#include <stdio.h>
#include <string.h>
void main()
{FILE *fp; char filename[50]="e:\\C 例子\\第 11 章\\11_3\\",filename1[10],ch;
 printf("请输入文件名:"); scanf("%s",filename1); getchar();
 strcat(filename,filename1);
 if ((fp=fopen(filename,"r"))==NULL) {printf("cannot open file\n");  exit(0);}
 ch=fgetc(fp);
 while (ch!=EOF)
 {putchar(ch);  ch=fgetc(fp);}
 fclose(fp);
}
```

【运行结果】（见图 11.12）

图 11.12 【例 11.6】运行结果

11.3.4　追加文件

【例 11.7】追加文本文件，在例 11.5 建立的文本文件的基础上追加新的文本信息。

【问题分析】

通过文件操作方式"r"（只读），为只读打开一个字符文件，然后在其末尾追加文本信息。

【程序代码】

```
#include <stdlib.h>//含 exit()
#include <stdio.h>
#include <string.h>
void main()
{FILE *fp; char filename[50]="e:\\C 例子\\第 11 章\\11_3\\",filename1[10],ch;
 printf("请输入文件名:"); scanf("%s",filename1); getchar();
 strcat(filename,filename1);
 if ((fp=fopen(filename,"a"))==NULL) {printf("cannot open file\n");  exit(0);}
 printf("请输入要追加的文本文件内容:\n");
 ch=getchar();
 while(ch!='#') {fputc(ch,fp);  ch=getchar();}
 fclose(fp);
}
```

【运行结果】（见图 11.13）

图 11.13 【例 11.7】运行结果

再将文本文件 datafile3 以记事本方式打开，即可看到追加之后的文本信息，如图 11.14 所示。

图 11.14 【例 11.7】运行后 datafile3 中的文本信息

11.3.5 复制文件

【例 11.8】将一个磁盘文件中的信息复制到另一个磁盘文件中。

【问题分析】

分别打开一个源文件和目标文件，然后通过循环从源文件中取数据存入目标文件中。

【程序代码】

```c
#include <stdio.h>
#include <stdlib.h>
void main()
{
    FILE *in,*out;
    char infile[10],outfile[10];
    printf("请输入源文件名：\n");
    scanf("%s",infile);
    printf("请输入目标文件名：\n");
    scanf("%s",outfile);
    if((in=fopen(infile,"r"))==NULL)
    {
        printf("不能打开这个文件\n");
        exit(0);
    }
    if((out=fopen(outfile,"w"))==NULL)
    {
        printf("不能打开这个文件\n");
        exit(0);
    }
    while(!feof(in))
        fputc(fgetc(in),out);
    fclose(in);
    fclose(out);
}
```

【运行结果】（见图 11.15）

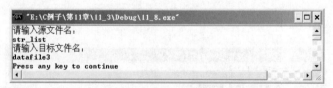

图 11.15 【例 11.8】运行结果

再将文本文件 datafile3 以记事本方式打开，即可看到文件 str_list 复制到文件 datafile3 之后文本中的信息，如图 11.16 所示。

图 11.16　【例 11.8】运行后 datafile3 中的文本信息

可以看到显示的数据有一部分是乱码,这是因为在例 11.4 中建立的文件 str_list 是二进制文件,而 datafile3 是文本文件,将二进制文件以文本文件的方式打开就会出现乱码。

11.3.6　删除文件

【例 11.9】将程序所在文件夹中的 datafile 文件删除。

【问题分析】

用 remove 函数,删除一个文件,其函数原型为 int remove(const char *filename);如果删除成功,remove 返回 0,否则返回 EOF(-1)。

【程序代码】

```c
#include <stdio.h>
void main()
{
 if(remove("datafile1.txt"))
 printf("Could not delete the file &s \n","1.txt");
 else printf("OK \n");
}
```

【运行结果】(见图 11.17)

图 11.17　【例 11.9】运行结果

11.4　项目实例

在第 10 章的项目实例中,利用单链表设计了一个较为完整的“学生成绩管理系统”。 麻烦的是,当我们重新运行程序的时候,之前录入的数据都消失了,必须重新录入。这是因为我们仅仅只是将数据存放在内存中,而没有保存到硬盘上。在学习完本章后,我们可以将录入的数据以文件形式存储在外存储器中,当其他程序要使用这些数据,或该程序还要使用这些数据时,再以文件形式将数据从外存读入内存。现在我们在链表的基础上添加文件功能来重新设计“学生成绩管理系统”。

首先要定义链表结点的存储结构,如下:

```c
typedef struct StudentScore
{
    char sno[6];        /*学号*/
    char name[9];       /*姓名*/
    float score[5];     /*成绩*/
    struct StudentScore * next;
```

```
}StudentScore,*Student;
```

"学生成绩管理系统"的头文件包含、全局变量的定义、函数调用申明、初始化链表表头结点、主调函数以及主界面代码如下：

```
//头文件包含
#include <stdio.h>
#include <conio.h>
#include <string.h>
#include <malloc.h>
#define null 0

//全局变量的定义
Student head;
Student pStudent;

//函数调用申明
void display();
void find();
void modify();
void add();
void del();
void write();
void read();
void list();
void listOne(StudentScore s);    /*显示一条学生记录*/
Student isExists(char *sno);      /*是否存在学号为 sno 的学生记录*/
void init();

/*初始化链表表头结点*/
void init()
{
    head=(Student)malloc(sizeof(StudentScore));
    head->next=null;
    pStudent = NULL;
}

//主调函数
void main()
{
    init();
    while(1)
    {
        char c;
        display();                /*显示主界面*/
        scanf("%c",&c);           /*输入用户选择的功能编号*/

        switch (c)
        {
            case '1':find();break;        /*查询*/
            case '2':add(); break;        /*添加*/
            case '3':modify(); break;     /*修改*/
            case '4':del(); break;        /*删除*/
```

```
        case '5':write(); break;          /*保存*/
        case '6':list(); break;           /*浏览*/
        case '7':printf("\t\t...退出系统!\n"); return;
        default: printf("\t\t 输入错误!请按任意键返回重新选择(1-7)\n");getch();
    }
    }
}

/*显示主界面*/
void display()
{
    printf("\n\t★☆    欢迎使用学生成绩管理系统    ☆★\n\n");
    printf("\t 请选择(1-7): \n");
    printf("\t=======================================\n");
    printf("\t\t1.查询学生成绩\n");
    printf("\t\t2.添加学生成绩\n");
    printf("\t\t3.修改学生成绩\n");
    printf("\t\t4.删除学生成绩\n");
    printf("\t\t5.保存数据到文件\n");
    printf("\t\t6.浏览数据\n");
    printf("\t\t7.退出\n");
    printf("\t=======================================\n");
    printf("\t 您的选择是: ");
}
```

程序运行后，"学生成绩管理系统"的主界面如图 11.18 所示。

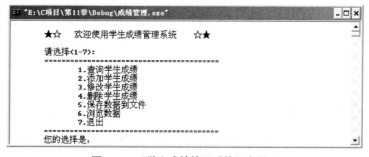

图 11.18 "学生成绩管理系统"主界面

从主界面可以看出，"学生成绩管理系统"可以被分成"查询"、"添加"、"修改"、"删除"、"保存"、"浏览"和"退出"等功能模块。显示一条学生记录和判断是否存在学号为 sno 的学生记录的操作在各功能模块中均有出现，因此我们先来完成这两个子函数，代码如下：

```
/*显示一条学生记录*/
void listOne(Student p)
{
    printf("\n 该学生成绩记录如下：");
    printf("\n===================================================\n\n");
    printf("%-8s%-10s%-7s%-7s%-7s%-7s%-7s\n","学号","姓名","语文","数学","外语","综合","总分");
```

```
        printf("%-8s%-10s%-7.1f%-7.1f%-7.1f%-7.1f%-7.1f\n",p->sno,p->name,p->score[0]
,p->score[1],p->score[2],p->score[3],p->score[4]);
    }

    /*是否存在学号为 sno 的学生记录*/
    Student isExists(char *sno)
    {
        Student p,q;
        p=head;
        q=p->next;
        while(q!=null)
        {
            if(strcmp(q->sno,sno)==0)
                return p;//返回查找结点的上一个结点
            p=q;
            q=p->next;
        }
        return p;
    }
```

下面将一一介绍项目中各功能模块的具体实现。

（1）find( )函数：根据学号查询学生成绩记录。输入学生学号后，在学生成绩链表中查找该学生是否存在，存在就显示该学生成绩记录；否则提示"您所输入的学生学号有误或不存在！"。在添加了文件功能后，可以从文件中读取数据并进行查询。该功能运行结果如图 11.19 所示。

```
    /*根据学号查询学生成绩记录*/
    void find()
    {
        Student p;
        char sno[6];   /*接收学生学号字符数组*/
        read();
        if(pStudent != NULL)
        {
            head->next = pStudent;
        }

        if (head->next==null)
        {
            printf("\n\t\t 当前还没有学生成绩记录，按任意键返回主菜单......");
            getchar();
            return;
        }

        printf("\t\t 请输入学生学号：");
        scanf("%s",sno);
        p=isExists(sno);
        p=p->next;
        if (p!=null) /*如果该学生存在则显示学生成绩记录*/
            listOne(p);
        else
            printf("\n\t\t 您所输入的学生学号有误或不存在！ ");
        printf("\n\t\t 按任意键返回主菜单......");
        getchar();
    }
```

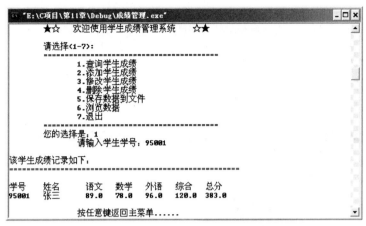

图 11.19　查询学生成绩记录界面

（2）add( )函数：添加学生成绩记录。输入待添加的学生学号后，在学生成绩链表中查找该学生是否存在，不存在就添加；否则提示"您所输入的学生学号已存在！"。该功能运行结果如图 11.20 所示。

```
/*添加学生成绩记录*/
void add()
{
    Student p,q;
    q=(Student)malloc(sizeof(StudentScore));
    char sno[6];

    printf("\t\t请输入学生学号：");
    getchar();
    scanf("%s",sno);
    p=isExists(sno);
    if (p->next==null)/*如果不存在该学生成绩记录，则添加*/
    {
        strcpy(q->sno,sno);
        printf("\t\t请输入学生姓名：");
        scanf("%s",&q->name);
        printf("\t\t请输入该学生的语文成绩:");
        scanf("%f",&q->score[0]);
        printf("\t\t请输入该学生的数学成绩:");
        scanf("%f",&q->score[1]);
        printf("\t\t请输入该学生的外语成绩:");
        scanf("%f",&q->score[2]);
        printf("\t\t请输入该学生的综合成绩:");
        scanf("%f",&q->score[3]);
        q->next=null;
        /*计算总分并输出*/
        q->score[4]=0;
        for (int i=0;i<4;i++)
            q->score[4]+=q->score[i];
        printf("\t\t该学生的总分%-7.1f:",q->score[4]);
        p->next=q;//在链表尾插入新结点
    }
```

```
else
    printf("\n\t\t 您所输入的学生学号已存在! ");

printf("\n\t\t 按任意键返回主菜单......");
getchar();
}
```

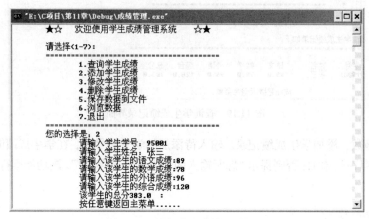

图 11.20 添加学生成绩记录界面

（3）modify( )函数：修改学生成绩记录。输入待修改的学生学号后，如果该学生存在则显示学生成绩记录并录入该学生新的成绩记录，否则输出"您所输入的学生学号有误或不存在!"。该功能运行结果如图 11.21 所示。

```
/*修改学生成绩记录*/
void modify()
{
    char sno[6];  /*接收学生学号字符数组*/
    if (head->next==null)
    {
        printf("\n\t\t 当前还没有学生成绩记录，按任意键返回主菜单......");
        getchar();
        return;
    }

    printf("\t\t 请输入学生学号: ");
    scanf("%s",sno);
    Student p,q;
    p=isExists(sno);
    q=p->next;
    if (q!=null) /*如果该学生存在则显示学生成绩记录并录入新的学生成绩记录*/
    {
        listOne(q);
        printf("\t\t 请输入该学生新的语文成绩:");
        scanf("%f",&q->score[0]);
        printf("\t\t 请输入该学生新的数学成绩:");
        scanf("%f",&q->score[1]);
        printf("\t\t 请输入该学生新的外语成绩:");
        scanf("%f",&q->score[2]);
```

```
        printf("\t\t请输入该学生新的综合成绩:");
        scanf("%f",&q->score[3]);
        /*计算总分并输出*/
        q->score[4]=0;
        for (int j=0;j<4;j++)
            q->score[4]+=q->score[j];
        printf("\t\t该学生新的总分%-7.1f:",q->score[4]);
    }
    else
        printf("\n\t\t您所输入的学生学号有误或不存在! ");
    printf("\n\t\t按任意键返回主菜单......");
    getchar();
}
```

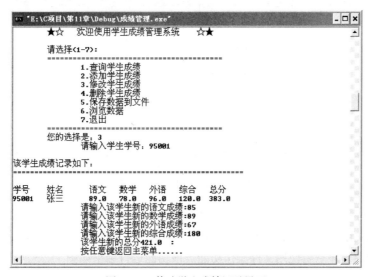

图 11.21　修改学生成绩记录界面

（4）del( )函数：删除学生成绩记录。输入待删除的学生学号，通过 next 指针的移动来寻找该学生，如果该学生存在则执行链表删除操作；否则输出"您所输入的学生学号有误或不存在!"。该功能运行结果如图 11.22 所示。

```
/*删除学生成绩记录*/
void del()
{
    char sno[6];  /*接收学生学号字符数组*/
    if (head->next==null)
    {
        printf("\n\t\t当前还没有学生成绩记录, 按任意键返回主菜单......");
        getchar();
        return;
    }

    printf("\t\t请输入学生学号: ");
    scanf("%s",sno);
    Student p,q;
    p=isExists(sno);
```

```
        q=p->next;
        if (q!=null)  /*如果该学生存在则删除*/
        {
            q=q->next;
            p->next=q;
            printf("\n\t\t 删除成功! ");
        }
        else
            printf("\n\t\t 您所输入的学生学号有误或不存在! ");
        printf("\n\t\t 按任意键返回主菜单......");
        getchar();
    }
```

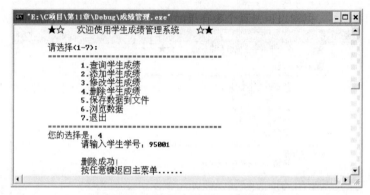

图 11.22　删除学生成绩记录界面

（5）write( )与 read( )函数：这两段代码为完善整个"学生成绩管理系统"做出了很大的贡献。一个程序要具备实用性必须考虑到用户处理的数据量较大，数据存储要求较高，处理功能需求较多的场合，即应用程序总要使用文件操作功能。该功能运行结果如图 11.23 所示。

```
void write()
{
    FILE *fp;
    fp = fopen("student_score.dat","wb");
    if(fp == NULL)
    {
        printf("open file fail!\n");
        return ;
    }
    for(Student pStu = head->next; pStu != NULL; pStu = pStu->next)
    {
        fwrite(pStu, sizeof(StudentScore), 1, fp);
    }
    printf("file is saved!\n");
    fclose(fp);
    getchar();
}

void read()
{
    FILE *fp;
    fp = fopen("student_score.dat","rb");
    if(fp == NULL)
```

```
    {
        printf("open file fail!\n");
        return ;
    }

    while(pStudent != NULL)
    {
        Student p = pStudent->next;
        free(pStudent);
        pStudent = p;
    }

    Student qq = pStudent;
    while(!feof(fp))
    {
        Student q = (Student)malloc(sizeof(StudentScore));

        long pos1 = ftell(fp);
        fread(q, sizeof(StudentScore), 1, fp);
        long pos2 = ftell(fp);
        if(pos1 == pos2)
        {
            free(q);
            break;
        }
        q->next = NULL;
        if(pStudent == NULL)
        {
            pStudent = q;
            qq = pStudent;
        }
        else
        {
            qq->next = q;
            qq = qq->next;
        }

    }
    fclose(fp);
    getchar();
}
```

图 11.23　浏览学生成绩记录界面

（6）list( )函数：显示所有的学生成绩记录。该功能运行结果如图 11.24 所示。

//显示所有学生成绩记录

```
void list()
{
    Student p;
    read();
    if(pStudent != NULL)
    {
        head->next = pStudent;
    }
    if (head->next==null)
    {
        printf("\n\t\t 当前还没有学生成绩记录, 按任意键返回主菜单......");
        getchar();
        return;
    }
    printf("\n 所有学生成绩记录如下: ");
    printf("\n======================================================\n\n");
    printf("%-8s%-10s%-7s%-7s%-7s%-7s%-7s\n","学号","姓名","语文","数学","外语","综合","总分");
    p=head->next;
    while(p!=null)
    {
        printf("%-8s%-10s%-7.1f%-7.1f%-7.1f%-7.1f%-7.1f\n",p->sno,p->name,p->score[0],p->score[1],p->score[2],p->score[3],p->score[4]);
        p=p->next;
    }
    printf("\n\t\t 按任意键返回主菜单......");
    getchar();

}
```

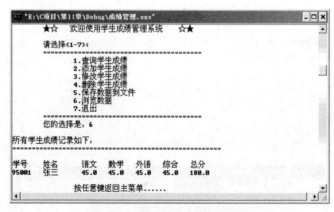

图 11.24　浏览学生成绩记录界面

本章小结

　　文件这一章的内容是很重要的, 许多可供实际使用的 C 程序都包含文件处理。本章只介绍了一些最基本的概念, 由于篇幅所限, 没有举复杂的例子, 希望读者在实践中掌握文件的处理。在这里, 为了便于查阅, 在表 11.4 中列出了常用的缓冲文件系统函数。

表 11.4　　　　　　　　　　　常用的缓冲文件系统函数

分　类	函　数　名	功　能
打开文件	fopen()	打开文件
关闭文件	fclose()	关闭文件
文件定位	fseek()	改变文件位置的指针位置
	rewind()	使文件位置指针重新置于文件开头
	ftell()	返回文件位置指针的当前值
文件读写	fgetc()、 getc()	从指定文件取得一个字符
	fputc()、 putc()	把字符输出到指定文件
	fgets()	从指定文件读取字符串
	fputs()	把字符串输出到指定文件
	getw()	从指定文件读取一个字
	putw()	把一个字输出到指定文件
	fread()	从指定文件中读取数据项
	fwrite()	把数据项写到指定文件
	fscanf()	从指定文件按格式输入数据
	fprintf()	按指定格式将数据写到指定文件
文件状态	feof()	若到文件末尾，函数值为 "真"
	ferror()	若对文件操作出错，函数值为 "真"
	clearerr()	使 ferror 和 feof 函数值置零

习题 11

一、单选题

1. 若 fp 已正确定义并指向某个文件，当未遇到该文件结束标志时函数 feof(fp)的值为（　　　）。
　A. 0　　　　　　　　B. 1　　　　　　　　C. −1　　　　　　　　D. 一个非 0 值

2. 以下叙述中错误的是（　　　）。
　A. 二进制文件打开后可以先读文件的末尾，而顺序文件不可以。
　B. 在程序结束时，应当用 fclose 函数关闭已打开的文件。
　C. 利用 fread 函数从二进制文件中读数据时，可以用数组名给数组中所有元素读入数据。
　D. 不可以用 FILE 定义指向二进制文件的文件指针。

3. 若要打开 A 盘上 user 子目录下名为 abc.txt 的文本文件进行读、写操作，下面符合此要求的函数调用是（　　　）。
　A. fopen("A:\user\abc.txt","r")　　　　　　B. fopen("A:\\user\\abc.txt","r+")
　C. fopen("A:\user\abc.txt","rb")　　　　　　D. fopen("A:\\user\\abc.txt","w")

4. 在 C 程序中,可把整型数以二进制形式存放到文件中的函数是（　　　）。
　A. fprintf 函数　　　B. fread 函数　　　　C. fwrite 函数　　　　D. fputc 函数

5. 标准函数 fgets(s, n, f) 的功能是（　　　）。
　A. 从文件 f 中读取长度为 n 的字符串存入指针 s 所指的内存

B. 从文件 f 中读取长度不超过 *n*-1 的字符串存入指针 s 所指的内存

C. 从文件 f 中读取 *n* 个字符串存入指针 s 所指的内存

D. 从文件 f 中读取长度为 *n*-1 的字符串存入指针 s 所指的内存

6. 以下叙述中不正确的是（　　）。

A. C 语言中的文本文件以 ASCII 码形式存储数据。

B. C 语言中对二进制文件的访问速度比文本文件快。

C. C 语言中，随机读写方式不适用于文本文件。

D. C 语言中，顺序读写方式不适用于二进制文件。

7. 标准函数 fgets(s, n, f) 的功能是（　　）

A. 从文件 f 中读取长度为 *n* 的字符串存入指针 s 所指的内存

B. 从文件 f 中读取长度不超过 *n*-1 的字符串存入指针 s 所指的内存

C. 从文件 f 中读取 *n* 个字符串存入指针 s 所指的内存

D. 从文件 f 中读取长度为 *n*-1 的字符串存入指针 s 所指的内存

8. 有如下程序

```
#include <stdio.h>
void main()
{
    FILE *fp1;
    fp1=fopen("f1.txt","w");
    fprintf(fp1,"abc");
    fclose(fp1);
}
```

若文本文件 f1.txt 中原有内容为：good，则运行以上程序后文件 f1.txt 中的内容为（　）。

A. goodabc　　　　B. abcd　　　　　　C. abc　　　　　　D. abcgood

9. 有以下程序

```
#include <stdio.h>
void main()
{
    FILE *fp; int i=20,j=30,k,n;
    fp=fopen ("d1.dat""w");
    fprintf(fp,"%d\n",i);
    fprintf(fp,"%d\n"j);
    fclose(fp);
    fp=fopen("d1.dat","r");
    fp=fscanf(fp,"%d%d", &k,&n);
    printf("%d%d\n",k,n);
    fclose(fp);
}
```

程序运行后的输出结果是（　　）。

A. 20　30　　　　B. 20　50　　　　　C. 30　50　　　　　D. 30　20

二、看程序，写运行结果

1. 已有文本文件 test.txt，其中的内容为：Hello,everyone!。以下程序中，文件 test.txt 已正确为 "读" 而打开，由文件指针 fr 指向该文件，写出程序的输出结果（　　）。

```
#include <stdio.h>
```

```
void main()
{
    FILE *fr; char str[40];
    ......
    fgets(str,5,fr);
    printf("%s\n",str);
    fclose(fr);
}
```

2. 写出下面程序运行结果（　　）。

```
#include <stdio.h>
void main()
{
    FILE *fp; int i, k, n;
    fp=fopen("data.dat", "w+");
    for(i=1; i<6; i++)
    {
        fprintf(fp,"%d ",i);
        if(i%3==0)
        fprintf(fp,"\n");
    }
    rewind(fp);
    fscanf(fp, "%d%d", &k, &n);
    printf("%d %d\n", k, n);
    fclose(fp);
}
```

3. 写出下面程序运行结果（　　）。

```
#include <stdio.h>
void main( )
{
    FILE *fp;
    int i,k=0,n=0;
    fp=fopen("d1.dat","w");
    for(i=1;i<4;i++)
        fprintf(fp,"%d",i);
    fclose(fp);
    fp=fopen("d1.dat","r");
    fscanf(fp,"%d%d",&k,&n);
    printf("%d %d\n",k,n);
    fclose(fp);
}
```

4. 写出程序运行后，文件 t1.dat 中的内容（　　）。

```
#include "stdio.h"
void WriteStr(char *fn,char *str)
{
    FILE *fp;
    fp=fopen(fn,"W");
    fputs(str,fp);
    fclose(fp);
}
void main()
{
```

```
WriteStr("t1.dat","start");
WriteStr("t1.dat","end");
}
```

5. 有以下程序（提示：程序中 fseek(fp,-2L*sizeof(int),SEEK_END) ;语句的作用是使位置指针从文件尾向前移 2*sizeof(int)字节）

```
#include <stdio.h>
void main( )
{
    FILE *fp;
    int i,a[4]={1,2,3,4},b;
    fp=fopen("data.dat","wb");
    for(i=0;i<4;i++)
    fwrite(&a[i],sizeof(int),1,fp);
    fclose(fp);
    fp=fopen("data.dat ","rb");
    fseek(fp,-2L*sizeof(int).SEEK_END) ;
    /*从文件中读取 sizeof(int)字节的数据到变量 b 中*/ fread(&b,sizeof(int),1,fp);
    fclose(fp);
    printf("%d\n",b) ;
}
```

写出执行后输出结果（　　）。

6. 写出以下程序执行后 abc.dat 文件的内容（　　）。

```
#include <stdio.h>
void main()
{
    FILE *pf;
    char *s1="China",*s2="Beijing";
    pf=fopen("abc.dat","wb+");
    fwrite(s2,7,1,pf);
    rewind(pf);
    fwrite(s1,5,1,pf);
    fclose(pf);
}
```

7. 写出下面程序运行结果（　　）。

```
#include <stdio.h>
void main()
{
    FILE *fp;
    int a[10]={1,2,3},i,n;
    fp=fopen("d1.dat","w");
    for(i=0;i<3;i++)
    fprintf(fp,"%d",a[i]);
    fprintf(fp,"\n");
    fclose(fp);
    fp=fopen("d1.dat","r");
    fscanf(fp,"%d",&n);
    fclose(fp);
    printf("%d\n",n);
}
```

8．写出下面程序运行结果（　　　　）。

```c
#include <stdio.h>
void main()
{
    FILE *fp;
    int I,a[6]={1,2,3,4,5,6},k,n;
    fp=fopen("d2.dat","w");
    fprintf(fp,"%d%d\n",a[0],a[1],a[2]);
    fprintf(fp,"%d%d\n",a[3],a[4],a[5]);
    fclose(fp);
    fp=fopen("d2.dat","r");
    fscanf(fp,"%d%d\n",&k,&n);
    printf("%d%d\n",k,n);
    fclose(fp);
}
```

三、程序填空

1．以下程序用来统计文件中字符个数，请填空。

```c
#include "stdio.h"
void main()
{
    FILE *fp; long num=0L;
    if((fp=fopen("fname.dat","r"))==NULL)
    {
        pirntf("Open error\n");
        exit(0);
    }
    while(_____)
    {
        fgetc(fp);
        num++;
    }
    printf("num=%1d\n",num-1);
    fclose(fp);
}
```

2．下面程序把从终端读入的文本（用@作为文本结束标志）输出到一个名为 bi.dat 的新文件中，请填空。

```c
#include "stdio.h"
FILE *fp;
void main()
{
    char ch;
    if( (fp=fopen (_____) )= = NULL)
    exit(0);
    while( (ch=getchar( )) !='@')
    fputc (ch,fp);
    fclose(fp);
}
```

3．下面程序把从终端读入的 10 个整数以二进制方式写到一个名为 bi.dat 的新文件中，请填空。

```c
#include<stdio,h>
```

```
FILE *fp;
void main()
{
    int i,j;
    if((fp=fopen(_____, "wb"))==NULL)
        exit(0);
    for(i=0; i<10; i++)
    {
        scanf("%d",&j);
        fwrite(&j,sizeof(int),1,_____);
    }
    fclose(fp);
}
```

4. 下面程序把从终端读入的文本用@作为文本结束标志复制到一个名为 bi.dat 的新文件中，
请填空。

```
#include <stdio.h>
FILE *fp;
void main()
{
    char ch;
    if((fp=fopen(_____))==NULL)
        exit(0);
    while ((ch=getchar())!='@')
        fputc(ch,fp);
    _____
}
```

5. 以下 C 语言程序将磁盘中的一个文件复制到另一个文件中，两个文件名在命令行中给出，
请填空。

```
#include <stdio.h>
main(int argc, char *argv)
{
    FILE *f1,*f2;
    char ch;
    if(argc< ____ )
    {
        printf("Parameters missing!\n");
        exit(0);
    }
    if( ((f1=fopen(argv[1],"r")) = = NULL)||((f2=fopen(argv[2],"w")) == NULL))
    {
        printf("Can not open file!\n");
        exit(0);
    }
    while(_____)
        fputc(fgetc(f1),f2);
    fclose(f1);
    fclose(f2);
}
```

6. 以下程序从名为 filea.dat 的文本文件中逐个读入字符并显示在屏幕上，请填空。

```
#include<stdio.h>
```

```
void main()
{
    FILE *fp;
    char ch;
    fp=fopen(_____);
    ch=fgetc(fp);
    whlie(!feof(fp))
    {
        putchar(ch);
        ch=fgetc(fp);
    }
    putchar('\n');
    fclose(fp);
}
```

7. 读下列程序，补出空缺。

```
#include<stdio.h>
void main()
{
    FILE *fp;
    int x[6]={1,2,3,4,5,6},i;
    fp=fopen("test.dat","wb");
    fwrite(x,sizeof(int),3,fp);
    _____;
    fread(x,sizeof(int),3,fp);
    for(i=0;i<6;i++)
    printf("%d",x[i]);
    printf("\n");
    fclose(fp);
}
```

8. 以下程序打开新文件 f.txt，并调用字符输出函数将 a 数组中的字符写入其中，请填空。

```
#include<stdio.h>
void main()
{
    _____*fp;
    char a[5]={'1','2','3','4','5'},i;
    fp=fopen("f.txt","w");
    for(i=0;i<5;i++)
        fputc(a[i],fp);
    fclose(fp);
}
```

四、编程题

1. 从 e13_1.c 文件读入一个含 10 个字符的字符串。

2. 从键盘输入一行字符，写入一个文件，再把该文件内容读出显示在屏幕上。

3. 在学生文件 stu_list 中读出第二个学生的数据。

4. 把命令行参数中的前一个文件名标识的文件，复制到后一个文件名标识的文件中，如命令行中只有一个文件名则把该文件写到标准输出文件中。

5. 创建一个文本文件，路径为 c:\\cfiles\\，文件名和文件内容由键盘输入。

第 12 章
算法与数据结构

学习计算机语言的目的是为了编写程序解决问题。著名的瑞士计算机科学家、PASCAL 语言的发明者 Niklaus Wirth 教授提出了著名的定义程序的公式：

程序=算法+数据结构

这个公式的重要性在于它说明了程序与算法的关系。在程序设计中，不可避免地需要涉及算法。有人这样说过："计算机科学就是研究算法的科学"，足见算法在程序设计中的重要性。

12.1 算法

12.1.1 算法的基本概念

通俗地讲，一个算法就是一种解题方法，更严格地说，算法是对特定问题求解步骤的一种描述，它是指令的有限序列，这些指令为解决某一特定任务规定了一个运算序列。一个算法应当具有下列 5 个重要特性。

（1）输入

一个算法必须有 0 个或多个输入。它们是算法开始运算前给予算法的量。这些输入取自于特定的对象的集合。它们可以使用输入语句由外部提供，也可以使用置初值语句或赋值语句在算法内给定。

（2）输出

一个算法至少有一个或多个输出，这些输出是同输入有着某种特定关系的量，是在特定输入情况下算法计算的结果。用户设计程序是用来解决某一特定问题的，一个没有任何结果的程序对用户而言是没有用处的，有计算结果但用户无法知道，这样的程序也是没有用处的。

（3）确定性

算法中每一条指令都必须有确切的含义，读者理解时不会产生二义性。并且，对于每一种情况，需要执行的动作都应严格地、清晰地规定，对于相同的输入只能得出相同的输出。

（4）有穷性

一个算法必须总是（对任何合法的输入值）在执行有穷步之后结束，且每一步都可在有穷时间内完成。在此，有穷的概念不是纯数学的，而是在实际上是合理的、可接受的。

（5）可行性

一个算法是可行的，即算法中描述的操作都是可以通过已经实现的基本运算执行有限次来实现的。算法不能执行是不允许的，如"计算 X/0"是不允许的。

算法和程序不同，程序可以不满足上述的特性（4）。例如，一个操作系统在用户未使用前一直处于"等待"的循环中，直到出现新的用户事件为止。这样的系统可以无休止地运行，直到系统因故障停工，所以操作系统不是算法。但我们在介绍 C 语言时，所有程序都没有这种情况，因此，对算法和程序这两个术语不加严格区分。

在程序设计语言中，与算法密切相关的便是语句，包括与程序执行处理有关的"功能语句"（如输入语句、输出语句、赋值语句、调用语句等）和与程序执行流程有关的语句（如条件语句、循环语句等）。对程序设计而言，算法的确定也就是如何合理安排这些语句以完成人们要求的特定功能。

12.1.2　算法设计的基本方法

计算机解题的过程实际上是在实施某种算法，这种算法称为计算机算法。计算机算法不同于人工处理的方法。本节介绍程序上常用的几种算法设计方法，在实际应用时，各种方法之间往往存在着一定的联系。

（1）列举法

列举法的基本思想是，根据提出的问题，列举所有可能的情况，并用问题中给定的条件检验哪些是需要的，哪些是不需要的。因此，列举法常用于解决"是否存在"或"有多少种可能"等类型的问题，例如求解不定方程的问题。

列举法的特点是算法简单。但当列举的可能情况较多时，执行列举的工作量将会很大。因此，在用列举法设计算法时，使方案优化，尽量减少运算工作量，是应该重点注意的。通常，在设计列举算法时，只要对实际问题进行详细的分析，将与问题有关的知识条理化、完备化、系统化，从中找出规律；或对所有可能的情况进行分类，引出一些有用的信息，是可以大大减少列举量的。

列举原理是计算机应用领域中十分重要的原理。许多实际问题，若采用人工列举是不可想象的，但由于计算机的运算速度快，擅长重复操作，可以很方便地进行大量列举。列举算法虽然是一种比较笨拙而原始的方法，其运算量比较大，但在有些实际问题中（如寻找路径、查找、搜索等问题），局部使用列举法却是很有效的，因此，列举算法是计算机算法中的一种基本方法。

（2）归纳法

归纳法的基本思想是，通过列举少量的特殊情况，经过分析，最后找出一般的关系。显然，归纳法要比列举法更能反映问题的本质，并且可以解决列举量为无限的问题。但是，从一个实际问题中总结归纳出一般的关系，并不是一件容易的事情，尤其是要归纳出一个数学模型更为困难。从本质上讲，归纳法就是通过观察一些简单而特殊的情况，最后总结出一般性的结论。

归纳是一种抽象，即从特殊现象中找出一般关系。但由于在归纳的过程中不可能对所有的情况进行列举，因此，由归纳得到的结论还只是一种猜测，还需要对这种猜测加以必要的证明。实际上，通过精心观察而得到的猜测得不到证实或最后证明猜测是错的，也是常有的事。

（3）递推法

所谓递推，是指从已知的初始条件出发，依次推出所要求的各中间结果和最后结果。其中初始条件或是问题本身已经给定，或是通过对问题的分析与化简而确定。递推本质上也属于归纳法，工程上许多递推关系式实际上是通过对实际问题的分析与归纳而得到的，因此，递推关系式往往是归纳的结果。

递推算法在数值计算中是极为常见的。但是，对于数值型的递推算法必须要注意数值计算的稳定性问题。

（4）递归法

人们在解决一些复杂问题时，为了降低问题的复杂程度（如问题的规模等），一般总是将问题逐层分解，最后归结为一些最简单的问题。这种将问题逐层分解的过程，实际上并没有对问题进行求解，而只是当解决了最后那些最简单的问题后，再沿着原来分解的逆过程逐步进行综合，这就是递归的基本思想。由此可以看出，递归的基础也是归纳。在工程实际中，有许多问题就是用递归来定义的，数学中的许多函数也是用递归来定义的。递归在可计算性理论和算法设计中占有很重要的地位。

递归分为直接递归与间接递归两种。如果一个算法 P 显式地调用自己则称为直接递归；如果算法 P 调用另一个算法 Q，而算法 Q 又调用算法 P，则称为间接递归。

递归是很重要的算法设计方法之一。实际上，递归过程能将一个复杂的问题归结为若干个较简单的问题，然后将这些较简单的问题再归结为更简单的问题，这个过程可以一直做下去，直到最简单的问题为止。

有些实际问题，既可以归纳为递推算法，又可以归纳为递归算法。但递推与递归的实现方法是大不一样的。递推是从初始条件出发，依次推出所需求的结果；而递归是从算法本身到达递归边界的。通常，递归算法要比递推算法清晰易读，其结构比较简练。特别是在许多比较复杂的问题中，很难找到从初始条件推出所需结果的全过程，此时，设计递归算法要比递推算法容易得多。但递归算法的执行效率比较低。

（5）减半递推法

实际问题的复杂度往往与问题的规模有着密切的联系。因此，利用分治法解决这类实际问题是有效的。所谓分治法，就是对问题分而治之。工程上常用的分治法就是减半递推技术。

所谓"减半"，是指将问题的规模减半，而问题的性质不变；所谓"递推"，是指重复"减半"的过程。

（6）回溯法

前面讨论的递推和递归算法本质上是对实际问题进行归纳的结果，而减半递推技术也是归纳法的一个分支。在工程上，有些实际问题很难归纳出一组简单的递推公式或直观的求解步骤，并且也不能进行无限的列举。对于这类问题，一种有效的方法是"试"。通过对问题的分析，找出一个解决问题的线索，然后沿着这个线索逐步试探，对于每一步的试探，若试探成功，就得到问题的解，若试探失败，就逐步回退，换别的路线再进行试探。这种方法称为回溯法。回溯法在处理复杂数据结构方面有着广泛的应用。

12.1.3　算法的描述

算法是描述某一问题求解的有限步骤。设计一个算法，或者描述一个算法，最终是由程序设计语言来实现的。但算法与程序设计又是有区别的。算法是考虑实现某一问题求解的方法和步骤，是解决问题的框架流程，是脱离于具体的程序设计语言的；而程序设计则是根据这一求解的框架流程进行语言细化，实现这一问题求解的具体过程，在实现的过程中要借助于某一种具体的程序设计语言。一般来讲，要写程序，应先写算法，只有给出了详尽有效的正确的算法，才能转化为正确的程序，规范的算法描述也是程序员之间交流的有效途径。

描述算法可以有多种方式，如自然语言、程序语言、流程图、伪代码等。自然语言是人们在设计算法过程中的最初形式，任何一个问题的求解过程和步骤首先都在用户的头脑中形成，而这种形式都是以自然语言的方式存在的。但是将自然语言描述的算法直接在计算机上进行处理，目前还有许多困难；而且用自然语言来描述算法时，在精确性、严谨性方面也存在不足。下面我们介绍 3 种常用的算法描述方法。

（1）流程图

流程图是根据图 12.1 所示的 7 种基本图形来表示程序的处理过程。

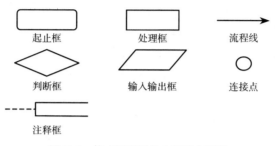

图 12.1　构成流程图的 7 种基本图形

其中：

起止框表示一个算法的开始和结束，任何一个算法都只能有一个开始点和一个结束点；

处理框表示各种处理功能，是一个具有一定功能的程序单位，在框内可注明处理名称或其简要功能；

流程线用来表示程序的执行次序或执行方向；

判断框表示一个逻辑判断，框内可注明判断的条件，它只有一个入口，但可以有若干个可供选择的出口；

连接点表示转向外部环境或外部环境转入的连接点；

输入输出框表示程序输入和运行结果输出，框内注明输入输出的内容；

注释框是程序的编写者向阅读者提供的说明内容，它用虚线连接到被注解的符号或符号组上。

【例 12.1】求一元二次方程 $ax^2+bx+c=0$ 的实根的算法流程图如图 12.2 所示。

算法流程图可以很方便地描述程序的执行过程，因而也很容易描述程序的功能，但从程序流程图过渡到程序还有一段距离，在程序中还不能清晰地反映用什么结构来实现程序。

（2）N-S 结构化流程图

传统流程图用流程线指出各框的执行顺序，对流程线的使用没有严格限制。因此，使用者可以不受限制地使流程随意地转向，使流程图变得毫无规律，阅读者要花很大精力去追踪流程，使人难以理解算法的逻辑。

现代程序设计思想要求任何一个程序可以也只可以由 3 种基本结构，即顺序结构、选择结构、循环结构，经过嵌套和组合而成。

1973 年美国学者提出了一种新的流程图形式，在这种流程图中，完全去掉了带箭头的流程线。全部算法写在一个矩形框内，在该框内还可以包含其他的从属于它的框，或者说，由一些基本的框组成一个大的框。这种流程图又称 N-S 结构化流程图，它采用如图 12.3 所示的基本框作为流程图的符号。

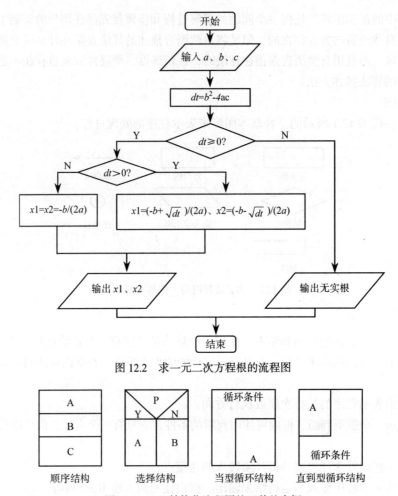

图 12.2　求一元二次方程根的流程图

		循环条件	
A	P		A
B	Y　N		
C	A　B	A	循环条件
顺序结构	选择结构	当型循环结构	直到型循环结构

图 12.3　N-S 结构化流程图的四种基本框

在上面所画出的 4 种基本框中，后面两个框均表示循环结构，在 N-S 结构化流程图中，程序设计的 3 种基本结构都有特定的流程图符号与之对应。

用 4 种 N-S 流程图中的基本框，可以组合成复杂的 N-S 流程图。如图 12.4 所示，图中的 A 框或 B 框既可以是一个简单的操作，也可以是 3 种基本结构之一。

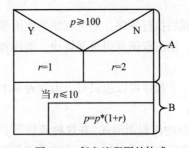

图 12.4　复杂流程图的构成

【例 12.2】判断一个正整数 $n(n>2)$ 是否为素数的算法 N-S 结构化流程图如图 12.5 所示。

在图 12.5 中，可以看到，整个程序由 4 个模块构成，第一、二个模块是输入 n 和 i 的值，第 3 个模块是一个循环结构，但在其中又嵌套了一个选择结构，第四个模块是一个选择结构，模块明确，模块与模块之间的关系清晰。

　　但 N-S 结构化流程图也有缺点，在算法比较复杂时，N-S 结构图可能会十分复杂，这样反而使程序结构变得不清晰，甚至可能因为篇幅原因无法描述一些复杂的算法。

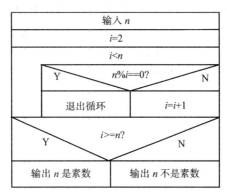

图 12.5　【例 12.2】N-S 流程图

（3）伪代码

　　伪代码（Pseudocode）是一种算法描述语言。使用伪代码的目的是为了使被描述的算法可以容易地以任何一种编程语言（Pascal、C、Java 等）实现。它可能综合使用多种编程语言中语法、保留字，甚至会用到自然语言。 因此，伪代码必须结构清晰、代码简单、可读性好，并且类似自然语言。

　　伪代码只是像流程图一样用在程序设计的初期，用于帮助写出程序流程。简单的程序一般都不用写流程、写思路，但是复杂的代码，最好还是把流程写下来，总体上去考虑整个功能如何实现。写完以后不仅可以用来作为以后测试、维护的基础，还可用米与他人交流。但是，如果把全部的东西写下来可能会浪费很多时间，那么这个时候可以采用伪代码方式。

　　例 12.2 算法的伪代码描述如下：

输入一个待判断的整数 n

$i=2$

当 $i<n$

```
{ if  n  能被 i 整除  退出循环
    i=i+1
}
if  i>n  输出 n 是素数
else  输出 n 不是素数
```

　　这里所介绍的描述算法的 3 种方法，读者可以根据自己的情况，根据问题的难易程度和问题的规模大小，有选择地来使用。

12.1.4　算法设计的要求

　　通常一个好的算法应达到如下目标：

（1）正确性（correctness）

　　正确性大体可以分为以下 4 个层次：

① 程序不含语法错误；

② 程序对于几组输入数据能够得出满足规格说明要求的结果；

③ 程序对于精心选择的典型、苛刻而带有刁难性的几组输入数据能够得出满足规格说明要求的结果；

④ 程序对于一切合法的输入数据都能产生满足规格说明要求的结果。

（2）可读性（readability）

算法主要是为了方便阅读与交流，其次才是其执行。可读性好有助于用户对算法的理解；晦涩难懂的程序易于隐藏较多错误，难以调试和修改。

（3）健壮性（robustness）

当输入数据非法时，算法也能适当地做出反应或进行处理，而不会产生莫名其妙的输出结果。

（4）效率与低存储量需求

效率指的是程序执行时，对于同一个问题如果有多个算法可以解决，执行时间短的算法效率高；存储量需求指算法执行过程中所需要的最大存储空间。

12.1.5　算法的复杂度

（1）算法的时间复杂度

算法的时间复杂度，是指执行算法所需要的计算工作量。同一个算法用不同的语言实现，或者用不同的编译程序进行编译，或者在不同的计算机上运行，效率均不同。这表明使用绝对的时间单位衡量算法的效率是不合适的。撇开这些与计算机硬件、软件有关的因素，可以认为一个特定算法"运行工作量"的大小，只依赖于问题的规模（通常用整数 n 表示），它是问题的规模函数。即

$$工作量 = f(n)$$

例如，在 $N \times N$ 矩阵相乘的算法中，整个算法的执行时间与该基本操作（乘法）重复执行的次数 n^3 成正比，也就是时间复杂度为 n^3，即

$$f(n) = O(n^3)$$

在有的情况下，算法中的基本操作重复执行的次数还随问题的输入数据集不同而不同。例如，在起泡排序的算法中，当要排序的数组 a 初始序列为自小至大有序时，基本操作的执行次数为 0，当初始序列为自大至小有序时，基本操作的执行次数为 $n(n-1)/2$。对这类算法的分析，可以采用以下两种方法来分析。

① 平均性态（Average Behavior）

所谓平均性态是指各种特定输入下的基本运算次数的加权平均值来度量算法的工作量。

② 最坏情况复杂性（Worst-case Complexity）

所谓最坏情况分析，是指在规模为 n 时，算法所执行的基本运算的最大次数。

（2）算法的空间复杂度

算法的空间复杂度是指执行这个算法所需要的内存空间。

一个算法所占用的存储空间包括算法程序所占的空间、输入的初始数据所占的存储空间以及算法执行中所需要的额外空间。其中额外空间包括算法程序执行过程中的工作单元以及某种数据结构所需要的附加存储空间。如果额外空间量相对于问题规模来说是常数，则称该算法是原地（in place）工作的。在许多实际问题中，为了减少算法所占的存储空间，通常采用压缩存储技术，以便尽量减少不必要的额外空间。

12.2　数据结构

12.2.1　数据结构的定义

数据结构（Data Structure）是指相互之间存在一种或多种特定关系的数据元素的集合，即数据的组织形式。

数据结构作为计算机的一门学科，主要研究和讨论以下 3 个方面：

（1）数据集合中各个数据元素之间所固有的逻辑关系，即数据的逻辑结构；

（2）在对数据元素进行处理时，各数据元素在计算机中的存储关系，即数据的存储结构；

（3）对各种数据结构进行的运算。

讨论以上问题的目的是为了提高数据处理的效率，所谓提高数据处理的效率有两个方面：提高数据处理的速度；尽量节省在数据处理过程中所占用的计算机存储空间。

数据（Data）：是对客观事物的符号表示，在计算机科学中是指所有能输入到计算机中并被计算机程序处理的符号的总称。

数据元素（Data Element）：是数据的基本单位，在计算机程序中通常作为一个整体进行考虑和处理。

数据对象（Data Object）：是性质相同的数据元素的集合，是数据的一个子集。

在一般情况下，在具有相同特征的数据元素集合中，各个数据元素之间存在有某种关系，这种关系反映了该集合中的数据元素所固有的一种结构。在数据处理领域中，通常把数据元素之间这种固有的关系简单地用前后件关系（或直接前驱与直接后继关系）来描述。

前后件关系是数据元素之间的一个基本关系，但前后件关系所表示的实际意义随具体对象的不同而不同。一般来说，数据元素之间的任何关系都可以用前后件关系来描述。

1. 数据的逻辑结构

数据结构是指反映数据元素之间的关系的数据元素集合的表示。更通俗地说，数据结构是指带有结构的数据元素的集合。所谓结构实际上就是指数据元素之间的前后件关系。

一个数据结构应包含以下两方面信息：

（1）数据元素的信息；

（2）各数据元素之间的前后件关系。

数据的逻辑结构是对数据元素之间的逻辑关系的描述。它可以用一个数据元素的集合和定义在此集合中的若干关系来表示。

数据的逻辑结构包括集合、线性结构、树型结构和图形结构 4 种。

（1）集合：结构中的数据元素之是除了"同属于一个集合"的关系外，别无其他关系。

（2）线性结构：结构中的数据元素之间存在一对一的关系。

（3）树形结构：结构中的数据元素之间存在一对多的关系。

（4）图形结构：结构中的数据元素之间存在多对多的关系。

数据的逻辑结构有两个要素：一是数据元素的集合，通常记为 D；二是 D 上的关系，它反映了数据元素之间的前后件关系，通常记为 R。一个数据结构可以表示成 B=（D,R）。

其中 B 表示数据结构。为了反映 D 中各元素之间的前后件关系，一般用二元组来表示。

例如，复数是一种数据结构，在计算机科学中，复数可定义成 B=（D,R），其中，D 是含有两个实数的集合｛c1,c2｝;R 是定义在集合 C 上的一种关系{<c1,c2>}，其中有序偶{<c1,c2>}表示 c1 是复数的实部，c2 是复数的虚部。

2. 数据的存储结构

数据的逻辑结构在计算机存储空间中的存放形式，称为数据的存储结构（也称为数据的物理结构）。

由于数据元素在计算机存储空间中的位置关系可能与逻辑关系不同，因此，为了表示存放在计算机存储空间中的各数据元素之间的逻辑关系（即前后件关系），在数据的存储结构中，不仅要存放各数据元素的信息，还需要存放各数据元素之间的前后件关系的信息。

一种数据的逻辑结构根据需要可以表示成多种存储结构，常用的结构有顺序、链接、索引等存储结构。而采用不同的存储结构，其数据处理的效率是不同的。因此，在进行数据处理时，选择合适的存储结构是很重要的。

12.2.2 线性表

1. 线性表的定义

线性表是具有相同特性的数据元素的一个有限序列。该序列中所含元素的个数叫做线性表的长度，用 n 表示，$n \geq 0$。

当 $n=0$ 时，表示线性表是一个空表，即表中不包含任何元素。设序列中第 i（i 表示位序）个元素为 $a_i(1 \leq i \leq n)$。

线性表的一般表示为：

$$(a_1,a_2,\ldots a_i,a_{i+1},\ldots,a_n)$$

其中 a_1 为第一个元素，又称做表头元素，a_2 为第二个元素，a_n 为最后一个元素，又称做表尾元素。例如，在线性表

$$(1,4,3,2,8,10)$$

中，1 为表头元素，10 为表尾元素。

2. 线性表的特点

非空线性表有如下一些结构特征：

（1）有且只有一个根结点 a_1，它无前件；

（2）有且只有一个终端结点 a_n，它无后件；

（3）除根结点与终端结点外，其他所有结点有且只有一个前件，也有且只有一个后件。线性表中结点的个数 n 称为线性表的长度。当 $n=0$ 时称为空表。

3. 线性表的运算

线性表的基本运算如下。

（1）初始化线性表 InitList(&L):构造一个空的线性表 L。

（2）销毁线性表 DestroyList(&L):释放线性表 L 占用的内存空间。

（3）判线性表是否为空表 ListEmpty(L):若 L 为空表，则返回真，否则返回假。

（4）求线性表的长度 ListLength(L):返回 L 中元素个数。

（5）输出线性表 DispList(L):当线性表 L 不为空时，顺序显示 L 中各结点的值域。

（6）求线性表 L 中指定位置的某个数据元素 GetElem(L,i,&e):用 e 返回 L 中第 $i(1 \leq i \leq$ ListLength(L))个元素的值。

（7）定位查找 LocateElem(L,e):返回 L 中第 1 个值域与 e 相等的位序。若这样的元素不存在，则返回值为 0。

（8）插入数据元素 ListInsert(&L,i,e):在 L 的第 $i(1 \leqslant i \leqslant \text{ListLength}(L)+1)$个元素之前插入新的元素 e，L 的长度增 1。

（9）删除数据元素 ListDelete(&L,i,&e):删除 L 的第 $i(1 \leqslant i \leqslant \text{ListLength}(L))$个元素，并用 e 返回其值，L 的长度减 1。

4. 线性表的顺序存储—顺序表

线性表的顺序存储结构就是把线性表中的所有元素按照其逻辑顺序依次存储到从计算机存储器中指定存储位置开始的一块连续的存储空间中。

这样，线性表中第一个元素的存储位置就是指定的存储位置，第 $i+1$ 个元素（$1 \leqslant i \leqslant n-1$）的存储位置紧接在第 i 个元素的存储位置的后面。

假定线性表的元素类型为 ElemType，则每个元素所占用存储空间大小（即字节数）为 sizeof(ElemType)，整个线性表所占用存储空间的大小为 $n*\text{sizeof}(\text{ElemType})$，其中，$n$ 表示线性表的长度。

顺序表示意图如图 12.6 所示。

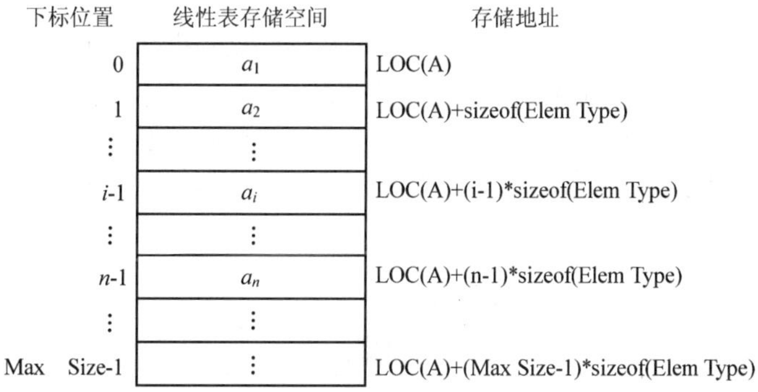

下标位置	线性表存储空间	存储地址
0	a_1	LOC(A)
1	a_2	LOC(A)+sizeof(Elem Type)
⋮	⋮	
i-1	a_i	LOC(A)+(i-1)*sizeof(Elem Type)
⋮	⋮	
n-1	a_n	LOC(A)+(n-1)*sizeof(Elem Type)
⋮	⋮	
Max　Size-1	⋮	LOC(A)+(Max Size-1)*sizeof(Elem Type)

图 12.6　顺序表示意图

在定义一个线性表的顺序存储类型时，需要定义一个数组来存储线性表中的所有元素和定义一个整型变量来存储线性表的长度。

假定数组用 elem[MaxSize]表示，长度整型变量用 length 表示，并采用结构体类型表示，则元素类型为通用类型标识符 ElemType 的线性表的顺序存储类型可描述如下:

```
typedef struct
{
    ElemType elem[MaxSize];
    int length;
} SqList;    /*顺序表类型*/
```

其中，elem 成员存放元素，length 成员存放线性表的实际长度。

说明:由于 C/C++中数组的下标从 0 开始,线性表的第 i 个元素 a_i存放顺序表的第 i-1 位置上。为了清楚，我们将 a_i在逻辑序列中的位置称为逻辑位序，在顺序表中的位置称为物理位序。经过这样定义后的顺序表，与本书第 6 章所讲的数组是一样的，因此，在顺序表中的各种操作方法也如同对数组的操作，请学习者参考前面内容来理解顺序表的各种操作，在此不再重复叙述。

5. 线性表的链式存储—链表

在链式存储中，每个存储结点不仅包含所存元素本身的信息（称之为数据域），而且包含元素之间逻辑关系的信息，即前驱结点包含有后继结点的地址信息，这称为指针域，这样可以通过前驱结点的指针域方便地找到后继结点的位置，提高数据查找速度。

一般地，每个结点有一个或多个这样的指针域。若一个结点中的某个指针域不需要指向任何结点时，则置它的值为空，用常量 NULL 表示。

由于线性表中的每个元素至多只有一个前驱元素和一个后继元素，即数据元素之间是一对一的逻辑关系，所以当进行链式存储时，一种最简单也最常用的方法是：

在每个结点中除包含有数据域外，只设置一个指针域，用以指向其后继结点，这样构成的链表称为线性单向链接表，简称单链表。

在线性表的链式存储中，为了便于插入和删除算法的实现，每个链表带有一个头结点，并通过头结点的指针唯一标识该链表，如图 12.7 所示。

图 12.7　带头结点单链表示意图

在单链表中，由于每个结点只包含有一个指向后继结点的指针，所以当访问过一个结点后，只能接着访问它的后继结点，而无法访问它的前驱结点。

另一种可以采用的方法是在每个结点中除包含有数值域外，设置两个指针域，分别用以指向其前驱结点和后继结点，这样构成的链接表称之为线性双向链接表，简称双链表，示意图如图 12.8 所示。

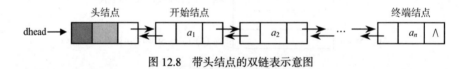

图 12.8　带头结点的双链表示意图

双链表的特点：在双链表中，由于每个结点既包含一个指向后继结点的指针，又包含一个指向前驱结点的指针，所以当访问过一个结点后，既可以依次向后访问每一个结点，也可以依次向前访问每一个结点。

在单链表中，假定每个结点类型用 LinkList 表示，它应包括存储元素的数据域，这里用 data 表示，其类型用通用类型标识符 ElemType 表示，还包括存储后继元素位置的指针域，这里用 next 表示。LinkList 类型的定义如下：

```
typedef struct LNode      /*定义单链表结点类型*/
{
    ElemType data;
    struct LNode *next;   /*指向后继结点*/
} LinkList;
```

（1）单链表基本运算的实现

单链表中各种运算我们在第 7 章介绍结构体时已比较详细地做了介绍，在此不再重复，请读者参考前面的内容。

（2）双链表的定义及主要运算

对于双链表，采用类似于单链表的类型定义，其 DLinkList 类型的定义如下：

```
typedef struct DNode          /*定义双链表结点类型*/
{
    ElemType data;
    struct DNode *prior;  /*指向前驱结点*/
    struct DNode *next;   /*指向后继结点*/
} DLinkList;
```

在双链表中，有些操作如求长度、取元素值和查找元素等操作算法与单链表中相应算法是相同的，这里不多讨论。但在单链表中，进行结点插入和删除时涉及前后结点的一个指针域的变化。而在双链表中，结点的插入和删除操作涉及前后结点的两个指针域的变化。

归纳起来，在双链表中 p 所指的结点之后插入一个*s 结点的过程如图 12.9 所示，其操作语句描述为：

```
s->next=p->next;/*将*s 插入到*p 之后*/
p->next->prior=s;
s->prior=p;
p->next=s;
```

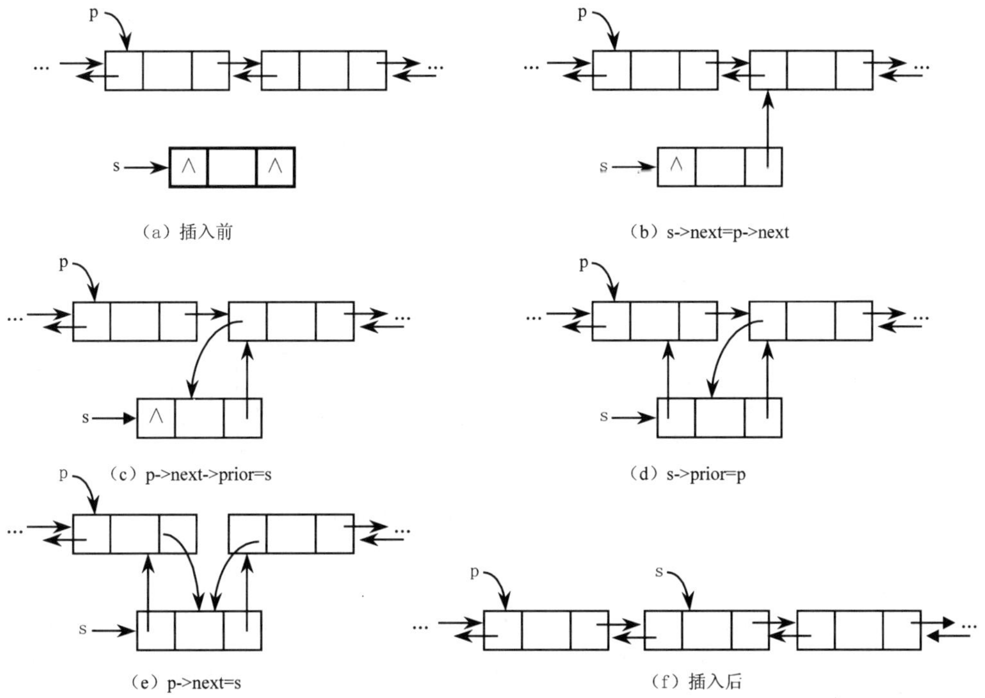

（a）插入前　　　　　　　　　　　　　　　（b）s->next=p->next

（c）p->next->prior=s　　　　　　　　　　（d）s->prior=p

（e）p->next=s　　　　　　　　　　　　　（f）插入后

图 12.9　在双链表中插入结点过程示意图

在双链表中删除一个结点的过程如图 12.10 所示，归纳起来，删除双链表 L 中*p 结点的后续结点。其操作语句描述为：

```
p->next=q->next;
q->next->prior=p;
```

（3）循环链表

循环链表是另一种形式的链式存储结构。它的特点是表中最后一个结点的指针域不再是空，而是指向表头结点，整个链表形成一个环。由此，从表中任一结点出发均可找到链表中其他结点。图 12.11 所示是带头结点的循环单链表和循环双链表的示意图。

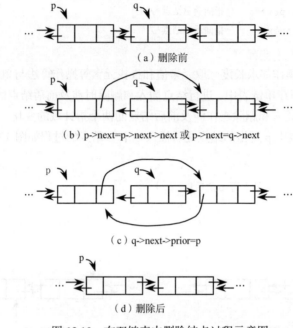

（a）删除前

（b）p->next=p->next->next 或 p->next=q->next

（c）q->next->prior=p

（d）删除后

图 12.10　在双链表中删除结点过程示意图

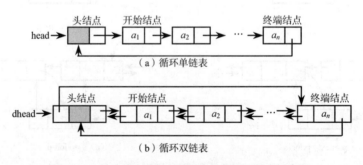

（a）循环单链表

（b）循环双链表

图 12.11　带头结点的循环单链表和循环双链表示意图

（4）静态链表

静态链表借用一维数组来描述线性链表。数组中的一个分量表示一个结点，同时使用游标（指示器 cur 即为伪指针）代替指针以指示结点在数组中的相对位置。数组中的第 0 个分量可以看成头结点，其指针域指示静态链表的第一个结点。

这种存储结构仍然需要预先分配一个较大空间，但是在进行线性表的插入和删除操作时不需要移动元素，仅需要修改"指针"，因此仍然具有链式存储结构的主要优点。

图 12.12 给出了一个静态链表的示例。图（a）所示是一个修改之前的静态链表，图（b）所示是删除数据元素"陈华"之后的静态链表，图（c）所示插入数据元素"王华"之后的静态链表，图中用阴影表示修改的游标。

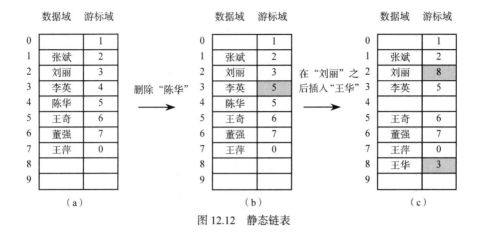

图 12.12　静态链表

12.2.3　栈

1. 栈的定义

栈是一种只能在一端进行插入或删除操作的线性表。表中允许进行插入、删除操作的一端称为栈顶。

栈顶的当前位置是动态的，栈顶的当前位置由一个称为栈顶指针的位置指示器指示。表的另一端称为栈底。当栈中没有数据元素时，称为空栈。

栈的几种基本运算如下。

（1）初始化栈 InitStack(&s)：构造一个空栈 s。

（2）销毁栈 ClearStack(&s)：释放栈 s 占用的存储空间。

（3）求栈的长度 StackLength(s)：返回栈 s 中的元素个数。

（4）判断栈是否为空 StackEmpty(s)：若栈 s 为空，则返回真；否则返回假。

（5）进栈 Push(&S,e)：将元素 e 插入到栈 s 中作为栈顶元素。

（6）出栈 Pop(&s,&e)：从栈 s 中退出栈顶元素，并将其值赋给 e。

（7）取栈顶元素 GetTop(s,&e)：返回当前的栈顶元素，并将其值赋给 e。

（8）显示栈中元素 DispStack(s)：从栈顶到栈底顺序显示栈中所有元素。

2. 栈的顺序存储结构及其基本运算实现

假设栈的元素个数最大不超过正整数 MaxSize，所有的元素都具有同一数据类型 ElemType，则可用下列方式来定义栈类型 SqStack：

```
typedef struct
{
    ElemType data[MaxSize];
    int top;        /*栈指针*/
} SqStack;
```

假设栈的空间大小 MaxSize 为 5，图 12.13 是进栈出栈的示意图。

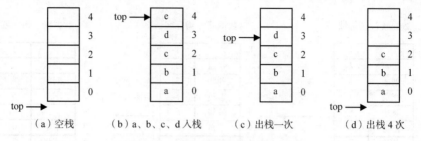

（a）空栈　　　　（b）a、b、c、d入栈　　　（c）出栈一次　　　（d）出栈4次

图 12.13　顺序栈进栈和出栈示意图

在顺序栈中实现栈的基本运算算法如下。

（1）初始化栈 initStack(&s)，建立一个新的空栈 s，实际上是将栈顶指针指向-1 即可。对应算法如下：

```
void InitStack(SqStack *&s)
{
    s=(SqStack *)malloc(sizeof(SqStack)); s->top=-1;
}
```

（2）销毁栈 ClearStack(&s)，释放栈 s 占用的存储空间。对应算法如下：

```
void ClearStack(SqStack *&s)
{
    free(s);
}
```

（3）求栈的长度 StackLength(s)，返回栈 s 中的元素个数，即栈指针加 1 的结果。对应算法如下：

```
int StackLength(SqStack *s)
{
    return(s->top+1);
}
```

（4）判断栈是否为空 StackEmpty(s)，栈 s 为空的条件是 s->top==-1。对应算法如下：

```
int StackEmpty(SqStack *s)
{
    return(s->top==-1);
}
```

（5）进栈 Push(&s,e)，在栈不满的条件下，先将栈指针增1，然后在该位置上插入元素 e。对应算法如下：

```
int Push(SqStack *&s,ElemType e)
{
    if (s->top==MaxSize-1) return 0;   /*栈满的情况,即栈上溢出*/
    s->top++;
    s->data[s->top]=e;
    return 1;
}
```

（6）出栈 Pop(&s,&e)，在栈不为空的条件下，先将栈顶元素赋给 e，然后将栈指针减 1。对应算法如下：

```
int Pop(SqStack *&s,ElemType &e)
{
    if (s->top==-1)  /*栈为空的情况,即栈下溢出*
        return 0; /
    e=s->data[s->top];
    s->top--;
    return 1;
}
```

（7）取栈顶元素 GetTop(s)，在栈不为空的条件下，将栈顶元素赋给 e。对应算法如下：

```
int GetTop(SqStack *s,ElemType &e)
{
    if (s->top==-1)  /*栈为空的情况，即栈下溢出*/
        return 0;
    e=s->data[s->top];
    return 1;
}
```

（8）显示栈中元素 DispStack(s)，从栈顶到栈底顺序显示栈中所有元素。对应算法如下：

```
void DispStack(SqStack *s)
{
    int i;
    for (i=s->top;i>=0;i--)
        printf("%c ",s->data[i]);
    printf("\n");
}
```

12.2.4　队列

1. 队列的定义

队列简称队，它也是一种运算受限的线性表，其限制仅允许在表的一端进行插入，而在表的另一端进行删除。我们把进行插入的一端称做队尾（rear），进行删除的一端称做队首（front）。

向队列中插入新元素称为进队或入队，新元素进队后就成为新的队尾元素；从队列中删除元素称为出队或离队，元素出队后，其后继元素就成为队首元素，如图 12.14 所示。

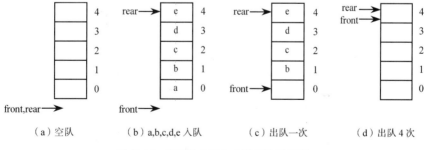

(a)空队　　　　(b)a,b,c,d,e 入队　　　　(c)出队一次　　　　(d)出队 4 次

图 12.14　队列的入队和出队操作示意图

2. 队列的顺序存储结构及其基本运算的实现

假设队列的元素个数最大不超过整数 MaxSize，所有的元素都具有同一数据类型 ElemType，则顺序队列类型 SqQueue 定义如下：

```
typedef struct
```

```
{
    ElemType data[MaxSize];
    int front,rear; /*队首和队尾指针*/
} SqQueue
```

从图 12.15 中看到，图 12.15（a）所示为队列的初始状态，有 front==rear 成立，该条件可以作为队列空的条件。

那么能不能用 rear==MaxSize-1 作为队满的条件呢？显然不能，在图 12.15（d）中，队列为空，但仍满足该条件。这时入队时出现"上溢出"，这种溢出并不是真正的溢出，在 elem 数组中存在可以存放元素的空位置，所以这是一种"假溢出"。

为了能够充分地使用数组中的存储空间，把数组的前端和后端连接起来，形成一个环形的顺序表，即把存储队列元素的表从逻辑上看成一个环，称为循环队列。

循环队列首尾相连，当队首 front 指针满足 front=MaxSize-1 后，再前进一个位置就自动到 0，这可以利用除法取余的运算(%)来实现：

队首指针进 1：front=(front+1)%MaxSize

队尾指针进 1：rear=(rear+1)%MaxSize

循环队列的除头指针和队尾指针初始化时都置 0：front=rear=0。在入队元素和出队元素时，指针都按逆时针方向进 1。

怎样区分这两者之间的差别呢？在入队时少用一个数据元素空间，以队尾指针加 1 等于队首指针判断队满，即队满条件为：

```
(q->rear+1) % MaxSize==q->front
```

队空条件仍为：

```
q->rear==q->front
```

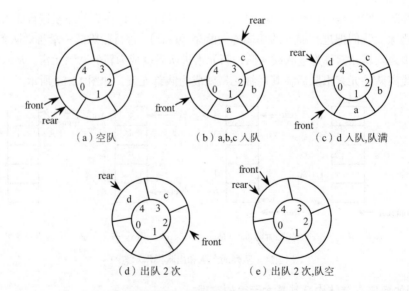

图 12.15　循环队列的入队和出队操作示意图

在循环队列中，实现队列的基本运算算法如下。

（1）初始化队列 InitQueue(&q)，构造一个空队列 q。将 front 和 rear 指针均设置成初始状态即

0 值。对应算法如下：

```
void InitQueue(SqQueue *&q)
{
    q=(SqQueue *)malloc (sizeof(SqQueue)) ;
    q->front=q->rear=0;
}
```

（2）销毁队列 ClearQueue(&q)，释放队列 q 占用的存储空间。对应算法如下：

```
void ClearQueue(SqQueue *&q)
{
    free(q);
}
```

（3）判断队列是否为空 QueueEmpty(q)，若队列 q 满足 q->front==q->rear 条件，则返回 1；否则返回 0。对应算法如下：

```
int QueueEmpty(SqQueue *q)
{
    return(q->front==q->rear);
}
```

（4）入队列 enQueue(q,e)，在队列不满的条件下，先将队尾指针 rear 循环增 1，然后将元素添加到该位置。对应算法如下：

```
int enQueue(SqQueue *&q,ElemType e)
{
    if ((q->rear+1)%MaxSize==q->front)   /*队满*/
        return 0;
    q->rear=(q->rear+1)%MaxSize;
    q->data[q->rear]=e;
    return 1;
}
```

（5）出队列 deQueue(q,e)，在队列 q 不为空的条件下，将队首指针 front 循环增 1，并将该位置的元素值赋给 e。对应算法如下：

```
int deQueue(SqQueue *&q,ElemType &e)
{
    if (q->front==q->rear)   /*队空*/
        return 0;
    q->front=(q->front+1)%MaxSize;
    e=q->data[q->front];
    return 1;
}
```

12.2.5　树与二叉树

1. 树的定义

树是由 n（$n \geq 0$）个结点组成的有限集合。若 $n=0$，称为空树；若 $n>0$，则：

（1）有一个特定的称为根（root）的结点。它只有直接后件，但没有直接前件；

（2）除根结点以外的其他结点可以划分为 m（$m \geq 0$）个互不相交的有限集合 T_0，T_1，…，T_{m-1}，每个集合 T_i（$i=0$，1，…，$m-1$）又是一棵树，称为根的子树，每棵子树的根结点有且仅有一个直接前件，但可以有 0 个或多个直接后件。

树形表示法如图 12.16 所示。

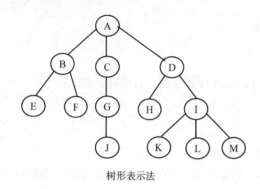

树形表示法

如左图中，
1. A 为根结点；
2. E、F、J、H、K、L、M 为叶子结点。
3. 树中 A、I 都有 3 个子结点，故树的度为 3。
4. 整个树中，总共分为 4 层，故树的深度为 4

图 12.16　树形表示法

树形结构具有如下特点：

（1）每个结点只有一个前件，称为父结点，没有前件的结点只有一个，称为树的根结点，简称为树的根；

（2）每一个结点可以有多个后件，它们都称为该结点的子结点，没有后件的结点称为叶子结点；

（3）一个结点所拥有的后件个数称为树的结点度；

（4）树的最大层次称为树的深度。

2．二叉树的定义及其基本性质

（1）二叉树的定义

二叉树（binary tree）是由 n（$n \geq 0$）个结点的有限集合构成，此集合或者为空集，或者由一个根结点及两棵互不相交的左右子树组成，并且左右子树都是二叉树。二叉树可以是空集合，根可以有空的左子树或空的右子树。二叉树不是树的特殊情况，它们是两个概念。二叉树的结构如图 12.17 所示。

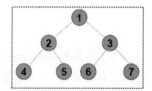

图 12.17　二叉树的结构

二叉树具有如下两个特点：

① 非空二叉树只有一个根结点；

② 每一个结点最多有两棵子树，且分别称为该结点的左子树与右子树。

二叉树的每个结点最多有两个孩子，或者说，在二叉树中，不存在度大于 2 的结点，并且二叉树是有序树（树为无序树），其子树的顺序不能颠倒，因此，二叉树有 5 种不同的形态，如图 12.18 所示。

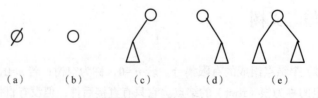

（a）　　（b）　　（c）　　（d）　　（e）

图 12.18　二叉树的 5 种形态

在二叉树中，一个结点可以只有左子树而没有右子树，也可以只有右子树而没有左子树。当一个结点既没有左子树也没有右子树时，该结点即是叶子结点。

（2）二叉树的基本性质（见图 12.19）

性质 1：在二叉树的第 k 层上至多有 2^{k-1} 个结点（$k \geq 1$）。

性质 2：深度为 m 的二叉树至多有 2^{m-1} 个结点。深度为 m 的二叉树的最大的结点数是为二叉树中每层上的最大结点数之和，由性质 1 得到最大结点数。

性质 3：对任何一棵二叉树，度为 0 的结点（即叶子结点）总是比度为 2 的结点多一个。 即如果叶子结点数为 n_0，度为 2 的结点数为 n_2，则 $n_0 = n_2 + 1$。

性质 4：具有 n 个结点的完全二叉树的深度至少为 $[\log_2 n] + 1$，其中 $[\log_2 n]$ 表示 $\log_2 n$ 的整数部分。

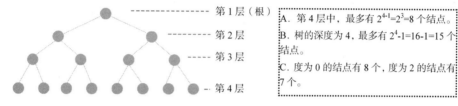

图 12.19　二叉树性质示意图

（3）满二叉树与完全二叉树

① 满二叉树

满二叉树是指这样的一种二叉树：除最后一层外，每一层上的所有结点都有两个子结点。深度为 k 的满二叉树具有 $2^k - 1$ 个结点。即在满二叉树的第 k 层上有 2^{k-1} 个结点。

从上面满二叉树定义可知，必须是二叉树的每一层上的结点数都达到最大，否则就不是满二叉树。深度为 m 的满二叉树有 $2^m - 1$ 个结点。

② 完全二叉树

完全二叉树是指这样的二叉树：除最后一层外，每一层上的结点数均达到最大值；在最后一层上只缺少右边的若干结点。

一棵具有 n 个结点的深度为 k 的二叉树，它的每一个结点都与深度为 k 的满二叉树中编号为 $1-n$ 的结点一一对应。

满二叉树和完全二叉树的结构比较：

从完全二叉树定义可知，结点的排列顺序遵循从上到下、从左到右的规律。所谓从上到下，表示本层结点数达到最大后，才能放入下一层。从左到右，表示同一层结点必须按从左到右排列，若左边空一个位置时不能将结点放入右边。完全二叉树除最后一层外每一层的结点数都达到最大值，最后一层只缺少右边的若干结点，如图 12.20 所示。

图 12.20　满二叉树与完全二叉树示意图

满二叉树是完全二叉树，反之完全二叉树不一定是满二叉树。

性质 5：如果对一棵有 n 个结点的完全二叉树的结点按层序编号，则对任一结点 i（$1 \leq i \leq n$），有：

① 如果 $i=1$，则结点 i 无双亲，是二叉树的根；如果 $i>1$，则其双亲是结点[$i/2$]；

② 如果 $2i \leq n$，则结点 i 为叶子结点，无左孩子；否则，其左孩子是结点 $2i$；

③ 如果 $2i+1 \leq n$，则结点 i 无右孩子；否则，其右孩子是结点 $2i+1$。

（4）二叉树的存储结构（见图 12.21）

在计算机中，二叉树通常采用链式存储结构。用于存储二叉树中各元素的存储结点由两部分组成：数据域与指针域。但在二叉树中，由于每一个元素可以有两个后件（两个子结点），因此，用于存储二叉树的存储结点的指针域有两个：一个用于指向该结点的左子结点的存储地址，称为左指针域；另一个用于指向该结点的右子结点的存储地址，称为右指针域。

在二叉树的链接存储中，结点的结构如下：

```
typedef struct node
{
    ElemType data;
    struct node *lchild,*rchild;
} BTNode;
```

其中，data 表示值域，用于存储对应的数据元素，lchild 和 rchild 分别表示左指针域和右指针域，用于分别存储左孩子结点和右孩子结点（即左、右子树的根结点）的存储位置。

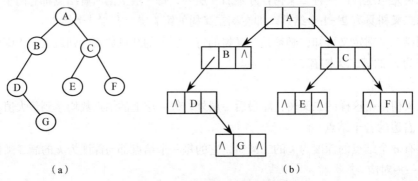

（a）   （b）

图 12.21　二叉树及其链式存储结构

（5）二叉树的遍历（见图 12.22）

所谓遍历二叉树，就是遵从某种次序，访问二叉树中的所有结点，使得每个结点仅被访问一次。

① 前序遍历

前序遍历是指在访问根结点、遍历左子树与遍历右子树这三者中，首先访问根结点，然后遍历左子树，最后遍历右子树；并且，在遍历左右子树时，仍然先访问根结点，然后遍历左子树，最后遍历右子树。前序遍历描述为：

若二叉树为空，则执行空操作。否则：访问根结点；前序遍历左子树；前序遍历右子树。

② 中序遍历

中序遍历是指在访问根结点、遍历左子树与遍历右子树这三者中，首先遍历左子树，然后访问根结点，最后遍历右子树；并且，在遍历左、右子树时，仍然先遍历左子树，然后访问根结点，最后遍历右子树。中序遍历描述为：

若二叉树为空，则执行空操作。否则：中序遍历左子树；访问根结点；中序遍历右子树。

③ 后序遍历

后序遍历是指在访问根结点、遍历左子树与遍历右子树这三者中，首先遍历左子树，然后遍历右子树，最后访问根结点，并且，在遍历左、右子树时，仍然先遍历左子树，然后遍历右子树，最后访问根结点。后序遍历描述为：

若二叉树为空，则执行空操作。否则：后序遍历左子树；后序遍历右子树；访问根结点。

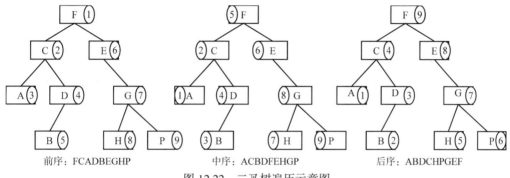

图 12.22　二叉树遍历示意图

12.2.6　图

1. 图的定义

图（Graph）G 由两个集合 V（Vertex）和 E（Edge）组成，记为 G=（V,E），其中 V 是顶点的有限集合，记为 V（G），E 是连接 V 中两个不同顶点（顶点对）的边的有限集合，记为 E（G）。

在图 G 中，如果代表边的顶点对是无序的，则称 G 为无向图，无向图中代表边的无序顶点对通常用圆括号括起来，用以表示一条无向边。

如果表示边的顶点对是有序的，则称 G 为有向图，在有向图中代表边的顶点对通常用尖括号括起来。

2. 图的基本术语

（1）端点和邻接点

在一个无向图中，若存在一条边（v_i, v_j），则称 v_i 和 v_j 为此边的两个端点，并称它们互为邻接点。在一个有向图中，若存在一条边<v_i, v_j>，则称此边是顶点 v_i 的一条出边，同时也是顶点 v_j 的一条入边，称 v_i 和 v_j 分别为此边的起始端点（简称为起点）和终止端点（简称终点）；称 v_i 和 v_j 互为邻接点。

（2）顶点的度、入度和出度

在无向图中，顶点所具有的边的数目称为该顶点的度。在有向图中，以顶点 v_i 为终点的入边的数目，称为该顶点的入度。以顶点 v_i 为始点的出边的数目，称为该顶点的出度。一个顶点的入度与出度的和为该顶点的度。

（3）完全图

若无向图中的每两个顶点之间都存在着一条边，有向图中的每两个顶点之间都存在着方向相反的两条边，则称此图为完全图。显然，完全无向图包含有 $n(n-1)/2$ 条边，完全有向图包含有 $n(n-1)$ 条边。

（4）子图

设有两个图 G=(V,E)和 G'=(V',E')，若 V'是 V 的子集，即 V'⊆V，且 E'是 E 的子集，即 E'⊆E，则称 G'是 G 的子图。

（5）连通、连通图和连通分量

在无向图 G 中，若从顶点 v_i 到顶点 v_j 有路径，则称 v_i 和 v_j 是连通的。

若图 G 中任意两个顶点都连通，则称 G 为连通图，否则称为非连通图。

无向图 G 中的极大连通子图称为 G 的连通分量。显然，任何连通图的连通分量只有一个即本身，而非连通图有多个连通分量。

（6）强连通图和强连通分量

在有向图 G 中，若从顶点 v_i 到顶点 v_j 有路径，则称从 v_i 到 v_j 是连通的。

若图 G 中的任意两个顶点 v_i 和 v_j 都连通，即从 v_i 到 v_j 和从 v_j 到 v_i 都存在路径，则称图 G 是强连通图。

有向图 G 中的极大强连通子图称为 G 的强连通分量。显然，强连通图只有一个强连通分量，即本身，非强连通图有多个强连通分量。

（7）权和网

图中每一条边都可以附有一个对应的数值，这种与边相关的数值称为权。权可以表示从一个顶点到另一个顶点的距离或花费的代价。边上带有权的图称为带权图，也称作网。

3．图的存储结构

（1）邻接矩阵存储方法

邻接矩阵是表示顶点之间相邻关系的矩阵。设 G=(V,E)是具有 $n(n>0)$ 个顶点的图，顶点的顺序依次为（$v_0,v_1,...,v_{n-1}$），则 G 的邻接矩阵 A 是 n 阶方阵，其定义如下：

① 如果 G 是无向图，则：

A[i][j]=1：若(vᵢ,vⱼ)∈E(G)
A[i][j]=0：其他

② 如果 G 是有向图，则：

A[i][j]=1：若<vᵢ,vⱼ>∈E(G)
A[i][j]=0：其他

③ 如果 G 是带权无向图，则：

A[i][j]= wᵢⱼ：若 vᵢ≠vⱼ且(vᵢ,vⱼ)∈E(G)
A[i][j]= ∞：其他

④ 如果 G 是带权有向图，则：

A[i][j]= wᵢⱼ：若 vᵢ≠vⱼ且<vᵢ,vⱼ>∈E(G)
A[i][j]= ∞：其他

邻接矩阵的特点如下。

① 图的邻接矩阵表示是唯一的。

② 无向图的邻接矩阵一定是一个对称矩阵。

③ 不带权的有向图的邻接矩阵一般来说是一个稀疏矩阵。

④ 对于无向图，邻接矩阵的第 i 行（或第 i 列）非零元素（或非 ∞ 元素）的个数正好是第 i 个顶点 v_i 的度。

⑤ 对于有向图，邻接矩阵的第 i 行（或第 i 列）非零元素（或非 ∞ 元素）的个数正好是第 i 个顶点 v_i 的出度（或入度）。

⑥ 用邻接矩阵方法存储图，很容易确定图中任意两个顶点之间是否有边相连。但是，要确定图中有多少条边，则必须按行、按列对每个元素进行检测，所花费的时间代价很大。这是用邻接矩阵存储图的局限性。

（2）邻接表存储方法

图的邻接表存储方法是一种顺序分配与链式分配相结合的存储方法。在邻接表中，对图中每个顶点建立一个单链表，第 i 个单链表中的结点表示依附于顶点 v_i 的边（对有向图是以顶点 v_i 为尾的弧）。每个单链表上附设一个表头结点。表结点和表头结点的结构如图 12.23 所示。

图 12.23　表结点和表头结点的结构

其中，表结点由 3 个域组成，adjvex 指示与顶点 v_i 邻接的点在图中的位置，nextarc 指示下一条边或弧的结点，info 存储与边或弧相关的信息，如权值等。表头结点由两个域组成，data 存储顶点 v_i 的名称或其他信息，firstarc 指向链表中第一个结点。

邻接表的特点如下。

① 邻接表表示不唯一。这是因为在每个顶点对应的单链表中，各边结点的链接次序可以是任意的，取决于建立邻接表的算法以及边的输入次序。

② 对于有 n 个顶点和 e 条边的无向图，其邻接表有 n 个顶点结点和 $2e$ 个边结点。显然，在总的边数小于 $n(n-1)/2$ 的情况下，邻接表比邻接矩阵要节省空间。

③ 对于无向图，邻接表的顶点 v_i 对应的第 i 个链表的边结点数目正好是顶点 v_i 的度。

④ 对于有向图，邻接表的顶点 v_i 对应的第 i 个链表的边结点数目仅仅是 v_i 的出度。其入度为邻接表中所有 adjvex 域值为 i 的边结点数目。

邻接表存储结构的定义如下：

```
typedef struct ANode          /*弧的结点结构类型*/
{
int adjvex;                   /*该弧的终点位置*/
    struct ANode *nextarc;    /*指向下一条弧的指针*/
    InfoType info;            /*该弧的相关信息*/
} ArcNode;
typedef struct Vnode          /*邻接表头结点的类型*/
{
Vertex data;                  /*顶点信息*/
    ArcNode *firstarc;        /*指向第一条弧*/
} VNode;
typedef VNode AdjList[MAXV];  /*AdjList 是邻接表类型*/
typedef struct
{
AdjList adjlist;              /*邻接表*/
```

```
    int n,e;                        /*图中顶点数 n 和边数 e*/
} ALGraph;                          /*图的类型*/
```

4. 图的遍历

（1）图的遍历的概念

从给定图中任意指定的顶点（称为初始点）出发，按照某种搜索方法沿着图的边访问图中的所有顶点，使每个顶点仅被访问一次，这个过程称为图的遍历。如果给定图是连通的无向图或者是强连通的有向图，则遍历过程一次就能完成，并可按访问的先后顺序得到由该图所有顶点组成的一个序列。

根据搜索方法的不同，图的遍历方法有两种：一种叫做深度优先搜索法（DFS）；另一种叫做广度优先搜索法（BFS）。

（2）深度优先搜索遍历

深度优先搜索遍历的过程：从图中某个初始顶点 v 出发，首先访问初始顶点 v，然后选择一个与顶点 v 相邻且没被访问过的顶点 w 为初始点，再从 w 出发进行深度优先搜索，直到图中与当前顶点 v 邻接的所有顶点都被访问过为止。显然，这个遍历过程是个递归过程。

（3）广度优先搜索遍历

广度优先搜索遍历的过程：首先访问初始点 v_i，接着访问 v_i 的所有未被访问过的邻接点 $v_{i1}, v_{i2}, \ldots, v_{it}$，然后再按照 $v_{i1}, v_{i2}, \ldots, v_{it}$ 的次序，访问每一个顶点的所有未被访问过的邻接点，依次类推，直到图中所有和初始点 v_i 有路径相通的顶点都被访问过为止。

（4）非连通图的遍历

对于无向图来说，若无向图是连通图，则一次遍历能够访问到图中的所有顶点；但若无向图是非连通图，则只能访问到初始点所在连通分量中的所有顶点，其他连通分量中的顶点是不可能访问到的。为此需要从其他每个连通分量中选择初始点，分别进行遍历，才能够访问到图中的所有顶点；对于有向图来说，若从初始点到图中的每个顶点都有路径，则能够访问到图中的所有顶点，否则不能访问到所有顶点，为此同样需要再选初始点，继续进行遍历，直到图中的所有顶点都被访问过为止。

5. 生成树和最小生成树

（1）生成树的概念

一个连通图的生成树是一个极小连通子图，它含有图中全部顶点，但只有构成一棵树的（n-1）条边。

如果在一棵生成树上添加一条边，必定构成一个环：因为这条边使得它依附的那两个顶点之间有了第二条路径。一棵有 n 个顶点的生成树（连通无回路图）有且仅有（n-1）条边，如果一个图有 n 个顶点和小于（n-1）条边，则是非连通图。如果它多于（n-1）条边，则一定有回路。但是，有（n-1）条边的图不一定都是生成树。

对于一个带权（假定每条边上的权均为大于零的实数）连通无向图 G 中的不同生成树，其每棵树的所有边上的权值之和也可能不同，图的所有生成树中具有边上的权值之和最小的树称为图的最小生成树。

按照生成树的定义，n 个顶点的连通图的生成树有 n 个顶点、n-1 条边。因此，构造最小生成树的准则有 3 条：

① 必须只使用该图中的边来构造最小生成树；

② 必须使用且仅使用 n-1 条边来连接图中的 n 个顶点；

③ 不能使用产生回路的边。

（2）普里姆算法

普里姆（Prim）算法是一种构造性算法。

假设 G=(V,E) 是一个具有 n 个顶点的带权连通无向图，T=(U,TE) 是 G 的最小生成树，其中 U 是 T 的顶点集，TE 是 T 的边集，则由 G 构造最小生成树 T 的步骤如下：

① 初始化={v_0}。v_0 到其他顶点的所有边为候选边；

② 重复以下步骤 n-1 次，使得其他 n-1 个顶点被加入到 U 中：

a．从候选边中挑选权值最小的边输出，设该边在 V-U 中的顶点是 v，将 v 加入 U 中，删除和 v 关联的边；

b．考察当前 V-U 中的所有顶点 v_i，修改候选边：若（v,v_i）的权值小于原来和 v_i 关联的候选边，则用（v,v_i）取代后者作为候选边。

（3）克鲁斯卡尔算法

克鲁斯卡尔（Kruskal）算法是一种按权值的递增次序选择合适的边来构造最小生成树的方法。假设 G=(V,E) 是一个具有 n 个顶点的带权连通无向图，T=(U,TE) 是 G 的最小生成树，则构造最小生成树的步骤如下。

① 置 U 的初值等于 V（即包含有 G 中的全部顶点），TE 的初值为空集（即图 T 中每一个顶点都构成一个分量）。

② 将图 G 中的边按权值从小到大的顺序依次选取：若选取的边未使生成树 T 形成回路，则加入 TE；否则舍弃，直到 TE 中包含（n-1）条边为止。

12.2.7　查找技术

1．顺序查找

顺序查找的方法是：用被查元素与线性表中的元素逐一比较，直到找出相等的元素，则查找成功；或者找遍所有元素都不相等，则查找失败。

顺序查找的优点：对线性表的元素的逻辑次序无要求（不必对元素进行排序），对线性表的存储结构无要求（顺序存储、链接存储皆可）。

顺序查找的效率很低，但在以下情况下，只能采用顺序查找：

（1）如果线性表为无序表，则不管是顺序存储结构还是链式存储结构，都只能用顺序查找；

（2）即使是有序线性表，如果采用链式存储结构，也只能用顺序查找。

2．二分法查找

二分法查找是一种效率较高的线性表查找方法。要进行二分法查找，则线性表结点必须是排好序的，且线性表以顺序方式存储。

二分法查找的方法：首先用要查找的元素值与线性表中间位置的元素值相比较，这个中间结点把线性表分成了两个子表，比较相等则查找完成，不等则根据比较结果确定下一步的查找应在哪一个子表中进行，如此进行下去，直到找到满足条件的结点，或者确定表中没有这样的结点。

对于二分法查找的缺点是线性表排序需花费时间，顺序方式存储的插入、删除不便。

对于长度为 n 的有序线性表，在最坏的情况下，二分查找只需要比较$[\log_2 n]$次，而顺序查找需要比较 n 次。二分查找的效率要比顺序查找高得多。

12.2.8 排序技术

1. 交换类排序法

交换类排序的基本思想：两两比较待排序线性表的元素值，并对不满足顺序要求的元素进行位置交换，直到全部满足为止。

（1）冒泡排序法

将相邻的元素进行两两比较，若为逆序则进行交换。将线性表照此方法从头到尾处理一遍称作一趟起泡，一趟起泡的效果是将元素值最大的记录交换到了最后的位置，即该线性表的最终位置。若某一趟起泡过程中没有发生任何交换，则排序过程结束。在最坏情况下，需要的比较 $N(N-1)/2$ 次。

（2）快速排序法

快速排序又称分区交换排序，是对冒泡排序的一种改进。其基本方法：在待排序线性表中任取一个元素，以它为基准用交换的方法将所有的元素分成两部分，元素值比它小的在一个部分，元素值比它大的在另一个部分。再分别对两个部分实施上述过程，一直重复到排序完成。在最坏的情况下与冒泡排序相当，然而快速排序的平均执行时间为 $O(n\log 2n)$。

2. 插入类排序法

插入排序的基本思想：每步将一个待排序元素按其元素值的大小插入到前面已排序的元素中的适当位置上，直到全部记录插入完为止。

（1）简单插入排序

它是指将无序序列中的各元素依次插入到已经有序的线性表中。在最坏情况下比较需要 $N(N-1)/2$ 次。

（2）希尔排序法

希尔排序的基本思想是把元素按下标的一定增量分组，对每组元素使用插入排序，随增量的逐渐减小，所分成的组包含的记录越来越多，到增量的值减小到 1 时，整个数据合成一组，构成一组有序元素，故其属于插入排序方法。在最坏情况下需要的比较 $O(n1.5)$次。

3. 选择类排序法

选择排序的基本思想：每次从待排序的元素中选出元素值最小（或最大）的记录，顺序放在已排序的记录序列的最后，直到全部排完。

（1）简单选择排序

对线性表进行 $n-1$ 趟扫描，第 i 趟扫描从剩下的 $n-i+1$ 个记录中选出元素值最小的记录，与第 i 个记录交换。最坏情况下需要比较 $N(N-1)/2$ 次。

（2）堆排序

堆排序的基本思想是：对待排序的线性表，首先把它们按堆的定义排成一个序列（称为建堆），这就找到了最小的元素，然后将最小的元素取出，用剩下的元素再建堆，便得到次最小的的元素，如此反复进行，直到将全部元素排好序为止。在最坏情况下需要比较 $O(n\log_2 n)$次。

4. 总结

假设线性表的长度为 n，在最坏的情况下进行比较的次数如图 12.24 所示。

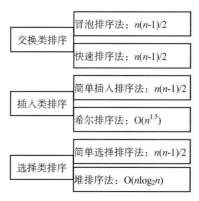

图 12.24 各类排序方法的比较

本章小结

本章介绍了算法和数据结构，在算法部分主要介绍了算法的描述以及算法的度量，读者应掌握至少一种算法的描述方法，以及运用算法的时间复杂度分析方法来衡量算法的优劣。在数据结构部分，针对全国计算机等级考试二级的要求，介绍了常用的几种数据结构：线性表、栈、队列、二叉树和图，以及针对这些数据结构的不同的存储结构，介绍了各种算法的基本操作，这些内容不仅是计算机等级考试的基本知识，同时也是进行软件开发的重要基础，读者应着重掌握。

习题 12

一、选择题

1. 算法具有五个特性，以下选项中不属于算法特性的是（　　）。

    A. 有穷性　　　　　B. 简洁性　　　　　C. 可行性　　　　　D. 确定性

2. 下列叙述中正确的是（　　）。

    A. 一个算法的空间复杂度大，则其时间复杂度也必定大。

    B. 一个算法的空间复杂度大，则其时间复杂度必定小。

    C. 一个算法的时间复杂度大，则其空间可复杂度必定小。

    D. 上述三种说法都不对。

3. 数据的存储结构是指（　　）。

    A. 存储在外存中的数据　　　　　　　B. 数据所占的存储空间量

    C. 数据在计算机中的顺序存储方式　　D. 数据的逻辑结构在计算机中的表示

4. 下列叙述中正确的是（　　）。

    A. 一个逻辑数据结构只能有一种存储结构。

    B. 数据的逻辑结构属于线性结构，存储结构属于非线性结构。

    C. 一个逻辑数据结构可以有多种存储结构，且各种存储结构不影响数据处理的效率。

    D. 一个逻辑数据结构可以有多种存储结构，且各种存储结构影响数据处理的效率。

5. 下列关于栈的描述中错误的是（　　　）。

　　A. 栈是先进后出的线性表

　　B. 栈只能顺序存储

　　C. 栈具有记忆作用

　　D. 对栈的插入与删除操作中，不需要改变栈底指针

6. 按照"后进先出"原则组织数据的数据结构是（　　　）。

　　A. 队列　　　　　　B. 栈　　　　　　C. 双向链表　　　　　D. 二叉树

7. 列关于栈的描述正确的是（　　　）。

　　A. 在栈中只能插入元素而不能删除元素。

　　B. 在栈中只能删除元素而不能插入元素。

　　C. 栈是特殊的线性表，只能在一端插入或删除元素。

　　D. 栈是特殊的线性表，只能在一端插入元素，而在另一端删除元素。

8. 下列对于线性链表的描述中正确的是（　　　）。

　　A. 存储空间不一定是连续，且各元素的存储顺序是任意的。

　　B. 存储空间不一定是连续，且前件元素一定存储在后件元素的前面。

　　C. 存储空间必须连续，且前件元素一定存储在后件元素的前面。

　　D. 存储空间必须连续，且各元素的存储顺序是任意的。

9. 下列叙述中正确的是（　　　）。

　　A. 线性链表是线性表的链式存储结构。　　B. 栈与队列是非线性结构。

　　C. 双向链表是非线性结构。　　　　　　　D. 只有根结点的二叉树是线性结构。

10. 在深度为 7 的满二叉树中，叶子结点的个数为（　　　）。

　　A. 32　　　　　　　B. 31　　　　　　　C. 64　　　　　　　　D. 63

11. 对下图 1 所示二叉树进行中序遍历的结果是（　　　）。

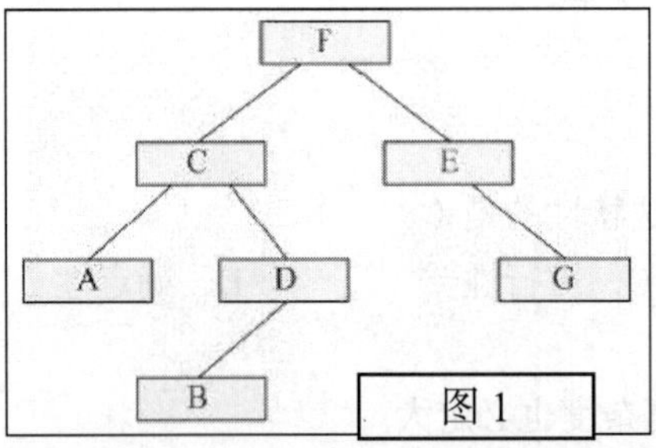

图 1 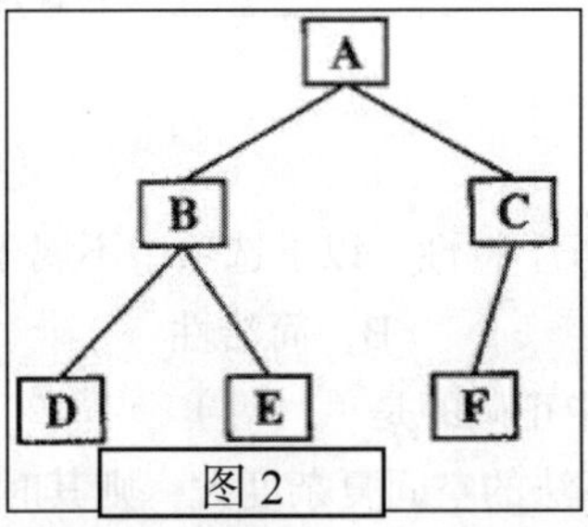　　　　图 2

　　A. ACBDFEG　　B. ACBDFGE　　　C. ABDCGEF　　　　D. FCADBEG

12. 对如上图 2 所示二叉树，进行后序遍历的结果为（　　　）。

　　A. ABCDEF　　　B. DBEAFC　　　　C. ABDECF　　　　D. DEBFCA

13. 在长度为 64 的有序线性表中进行顺序查找，最坏情况下需要比较的次数为（　　　）。

　　A. 63　　　　　　　B. 64　　　　　　　C. 6　　　　　　　　D. 7

14. 下列数据结构中，能用二分法进行查找的是（　　　）。

　　A. 顺序存储的有序线性表　　　　　　　B. 线性链表

　　C. 二叉链表　　　　　　　　　　　　　D. 有序线性链表

15. 对长度为 n 的线性表进行顺序查找，在最坏情况下所需要的比较次数为（　　　）。

　　A. $\log 2n$　　　　　B. $n/2$　　　　　　C. n　　　　　　　D. $n+1$

16. 对于长度为 n 的线性表，在最坏情况下，下列各排序法所对应的比较次数中正确的是
（　　）。

　　A. 冒泡排序为 $n/2$　　　　　　　　B. 冒泡排序为 n

　　C. 快速排序为 n　　　　　　　　　D. 快速排序为 $n(n-1)/2$

二、填空题

1. 算法复杂度主要包括时间复杂度和_____复杂度。

2. 问题处理方案的正确而完整的描述称为_____。

3. 数据结构分为逻辑结构和存储结构，循环队列属于_____结构。

4. 按"先进后出"原则组织数据的数据结构是_____。

5. 数据结构分为线性结构和非线性结构，带链的队列属于_____。

6. 某二叉树中，度为 2 的结点有 18 个，则该二叉树中有_____个叶子结点。

7. 一棵二叉树第 6 层（根结点为第一层）的结点数最多为_____个。

8. 对长度为 10 的线性表进行冒泡排序，最坏情况下需要比较的次数为_____。

第13章
软件开发基础知识

众所周知，硬件和软件是计算机系统的两个组成部分，软件的发展水平依赖于飞速发展的硬件设备，而硬件的性能又靠优秀的软件设计得到充分地发挥，这种相互依存、相互制约的特殊关系，造就了人们在关注硬件发展速度的同时，必须重视软件开发方法的研究。本章将阐述软件开发的基础知识，为培养良好的程序设计习惯打下良好的基础。

13.1　程序设计基础

13.1.1　程序设计方法与风格

就程序设计方法和技术的发展而言，主要经过了结构化程序设计和面向对象的程序设计阶段。

一般来讲。程序设计风格是指编写程序时所表现出的特点、习惯和逻辑思路。程序是由人来编写的，为了测试和维护程序，往往还要调试和跟踪程序，因此程序设计的风格总体而言应该强调清晰，程序必须是可以理解的。

要形成良好的程序设计风格，主要应注重和考虑下述一些因素。

1．源程序文档化

源程序文档化应考虑如下几点。

（1）符号名的命名：符号名的命名应具有一定的实际含义，以便于对程序功能的理解。

（2）程序注释：良好的注释能够帮助读者理解程序。

（3）层次组织：为使程序的结构一目了然，可以在程序中利用空格、空行、缩进等技巧使程序层次清晰。

2．数据说明的方法

在编写程序时，需要注意数据说明的风格，以便使程序中的数据说明更易于理解和维护。一般应注意如下几点。

（1）数据说明的次序规范化鉴于程序理解、调试和维护的需要，使数据说明次序固定，可以使数据的发生容易查找，也有利于测试、排错和维护。

（2）说明语句中变量安排有序化。当一个说明语句说明多个变量时，变量按照字母顺序为好。

（3）使用注释来说明复杂数据的结构。

3．语句的结构

程序应该简单易懂，语句构造应该简单直接，不应该为提高效率而把语句复杂化。一般应注意如下几点：

（1）在一行内只写一条语句；

（2）程序编写应优先考虑清晰性；

（3）除非对效率有特殊要求，程序编写要做清晰第一，效率第二；

（4）首先要保证程序正确，然后才要求提高速度；

（5）避免使用临时变量而使程序的可读性下降；

（6）避免不必要的转移；

（7）尽可能使用库函数；

（8）避免采用复杂的条件语句；

（9）尽量减少使用"否定"条件的条件语句；

（10）数据结构要有利于程序的简化；

（11）要模块化，使模块功能尽可能单一化；

（12）确保每一个模块的独立性；

（13）从数据出发去构造程序；

（14）不要修补不好的程序，要重新编写；

4. 输入和输出

无论是批处理的输入和输出方式，还是交互式的输入和输出方式，在设计和编程时都应该考虑如下原则：

（1）对所有的输入数据都要检验数据的合法性；

（2）检查输入项的各种重要组合的合理性；

（3）输入格式要简单，以使得输入的步骤和操作尽可能简单；

（4）输入数据时，应允许使用自由格式；

（5）应允许缺省值；

（6）输入一批数据时，最好使用输入结束标志；

（7）在以交互式输入/输出方式进行输入时，要在屏幕上使用提示符明确提示输入的请求，同时在数据输入过程中的输入结束时，应在屏幕上给出状态信息；

（8）当程序设计语言对输入格式有严格要求时，应保持输入格式与输入语句的一致性，给所有的输入处加注释，并设计输出报表格式。

13.1.2　结构化程序设计

1. 结构化程序设计的原则

结构化程序设计方法的主要原则可以概括为自顶向下、逐步求精、模块化、限制使用 goto 语句。

（1）自顶向下：程序设计时，应先考虑总体，后考虑细节；先考虑全局目标，后考虑局部目标。不要一开始就过多追求众多的细节，先从最上层总目标开始设计，逐步使问题具体化。

（2）逐步求精：对复杂问题，应设计一些子目标作过渡，逐步细化。

（3）模块化：一个复杂问题，肯定是由若干稍简单的问题构成。模块化是把程序要解决的总目标分解为分目标，再进一步分解为具体的小目标，把每个小目标称为一个模块。

（4）限制使用 goto 语句。

使用 goto 语句经实验证实：

① 滥用 goto 语句确实有害，应尽避免；

② 完全避免使用 goto 语句也并非是个明智的方法，有些地方使用 goto 语句，会使程序流程更清楚、效率更高；

③ 争论的焦点不应该放在是否取消 goto 语句，而应该放在用什么样的程序结构上。

其中最关键的是，肯定以提高程序清晰性为目标的结构化方法。

2. 结构化程序的基本结构与特点

（1）顺序结构：顺序结构是简单的程序设计，它是最基本、最常用的结构，所谓顺序执行，就是按照程序语句行的自然顺序，一条语句一条语句地执行程序。

（2）选择结构：选择结构又称为分支结构，它包括简单选择和多分支选择结构，这种结构可以根据设定的条件，判断应该选择哪一条分支来执行相应的语句序列。

（3）重复结构：重复结构又称为循环结构，它根据给定的条件，判断是否需要重复执行某一相同的或类似的程序段，利用重复结构可简化大量的程序行。分为两类：一是先判断后执行，二是先执行后判断。

优点：一是程序易于理解、使用和维护；二是提高编程工作的效率，降低软件开发成本。

3. 结构化程序设计原则和方法的应用

要注意把握如下要素：

（1）使用程序设计语言中的顺序、选择、循环等有限的控制结构表示程序的控制逻辑；

（2）选用的控制结构只准许有一个入口和一个出口；

（3）程序语句组成容易识别的块，每块只有一个入口和一个出口；

（4）复杂结构应该嵌套的基本控制结构进行组合嵌套来实现；

（5）语言中所没有的控制结构，应该采用前后一致的方法来模拟；

（6）严格控制 goto 语句的使用。

13.1.3　面向对象的程序设计

1. 关于面向对象方法

面向对象方法的本质，就是主张从客观世界固有的事物出发来构造系统，提倡用人类在现实生活中常用的思维方法来认识、理解和描述客观事物，强调最终建立的系统能够映射问题域，也就是说，系统中的对象以及对象之间的关系能够如实地反映问题域中固有事物及其关系。

它的优点如下。

（1）与人类习惯的思维方法一致

面向对象方法和技术以对象为核心。对象是由数据和容许的操作组成的封装体，与客观实体有直接的关系。对象之间通过传递消息互相联系，以模拟现实世界中不同事物彼此之间的联系。

面向对象的设计方法与传统的面向过程的方法有本质不同，这种方法的基本原理：使用现实世界的概念抽象地思考问题从而自然地解决问题。它强调模拟现实世界中的概念而不强调算法，它鼓励开发者在软件开发的绝大部分过程中都用应用领域的要领去思考。

（2）稳定性好

（3）可重用性好

软件重用是指在不同的软件开发过程中重复使用相同或相似软件元素的过程。重用是提高软件生产率的最主要的方法。

（4）易于开发大型软件产品

（5）可维护性好

2．面向对象方法的基本概念

（1）对象（object）

对象是面向对象方法中最基本的概念。对象可以用来表示客观世界中的任何实体，也就是说，应用领域中有意义的、与所要解决的问题有关的任何事物都可以作为对象，它既可以是具体的物理实体的抽象，也可以是人为的概念，或者是任何有明确边界的意义的东西。总之，对象是对问题域中某个实体的抽象，设立某个对象就反映软件系统保存有关它的信息并具有与它进行交互的能力。

面向对象的程序设计方法中涉及的对象是系统中用来描述客观事物的一个实体，是构成系统的一个基本单位，它由一组表示其静态特征的属性和它可执行的一组操作组成。

对象可以做的操作表示它的动态行为，在面向对象分析和面向对象设计中，通常把对象的操作也称为方法或服务。

属性即对象所包含的信息，它在设计对象时确定，一般只能通过挂靠对象的操作来改变。

操作描述了对象执行的功能，若通过消息传递，还可以为其他对象使用。操作的过程对外是封闭的，即用户只能看到这一操作实施后的结果。这相当于事先已经设计好的各种过程，只需要调用就可以了，用户不必去关心这一过程是如何编写的。事实上，这个过程已经封装在对象中，用户也看不到。这一特性即是对象的封装性。

对象有如下一些基本特点。

① 标识唯一性。指对象是可区分的，并且由对象的内在本质来区分，而不是通过描述来区分。

② 分类性。指可以将具有相同属性的操作的对象抽象成类。

③ 多态性。指同一个操作可以是不同对象的行为。

④ 封装性。从外面看只能看到对象的外部特性，即只需知道数据的取值范围和可以对该数据施加的操作，根本无需知道数据的具体结构以及实现操作的算法。对象的内部，即处理能力的实行和内部状态，对外是不可见的。从外面不能直接使用对象的处理能力，也不能直接修改其内部状态，对象的内部状态只能由其自身改变。

⑤ 模块独立性好。对象是面向对象的软件的基本模块，它是由数据及可以对这些数据施加的操作所组成的统一体，而且对象是以数据为中心的，操作围绕对其数据所需做的处理来设置，没有无关的操作，从模块的独立性考虑，对象内部各种元素彼此结合得很紧密，内聚性强。

（2）类（Class）和实例（Instance）

将属性、操作相似的对象归为类，也就是说，类是具有共同属性、共同方法的对象的集合。所以，类是对象的抽象，它描述了属于该对象类型的所有对象的性质，而一个对象则是其对应类的一个实例。

要注意的是，当使用"对象"这个术语时，既可以指一个具体的对象，也可以泛指一般的对象，但是，当使用"实例"这个术语时，必然是指一个具体的对象。

例如：Integer 是一个整数类，它描述了所有整数的性质。因此任何整数都是整数类的对象，而一个具体的整数"123"是类 Integer 的实例。

由类的定义可知，类是关于对象性质的描述，它同对象一样，包括一组数据属性和在数据上的一组合法操作。

（3）消息（Message）

面向对象的世界是通过对象与对象间彼此的相互合作来推动的，对象间的这种相互合作需要一个机制协助进行，这样的机制称为"消息"。消息是一个实例与另一个实例之间传递信息，它请示对象执行某一处理或回答某一要求的信息，它统一了数据流和控制流。消息的使用类似于函数调用，消息中指定了某一个实例，一个操作名和一个参数表（可空）。接收消息的实例执行消息中指定的操作，并将形式参数与参数表中相应的值结合起来。消息传递过程中，由发送消息的对象（发送对象）的触发操作产生输出结果，作为消息传送至接收消息的对象（接收对象），引发接收消息的对象一系列的操作。所传送的消息实质上是接收对象所具有的操作/方法名称，有时还包括相应参数。

消息中只包含传递者的要求，它告诉接收者需要做哪些处理，但并不指示接收者应该怎样完成这些处理。消息完全由接收者解释，接收者独立决定采用什么方式完成所需的处理，发送者对接收者不起任何控制作用。一个对象能够接收不同形式、不同内容的多个消息；相同形式的消息可以送往不同的对象，不同的对象对于形式相同的消息可以有不同的解释，能够做出不同的反映。一个对象可以同时往多个对象传递信息，两个对象也可以同时向某个对象传递消息。

例如，一个汽车对象具有"行驶"这项操作，那么要让汽车以时速 50 公里行驶的话，需传递给汽车对象"行驶"及"时速 50 公里"的消息。

通常，一个消息由下述 3 部分组成：

① 接收消息的对象的名称；

② 消息标识符（也称为消息名）；

③ 零个或多个参数。

（4）继承（Inheritance）

继承是面向对象的方法的一个主要特征。继承是使用已有的类定义作为基础建立新类的定义技术。已有的类可当作基类来引用，则新类相应地可当作派生类来引用。

广义地说，继承是指能够直接获得已有的性质和特征，而不必重复定义它们。

面向对象软件技术的许多强有力的功能和突出的优点，都来源于把类组成一个层次结构的系统：一个类的上层可以有父类，下层可以有子类。这种层次结构系统的一个重要性质是继承性，一个类直接继承其父类的描述（数据和操作）或特性，子类自动地共享基类中定义的数据和方法。

继承具有传递性，如果类 C 继承类 B，类 B 继承类 A，则类 C 继承类 A。因此一个类实际上继承了它上层的全部基类的特性，也就是说，属于某类的对象除了具有该类所定义的特性外，还具有该类上层全部基类定义的特性。

继承分为单继承与多重继承。单继承是指，一个类只允许有一个父类，即类等级为树形结构。多重继承是指，一个类允许有多个父类。多重继承的类可以组合多个父类的性质构成所需要的性质。因此，功能更强，使用更方便；但是，使用多重继承时要注意避免二义性。继承性的优点是，相似的对象可以共享程序代码和数据结构，从而大大减少了程序中的冗余信息，提高软件的可重用性，便于软件个性维护。此外，继承性便利用户在开发新的应用系统时不必完全从零开始，可以继承原有的相似系统的功能或者从类库中选取需要的类，再派生出新的类以实现所需要的功能。

（5）多态性（Polymorphism）

对象根据所接收的消息而做出动作，同样的消息被不同的对象接收时可导致完全不同的行动，该现象称为多态性。在面向对象的软件技术中，多态性是指类对象可以像父类对象那样使用，同样的消息既可以发送给父类对象也可以发送给子类对象。

多态性机制不仅增加了面向对象软件系统的灵活性，进一步减少了信息冗余，而且显著地提高了软件的可重用性和可扩充性。当扩充系统功能增加新的实体类型时，只需派生出与新实体类相应的新的子类，完全无需修改原有的程序代码，甚至不需要重新编译原有的程序。利用多态性，用户能够发送一般形式的消息，而将所有的实现细节都留给接收消息的对象。

13.2　软件工程基础

13.2.1　软件定义

计算机软件：是计算机系统中与硬件相互依存的另一部分，是包括程序、数据及相关文档的完整集合。

相对硬件而言，软件具有下列主要特征。

（1）软件是一种逻辑实体，不是物理实体，具有抽象性。

软件产品的生产虽然也要经过分析、设计、建造和测试几个阶段，但是每个阶段的成果不能够像硬件那样被转换为有形的物品。它是脑力劳动的结晶，程序和文档只是它的外在表现形式，它所实现的功能和性能只有通过程序的执行才能够体现出来。

（2）软件的生产与硬件不同，它没有明显的制作过程。

软件开发与硬件制造的结果都是产品，这是它们的相似之处，但是这两类活动在本质上却有所不同。尽管它们通过良好的设计都可以得到高质量的产品，但是硬件的制造过程会引发质量的问题，而软件的复制过程则不会。硬件产品是可以进行检验的，并有量化指标进行质量度量，而软件产品的质量检验比较困难，量化指标也难以得到，因此它们的管理方式必然存在着较大的差别。

（3）软件在运行、使用期间不存在磨损、老化问题。

软件不像硬件那样会受到环境因素的影响而导致磨损，但它也需要维护。硬件的维护常常采用更换零件的方式，而软件的维护则需要修改代码或增加模块，与硬件维护相比较要复杂得多。

（4）软件的开发、运行对计算机系统有依赖性，受计算机系统的限制，这导致软件移植的问题。

（5）软件复杂性高，成本昂贵。

（6）软件开发涉及诸多的社会因素。

13.2.2　软件危机与软件工程

早在 20 世纪 60 年代中期，硬件已经开始走上了工业化生产的道路，硬件的通用产品也随之形成，但软件开发还停留在"作坊式"的个体化生产模式下。在那个时候，软件都是为了某个特定的目的而特意开发的，规模小、复杂度也不高。随着硬件产品价格的不断降低，计算机的普及率迅速增高，人们在各个领域应用计算机的欲望越来越强烈。急剧膨胀的软件需求与落后的软件生产方式形成了鲜明的对比，这对无可非议的矛盾严重地制约了计算机应用领域的发展进程，随即爆发的"软件危机"。所谓"软件危机"是指在软件开发和维护过程中遇到的一系列难以解决的严重问题。它们主要表现在下面几个方面。

（1）由于软件开发的不可见性，缺乏软件开发的经验及软件开发数据的积累，使得人们对软件开发成本和进度的估计常常很不准确。

（2）由于开发过程没有统一的、公认的方法论和规范的指导，所以若在后期对软件进行修改和功能扩充十分困难，即软件常常是不可维护的。

（3）由于没有将软件质量保证技术应用于软件开发的整个过程，所以软件产品的质量无法得到基本的保证。

（4）在软件开发初期，软件开发人员常常急于进入编程阶段，忽略对问题的细致分析，因而造成技术人员对欲开发系统的理解往往与用户的想法存着一定的偏差，导致相当一部分用户对"已完成的软件"不满意。

（5）软件没有规范的文档。软件不仅仅有程序，还应有一整套文档资料。只有这样才能够使人们了解程序的内部结构，为以后的软件维护提供可能性。

（6）软件成本在计算机系统的总成本中所占的比例呈上升趋势。

（7）软件开发生产率提高的速度远远滞后于计算机应用领域迅速扩展的趋势。

软件危机的出现，向人们提出了一系列问题：如何开发软件？如何维护已有的软件？如何满足人类社会对软件日益增长的需要？要解决这些问题，既要有科学、先进的技术支持，又要有必要的组织管理措施，正是在这种背景下，孕育而生了一门新兴学科——软件工程。

软件工程的主要思想是强调在软件开发过程中需要应用工程化原则，即将软件产品看作是一个工程产品来处理。它应用计算机科学、数学与管理科学等原理，借鉴传统工程的原则和方法，研究如何有计划、高效率、低成本地开发能够在计算机上正确运行的软件，并试图从理论上和技术上提出一整套适合于软件开发的工程方法学。

软件生命周期、软件开发过程模型和软件开发方法学就是软件工程学科中提出的 3 个主要概念。

13.2.3 软件生命周期

软件工程将按照工程化的方法组织和管理软件的开发过程，具体说，它将软件开发过程划分成若干个阶段，每个阶段按照约定的规范标准完成相应的任务。软件的生命周期是指从某个软件的需求被提出并开始着手开发到这个软件最终被废弃的整个过程。它好象一个生命体从孕育、出生、成长到最后消亡。通常在这个过程中，应该包括制定计划、需求分析、系统设计、程序编码、系统测试、系统运行及维护阶段。下面简单介绍一下这几个阶段的主要任务。

1. 制定计划

在正式开始开发软件项目之前，充分地研究、分析待开发项目的最终目标，整理出其功能、性能、可靠性及接口等方面的需求，计算出所需人力、物力的资源开销，推测以后可能获取的经济效益，提供支持该项目的技术能力以及给出开发该项目的工作计划是这个阶段需要完成的主要任务。该阶段结束后，应该提交项目实施计划和可行性研究报告，并等待管理部门的最终审批。

2. 需求分析

这个阶段的任务需要系统分析员与用户共同完成。这是正式进入软件开发的标志性阶段。其主要任务是对待开发的软件项目的需求进行仔细分析，并给出准确、详细的定义。在此基础上，划清系统边界，明确哪些需求由软件系统完成，哪些需求不属于软件系统的功能范畴等。该阶段结束后，应该提交软件需求规格说明书，并等待评审、备案。

3. 系统设计

系统设计是整个软件项目开发的核心阶段，它主要由系统设计员承担。在这个阶段中，软件设计人员需要根据软件需求规格说明书，设计出系统的总体结构，进行模块划分，并确定各模块的相互关系以及所应该完成的具体任务。如果说需求分析阶段主要的任务是确定目标系统应该"做什么"，那么系统设计阶段的主要任务将是确定目标系统应该"如何做"。

4．程序编码

程序编码阶段是将软件设计的成果转化为软件产品的阶段。其主要任务是利用某一种程序设计语言将系统设计阶段所描述的所有内容用计算机可以接受的程序形式表达出来，并将其组装、调试。编写结构化好、清晰易读、与设计一致的代码是衡量这个阶段工作质量的基本标准。

5．系统测试

系统测试的目的是找出程序中存在的错误，其主要方法是利用设计的测试用例从不同角度检测软件的各个组成部分。测试主要包括单元测试、集成测试和确认测试，使用的测试方式主要有白盒测试和黑盒测试。白盒测试侧重检测程序的逻辑结构，而黑盒测试侧重于检测程序的功能和接口。这个阶段的工作对于保证软件产品质量，降低出现程序运行错误频率起着至关重要的作用。

6．系统运行及维护

通过测试后，软件就进入运行阶段。这一阶段可能是软件生命周期中持续最长的一段时间。大家都清楚，系统测试阶段的任务是尽可能多地找出程序中存在的错误，但并不能保证通过测试的软件就一定不存在任何错误，因此，在运行期间，可能会出现各种意想不到的异常现象，这就需要软件维护人员及时找出问题所在，并给予修正。除此之外，由于软件运行环境的改变，可能需要对原有软件系统进行适当的调整，这些都属于软件维护阶段的工作范畴。软件的维护质量往往决定了软件的生命力。

软件工程强调，在软件生命周期中，每个阶段都要有明确的任务，并按照规范产生一定的文档，以便作为下一个阶段工作的基础，至于上述 6 个阶段如何完成预定的任务，彼此之间如何衔接将取决于所采用的软件开发过程模型。

13.2.4　软件开发过程模型

软件开发过程模型是指软件开发全过程、活动和任务的结构框架，它能够清楚、直观地表达软件开发的全过程，明确各阶段所需要完成的具体任务，并对开发过程起到指导和规范化的作用。至今为止，出现过很多种类的软件开发模型，其中，比较有代表性的有瀑布模型、演化模型、喷泉模型、螺旋模型、原型开发模型和基于构件的开发模型。

瀑布模型是 1970 年提出的。它将软件开发过程划分为系统需求、软件需求、系统分析、系统设计、编写代码、系统测试、运行维护 7 个阶段，并规定按照自上而下的顺序实施各个阶段的任务，前一个阶段的成果将作为后一个阶段的输入。整个开发过程形如瀑布流水，宣泄直下。但这种开发模型是建立在每一个阶段的工作都是完全正确的基础上的。显而易见，这是很难实现的前提条件，一旦发现存在问题，难免要回头纠正前面所做的工作，为此往往需要付出很大的代价。

演化模型是一种更加具有实际意义的开发模型。从事软件开发的人员都知道，让用户一次性地将所有的需求都讲解清楚几乎是一件不可能的事情。由于用户在提交需求说明时难免会有遗漏，加之软件开发人员对有些问题会存在理解上的偏差，最终提交给用户的软件系统很难得到满意的效果。演化模型将可以最大限度地避免这种尴尬局面的出现。它不要求用户在开发系统之前，必须将全部的需求提交出来，而是只提出系统核心需求，开发者最初只实现核心需求，并交给用户试用，以便等到及时、有效的反馈意见，细化、增强系统功能的补充需求说明，软件开发人员再根据用户的反馈，对先前的系统进行二次开发，即迭代一次。与初次开发一样，同样需要经过需求分析、系统设计、编写代码和系统测试等一系列过程。如果用户试用后还不满意，就继续进行第三次开发，每一次重新开发的结果都会更加逼近用户的最终需求。实际上，这种开发模型体现了一个软件产品从不成熟到成熟的演化过程，其主要特点是减少了软件开发过程的盲目性。

喷泉模型体现了软件开发过程所固有的迭代和无"间隙"的特征，它将软件开发过程的各个阶段描述为相互重叠和多次反复的过程，就好像泉水由泉眼喷出后又回落的场景，这种开发模型主要用于支持面向对象的开发过程。

原型开发模型是一种比较容易被人接受的软件开发方式。所谓原型即为"样品"，其开发过程是首先根据用户提出来的基本需求，借助程序自动生成工具或软件工程支撑环境，尽快地构造一个能够反映用户基本需求的、可见的简化版模拟系统作为"样品"，供开发人员和用户进行交流。原型开发模型将软件开发分为需求分析、构造原型、运行原型、评价原型和修改原型几个阶段，并不断重复这个过程，直到用户满意为止。

13.2.5 软件开发方法学

软件开发过程模型规定了软件生命周期中各阶段任务的组织方式。要确保软件产品，还需要选择适当的软件开发方法以指导各阶段任务的实施策略。结构化就是一种比较成熟的软件开发方法。用结构化思想指导软件开发的全过程就形成了结构化分析（SA）、结构化设计（SD）和结构化程序设计（SP）。

结构化分析方法将数据流作为分析问题的切入点，把程序运行的过程看成是将输入数据经过某些变换得到输出数据的过程，并采用数据流图（DFD）将这种数据变换过程加以详尽地描述。

结构化设计方法将根据系统功能的划分将数据流映射成软件系统结构。结构化的软件系统应该具有很强的模块化。所谓模块化是指将一个较复杂的问题分解成一个个相对独立、功能简单的模块，并将这些模块按照"自顶向下"、"逐步求精"的原则组织起来的过程。

结构化程序设计是指采用"自顶向下"、"逐步求精"的策略，以模块作为程序的基本单位，在每个模块中只使用顺序结构、分支结构和循环结构的语句描述操作过程的编程方式。

本章小结

本章介绍了程序设计基础和软件工程基础知识，程序设计基础知识部分旨在培养程序设计人员良好的程序设计风格和程序设计习惯，软件工程基础知识部分介绍软件开发的基本流程和基本方法，是进行软件开发所应遵循的规则和要求，读者应掌握并能熟练地运用。

习题 13

一、选择题

1. 结构化程序设计主要强调的是（　　）。
   A. 程序的规模　　B. 程序的易读性　　C. 程序的执行效率　　D. 程序的可移植性
2. 对建立良好的程序设计风格，下列描述正确的是（　　）。
   A. 程序应简单、清晰、可读性好。　　　　B. 符号名的命名只要符合语法。

C. 充分考虑程序的执行效率。　　　　D. 程序的注释可有可无。

3. 在面向对象方法中，一个对象请求另一个对象为其服务的方式是通过发送（　　）。

　　A. 调用语句　　　B. 命令　　　　　C. 口令　　　　　D. 消息

4. 下面描述中，符合结构化程序设计风格的是（　　）。

　　A. 使用顺序、选择和重复（循环）3 种基本控制结构表示程序的控制逻辑

　　B. 模块只有一个入口，可以有多个出口

　　C. 注重提高程序的执行效率

　　D. 不使用 goto 语句

5. 下面概念中，不属于面向对象方法的是（　　）。

　　A. 对象　　　　　B. 继承　　　　　C. 类　　　　　　D. 过程调用

6. 面向对象的设计方法与传统的的面向过程的方法有本质不同，它的基本原理是（　　）。

　　A. 模拟现实世界中不同事物之间的联系

　　B. 强调模拟现实世界中的算法而不强调概念

　　C. 使用现实世界的概念抽象地思考问题从而自然地解决问题

　　D. 鼓励开发者在软件开发的绝大部分中都用实际领域的概念去思考

7. 在软件生命周期中，能准确地确定软件系统必须做什么和必须具备哪些功能的阶段是（　　）。

　　A. 概要设计　　　B. 详细设计　　　C. 可行性分析　　D. 需求分析

8. 下面不属于软件工程的 3 个要素的是（　　）。

　　A. 工具　　　　　B. 过程　　　　　C. 方法　　　　　D. 环境

9. 在结构化方法中，软件功能分解属于下列软件开发中的阶段是（　　）。

　　A. 详细设计　　　B. 需求分析　　　C. 总体设计　　　D. 编程调试

10. 软件开发的结构化生命周期方法将软件生命周期划分成（　　）。

　　A. 定义、开发、运行维护　　　　B. 设计阶段、编程阶段、测试阶段

　　C. 总体设计、详细设计、编程调试　　D. 需求分析、功能定义、系统设计

11. 检查软件产品是否符合需求定义的过程为（　　）。

　　A. 确认测试　　　B. 集成测试　　　C. 系统测试　　　D. 单元测试

12. 软件调试的目的是（　　）。

　　A. 发现错误　　　B. 改正错误　　　C. 改善软件的性能　　D. 挖掘软件的潜能

13. 软件需求分析阶段的工作，可以分为 4 个方面：需求获取，需求分析，编写需求规格说明书，以及（　　）。

　　A. 阶段性报告　　B. 需求评审　　　C. 总结　　　　　D. 都不正确

14. 在软件开发中，下面任务不属于设计阶段的是（　　）。

　　A. 数据结构设计　　　　　　　　B. 给出系统模块结构

　　C. 定义模块算法　　　　　　　　D. 定义需求并建立系统模型

15. 下列不属于软件调试技术的是（　　）。

　　A. 强行排错法　　B. 集成测试法　　C. 回溯法　　　　D. 原因排除法

16. 下列叙述中，不属于软件需求规格说明书的作用的是（　　）。

　　A. 便于用户、开发人员进行理解和交流。

　　B. 反映出用户问题的结构，可以作为软件开发工作的基础和依据。

C. 作为确认测试和验收的依据。

D. 便于开发人员进行需求分析。

17. 软件设计包括软件的结构、数据接口和过程设计，其中软件的过程设计是指（　　　）。

A. 模块间的关系 　　　　　　　　B. 系统结构部件转换成软件的过程描述

C. 软件层次结构 　　　　　　　　D. 软件开发过程

18. 需求分析阶段的任务是确定（　　　）。

A. 软件开发方法 　　　　　　　　B. 软件开发工具

C. 软件开发费用 　　　　　　　　D. 软件系统功能

19. 在软件工程中，白箱测试法可用于测试程序的内部结构。此方法将程序看做是（　　　）。

A. 循环的集合　　　B. 地址的集合　　　　C. 路径的集合　　　　D. 目标的集合

20. 为了提高测试的效率，应该（　　　）。

A. 随机选取测试数据

B. 取一切可能的输入数据作为测试数据

C. 在完成编码以后制定软件的测试计划

D. 集中对付那些错误群集的程序

二. 填空题

1. 结构化程序设计的 3 种基本逻辑结构为顺序、选择和_____。

2. 源程序文档化要求程序应加注释。注释一般分为序言性注释和_____。

3. 在面向对象方法中，信息隐蔽是通过对象的_____性来实现的。

4. 类是一个支持集成的抽象数据类型，而对象是类的_____。

5. 在面向对象方法中，类之间共享属性和操作的机制称为_____。

6. 结构化程序设计方法的主要原则可以概括为_____、_____、_____和_____。

7. 软件是程序、数据和_____的集合。

8. 软件工程研究的内容主要包括_____技术和软件工程管理。

9. 软件开发环境是全面支持软件开发全过程的_____集合。

10. 若按功能划分，软件测试的方法通常分为_____测试方法和_____测试方法。

11. 软件的调试方法主要有：_____、_____和_____。

12. 软件的需求分析阶段的工作，可以概括为 4 个方面：_____、_____、_____和_____。

13. 耦合和内聚是评价模块独立性的两个主要标准，其中_____反映了模块内各成分之间的联系。

附录 I

ASCII 字符编码一览表

ASCII 值	字 符	【控制字符】	ASCII 值	字 符	ASCII 值	字符	ASCII 值	字 符
000		[NUL]	032	(space)	064	@	096	
001		[SOH]	033	!	065	A	097	a
002		[STX]	034	"	066	B	098	b
003		[ETX]	035	#	067	C	099	c
004		[EOT]	036	$	068	D	100	d
005		[END]	037	%	069	E	101	e
006		[ACK]	038	&	070	F	102	f
007		[BEL]	039		071	G	103	j
008		[BS]	040	(	072	H	104	h
009		[HY]	041	)	073	I	105	i
010		[LF]	042	*	074	J	106	g
011	♂	[VT]	043		075	K	107	k
012	♀	[FF]	044		076	L	108	l
013		[CR]	045		077	M	109	m
014		[SO]	046	.	078	N	110	n
015		[SI]	047	//	079	O	111	o
016		[DLE]	048	0	080	P	112	p
017		[DC1]	049	1	081	Q	113	q
018		[DC2]	050	2	082	R	114	r
019		[DC3]	051	3	083	S	115	s
020		[DC4]	052	4	084	T	116	t
021		[NAK]	053	5	085	U	117	u
022		[SYN]	054	6	086	V	118	v
023		[ETB]	055	7	087	W	119	w
024		[CAN]	056	8	088	X	120	x
025		[EM]	057	9	089	Y	121	y
026	→	[SUB]	058	:	090	Z	122	z
027	←	[ESC]	059	:	091	[	123	{
028		[FS]	060	<	092	\	124		
029		[GS]	061		093	]	125	}
030	▲	[RS]	062	>	094	^	126	~
031	▼	[US]	063	?	095	-I4	127	

优先级	名　称	运　算　符	结合方向	举　例
1	圆括号	()	自左至右	(3+x)/2
	数组下标	[]		array[2]
	指针引用			spointer->member
	成员引用	.		svariable.member
2	逻辑非	!	自右至左	!(x>3)
	按位求反	~		~x
	自增			
	自减			
	负			-3
	正			4
	类型强制转换	（类型）		(int)(3.5/4)
	取内容	*		x=*pi
	取地址	&		pi=&x
	求字节数	sizeof		sizeof(double)
3	乘	*	自左至右	3*4
	除	/		x/y
	取余	%		15%6
4	加		自左至右	3+4
	减			
5	左移	<<		a<<2
	右移	>>		b>>2
6	小于	<	自左至右	x<3
	大于	>		10>x
	小于等于	<=		y<=2
	大于等于	>=		x>=y
7	等于	==	自左至右	x==y
	不等于	!=		x!=y

优　先　级	名　　称	运　算　符	结　合　方　向	举　例
8	按位与	&	自左至右	3&5
9	按位异或	^	自左至右	3^5
10	按位或	|	自左至右	3|5
11	逻辑与	&&	自左至右	(x>5)&&(y==0)
12	逻辑或	||	自左至右	(x>5)||(y==1)
13	条件表达式	?:	自左至右	(x>y)?(x:y)
14	赋值	=	自右至左	x=3 x<operator>=y 相当于 x=x<operator>(y) x*=y+3 相当于 x=x*(y+3)
15	逗号	,	自左至右	x=3,y+x

1. alloc.h 动态地址分配函数

函 数 原 型	功 能 说 明
int brk(void *addr);	改变数据段存储空间的分配
void *calloc(size_t nitems,size_t size);	分配主存储器
void free(void *block);	释放分配的内存块
void *malloc(size_t size);	分配主存
void *realloc(void *block,size_t size);	重分主存
void *(sbrk(int incr);	改变数据段存储空间的分配
void far *(farcalloc(unsigned long nunits,unsigned long unisz);	从远堆栈中分配的内存块
unsigned long farcoredleft(void);	返回远堆栈中未使用的存储器大小
void farfree(void far *block);	释放远堆栈中未分配的内存块
void far *farmalloc(unsigned long nbytes);	从远堆栈中分配内存
void far *farmalloc(void far * oldblock,unsigned long nbyetes);	调整远堆栈中的已分配块

2. bios.h ROM 基本输入/输出函数

函 数 原 型	功 能 说 明
int bioscom(int cmd,char abyte,int porr);	I/O 通信
int biosdisk(int cmd,int drive,int head,int track,int sector, int nsects, void *butter);	硬盘/软盘 I/O 通信
int biosequip(void);	检查设备
int bioskey(int cmd);	键盘接口
int biosmemory(void);	返回存储器大小（单位/kB）
int biosprint(int cmd,int abyte,int port);	打印机 I/O
long biostime(int cmd,long mewtime);	返回一天的时间

3. conio.h 字符屏幕操作函数

函 数 原 型	功 能 说 明
void clreol(void);	清除正文窗口的内容直到行末
void clrscr(void);	清除正文模式窗口
void deling(void);	删除正文窗口中的光标所在行

续表

函 数 原 型	功 能 说 明
int gettext(int left,int top,int right,int bottom,void *destin);	复制正文屏幕上的正文到存储器
void gettextinfo)stuct text_info *r);	取正文模式显示信息
void gotoxy(int x,int y);	在正文窗口内定位光标
void highvideo(void);	选择高密度的正文字符
void insline(void);	在正文窗口内插入一空行
void lowvideo(void);	选择低密度的正文字符
int movetext(int left,int top,int right,int bottom,int destleft, int desttop);	将指定区域的正文移到另一处
void normvideo(void);	选择标准密度的正文字符
int puttex(int left,int top,int right,int bottom,void *source);	从存储器复制正文倒屏幕上
void textattr(intnewattr);	设置正文属性
void textbackgroud(int newcolor);	选择正文背景颜色
void textmode(int newcolor);	选择正文字符颜色
void textmode(int mewmode);	设置屏幕为正文模式
int wherex(void);	给出窗口的水平光标位置
int wherey(void);	给出窗口的垂直光标位置
void window(int left,int top,int right,int bottom);	定义正文模式窗口
char *cgets(char *str);	从控制台读字符串
int cprintf(const format,...);	送至屏幕的格式化输出
int cputs(const char *su);	与一字符串到屏幕,并返回最后一个字符
int cscanf(const char *format,...);	从键盘接收一个格式字符串
int getch(void);	从键盘接收一个字符,并无回显
int getche(void);	从键盘接收一个字符,并回显在屏幕上
char *getpass(const char *prompt);	读口令
int kbhit(void);	检查当前按键是否有效
int putch(int c);	输出字符到屏幕并返回显示的字符
int ungetch(int ch);	退一个字符键盘缓存

4. ctype.h 字符操作函数

函数原型或宏定义	功 能 说 明
#define isalnum(c)c_ctype[(c)+1]&(_is_dig|_is_upp|is__low))	判断字符是否为字母或数字
#define isalpha(c)(_ctype[(c)+1]&(_is_upp|_is_low))	判别字符是否为字母
#define isascii(c)((unsigned)(c)<128)	判别字符的 ASCII 码是否属于 0 ~ 127
#define iscntrl(c)(_ctype[(c)+1]&_is_ctl)	判别字符算法为删除字符或普通控制字符
#define isdigit(c)(_ctype[(c)+1]&_is_dig)	判别字符是否为十六进制数
#define isgraph(c)((c)>ox21&&.(c)<=ox7e)	判别字符是否为空格符以外的可打印字符
#define islower(c)(_ctype[(c)+1]&_is_low)	判别字符是否为小写字母
#define isprint(c)((c)>=ox20&&.(c)<=ox7e)	判别字符是否为可打印字符

函数原型或宏定义	功 能 说 明
#define isputct(c)(_ctype[(c)+1]&_is_pun)	判别字符是否为标点符号
#define isspace(c)(_ctype[(c)+1]&_is_sp)	判别字符是否为空格、制表、回车、换车符
#define isupper(c)(_ctype[(c)+1]&_is_upp)	判别字符是否为大写字母
#define isxdigit(c)(_ctype[(c)+1]&_is_dig|_is_hex))	判别字符是否为数字
#define _toupper(c)((c)+'A'-'a')	把字符转换为大写字母
#define _tolower(c)((c)+'a'-'A')	把字符转换为小写字母
#define isapha(c)((c)&ox7f)	把字符转换为 ASCII 码
int tolower(int ch);	把字符转换为小写字母
int toupper(int ch);	把字符转换为大写字母

5. dir.h 目录操作函数

函数原型或宏定义	功 能 说 明
int chdir(const char *path);	改变工作目录
int findfirst(const char *path, Struct ffblk *ffblk,int attrib);	搜索磁盘目录
int findnext(struct ffblk *ffblk);	匹配 findfirst 的文件
void fnmerge(char *path,const char *drive, Const char *dir,char *name,const char *ext);	建立新文件名
int fnsplit(const char *path, char * drive, char *dir, char *name, char *ext);	把 path 所指文件名分解成其各分量
int getcurdir(int drive, char *directory);	从指定驱动器取当前目录
char *getcwd(char *buf,int buflen);	取当前工作目录
int getdisk(void);	取当前磁盘驱动器号
int mkdir(const char *path);	建目录
char *mktemp(char *temlplate);	建立一个唯一的文件名
int rmdir(const char *path);	删除一个目录
char *searchpath (const char *file);	搜索 DOS 路径
int setdisk(int drive);	设置当前磁盘驱动器

6. Dos.h DOS 接口函数

函数原型或宏定义	功 能 说 明
int absread(int drive,int nsects,int lsect,void *buf);	对磁盘的无条件读
int abswrite(int drive,int nsects,int lsect,void *buf);	对磁盘的无条件写
int allocmem(unsigned size,unsigned *segp);	使用 DOS 调用 0*48 分配按节排列的内存块
int bdos(int dosfun,void *argument,Unsigned dosal);	MS_DOS 系统调用
int bdosptr(int dosfun,void argument, Unsigned dosal)	MS_DOS 系统调用
struct country * country(int xcode,struct country *cp)	设置与国家有关的项目
void ctrlbtk(int(*handler)(void));	设置 control_break 处理程序
void delay(unsigned milliseconds);	将程序的执行暂停 milliseconds 毫秒

函数原型或宏定义	功 能 说 明
void disable(void);	屏蔽除 NMI（不可屏蔽中断）外的所有中断
int dosexterr(struct DOSERROR *eblkp);	取 DOS 调用的扩展错误信息
void _emit_();	把文字值直接插入到源程序中
void enable(void);	开放中断
int fremem(unsigned segx);	释放内存分配块
int getcbrk(void);	调用 0*33，取 control-break 检测的设置
void getdate(struct date *datep);	将 DOS 形式的当前日期写进结构 datep 中
void getfree(unsigned char drive,steuct *dfree　table)	取磁盘自由空间
void getfat(unsigned char drive,steuct *fatinfo　table)	从指定驱动器的文件分配表读取有关信息
void getfatd(struct fatinto *dtable)	作用同上，只是使用默认驱动器
unsigned getpsp(void)	返回程序段前缀（PSP）的段地址
void gettime(struct time *timep);	将 DOS 形式的当前时间写进结构 timep 中
void interrupt(*getvect(int interruptno))();	返回指定的中断服务程序的地址
intgetverify(void);	返回 DOS 的确认标志的状态
void harder(int(*handler)());	允许用自己的错误处理替代 DOS 默认处理
void hardresume(int axret);	退出自己的错误处理程序，并返回 DOS
void hardretn(int retn)	同上
int import(int portid) unsigned char importb(int portid)	返回从指定读入的字的值
int int86(int intno,union REGS*inregs, Union REGS*outregs);	执行指定的软件中断
int int 86*(int intno,union REGS*inregs, Union REGS*outregs,struct REGS*segregs);	作用同上，但返回值不同
int intdos(unnion　REGS*inregs, Union REGS*outregs);	访问指定的 DOS 系统调用
int intdosx(unnion　REGS*inregs,union REGS*outregs,struct SREGS*segregs);	改变软中断接口，执行 0*31 中断，程序运行中止但驻留内存
void nosound(void);	关闭 PC 扬声器
void outport(int portid,unsigned char value);	输出一个字节到硬件端口
char *parsfnm(const char*cmdline, struct fcb*fcb,int opt);	分析 cmdline 所指字符串以找到一个文件
int peek(unsigned segment,unsigned offset);	返回 segment:offset 内存位置处的字
char peekb(unsigned segment,unsigned offset);	返回 segment:offset 内存位置处的字节
void poke(unsigned segment,unsigned offset, int value);	存整数值到 segment:offset 所指的存储单元
char pokeb(unsigned segment,unsigned offset, char value);	存字节值到 segment:offset 所指的存储单元
int randbrd(struct fcb*fcb,intrcnt);	读随机块
int randbwr(struct fcb*fcb,intrcnt);	写随机块
void segread(struct SREGS*segp);	读断寄存器
int setblock(unsigned segx,unsigned newsize);	修改先前已分配的 DOS 存储块大小
int setcbrk(int cbrkvalue);	调用打开或关闭中断控制检测

函数原型或宏定义	功 能 说 明
void setdate(struct date *datep);	调用系统日期
void settime(struct time *timep);	调用系统时间
void setvect(int interruptno, void intrrupt(*isr)());	设置中断响应入口
voidsetverify(int value);	设置 DOS 校验标志的状态
void sleep(unsigned seconds);	将执行挂起一段时间
void sound(unsigned frequency);	以指定频率打开 PC 扬声器
void unixtodos(long time,struct date *d, struct time *t);	把日期和时间从 UNIX 格式转换成 DOS 格式
int unlink(condt char *path);	删除有指定的文件
char far *getdta(void);	取磁盘地址
void setdta(char far *dta);	设置磁盘传输地址
#define MK_FP(seg,ofs)((void far*)\((unsigned long)(seg)<<16)|(unsigned)(ofs)))	根据 seg:ofs 建立一个远指针

7. float.h 定义从属于环境工具的浮点值函数

函数原型或宏定义	功 能 说 明
unsigned int_clear87(void);	清除浮点状态字
unsigned int_contro187(unsigned int new,unsigned int mask);	取得或改变浮点控制字
void_fpreset(void);	重新初始化浮点数学包
unsigned int_status87(void);	取浮点状态字

8. graphics.h 图形函数

函数原型或宏定义	功 能 说 明
void far arc(int x,int y,int srangle,int endangle,　　int radius);	以指定圆心、半径、起止角画圆弧
void far bar(int left,int top,int right,int bottom);	画一个二维条形图
void far bar3d(int left,int top,int tright, int bottomm,int depth,int topflag);	画一个三维条形图
void far circle(int x,int y,int radius);	以指定圆心和半径画圆
void far cleardevice(void);	清除图形屏幕
void far fillellipse (int x,int y,int xradius,int yradius);	用当前颜色画一实心椭圆
void far clearviewport(void);	清除当前视口
void far closegraph(void);	关闭图形系统，释放图形系统所占存储区
void far detectgraph(int far*graphdriver,　　　　　　int far graphmode);	通过检测硬件确定图形驱动程序和模式
void far drawpoly(it numpoits,int far*polypoints);	画一多边形轮廓线
void far ellipse(int x,int y,int stangle,int envangle,int xradius,int yradius);	画指定中心起止角和长短轴的椭圆弧
void far fillpoly(int numpoints,int far*polypoints);	用当前颜色画一填充多边形
void far floodfill(int x,int y,int border);	填充一有界区域

函数原型或宏定义	功 能 说 明
void far getarccoords(struct arccoordstype far*arccoords);	取得最后一次调用 arc 的坐标
void far geraspectatio(int far*xasp,int far*yasp);	返回当前图形模式的纵横比
int far getbkcolor(void);	取得当前背景色
int far getcolor(void);	取得当前画图颜色
struct palettetype*far getdefaultpalette(void);	返回调色板定义结构
char *far getdrivername(void);	返回包含当前图形驱动程序名字符串指针
void far getfillpattern(char far*pattern);	将用户定义的填充模式复制到内存
void far getfillsettings(struct fillsettigstype far*fillinfo);	取得有关当前填充模式和填充颜色的信息
int far getgraphmode(void);	返回当前图形模式
void far getimage(int left,int top,int right, int bottom,void far*bitmap);	将指定区域的位图像存到主存储区取得当
void far getlinesettings(struct linesettingstype far*lineinfo);	前线型、模式和宽度
int far getmaxcolor(void);	返回可以传给函数 setcolor 的最大颜色值
int far getmaxmode(void);	返回当前驱动程序的最大模式号
int far getmaxx(void);	返回屏幕的最大 X 坐标
int far getmaxy(void);	返回屏幕的最大 Y 坐标
char *far getmodename (int mode_number);	返回含有指定图形模式名的字符串指针
void far getmoderange(int graphdriver, int far*lomode,int far*himode);	返回给定图形驱动程序的模式范围
unsigned far getpixcl(int x,int y),	返回指定像素的颜色
void far getpalette(struct palettetype far*palette);	返回有关当前调色板的信息
int far getpalettesze(void);	返回调色板颜色查找的大小
void far gettextsettings(struct textsettingstype far*texttypeinfo);	返回当前图形文本字体的信息
void far getviewsettings struct viewporttype far*viewport);	返回有关当前窗口的信息
int far getx(void);	返回当前图形的位置地 X 坐标
int far gety(void);	返回当前图形位置的 Y 坐标
void far graphdefaylts(void);	将所有图形设置复位为他们的默认值
char *far grapherrormsg(int errorcode);	返回一个错误信息串的指针
void far_graphresult(void far*ptr,unsigned size);	用户可修改的图形存储区释放函数
void far* far_graphresult(unsignedsize);	用户可修改的图形存储区分配函数
int far graphresult(void);	返回最后一次不成功的图形操作错误码
unsigned far imagesize(int left,int top,int right, int bottom);	返回保存位图所需的字节数
void far initgraph(int far*graphdriver, int far*graphmode,char far*pathtodriver);	初始化图形系统
int far installuserdriver(char far*name, int huge(*detect)(void));	将新增设备驱动程序安装到 BGI 设备列表中
int far installuserfront(vhar far*name);	安装未嵌入 BGI 系统的字体文件(.chr)
void far line(int x1,int y1,int x2,int y2);	在指定的两点画线
void far linerel(int dx,int dy);	从当前点开始用增量 (x,y) 画一直线

续表

函数原型或宏定义	功 能 说 明
void far lineto(int x,int y);	从当前到给定点（x,y）画一直线
void far moverel(int dx,int dy);	将当前位置（CP）移动一相对距离
void far moveto(int x,int y);	将当前位置（CP）移动到绝对坐标（x,y）处
void far outtext(char far*texttring);	在当前视口显示一个字符串
void far outtextxy(int x,int y,char far*textstring);	在指定位置显示一个字符串
void far pieslice(int x,int y,int stangle, int endangle,int radius);	绘制并填充一个扇形
void far putimage(int left,int top,void far*bitmap,int op);	以指定位置为左上角点显示一个位图像
void far putpixel(int x,int y,int color);	在指定位置画一像素
void far rectangle(int left,int top,int right,int bottom);	用当前线型和颜色画一矩形
int registerbgidriver(void(*driver)(void));	装入并注册一个图形驱动程序代码
int registerbgifont(void*(font)(void));	登陆连接到系统的矢量字模码
void far restorecrtmode(void);	将屏幕方式恢复到先前设置的方式
void far sector(int X,int Y,int StAngle, int EndAngle,int XRadius,int YRadius);	画并填充椭圆扇区
void far setactivepage(int page);	设置图形输出活动页
void far setallpalette(struct palettetype far*palete);	按指定方式改变所有的调色板颜色
void far setaspectratio(int xasp,int yasp);	设置图形纵横比
void far setbkcolor(int color);	用调色板设置当前背景色
void far setcolor(int color);	设置当前画线颜色
void far setfillpattern(vhar far*upattern,it color);	选择用户定义的填充模式
void far setfillstyle(int pattern,int color);	设置填充模式和颜色
unsigned far setgraphbufsize(unsigned bufsize);	改变内部图形缓冲区的大小
void far setgraphmode(int mode);	将系统设置成图形模式并清屏
void far selinestyle (int linestyle ,unsigned upattern ,int thickeness);	设置当前画线宽度和类型
void far setrgbpalette (int colornum,int red,int green ,int blue);	允许用户定义 IBM8514 图形卡的颜色
void far settextjustify (int horiz,int vert);	为图形函数设置文本的对齐方式
void far settexstyle (int font ,int direction, int charsize);	为图形输出设置当前的文本属性
void far setusercharsize (int multx, int divx ,int multy ,intdivy);	为矢量字体改变字符宽度和高度
void far setviewport (int left,int top,int right ,int bottom,int clip);	为图形输出设置当前视口
void far setvisulpage (int page);	设置可见图形页号
void far setwritemode (int mode);	设置图形方式下画线的输出模式
int far textheight (char far*textstring);	返回以像素为单位的字符串高度

9. mem.h 内存操作函数

函 数 原 型	功 能 说 明
void * memccpy (void *dest ,const void * src ,int c ,unsigned n);	从源 src 中复制 n 个字节到目标 dest 中
void * memchr (const void * s,int c ,unsigned n);	在 s 所指的块前 n 个字节中搜索字符 c

续表

函 数 原 型	功 能 说 明
int memcmp (const void *dest,const void *s2,unsigned n);	比较两个块的前 n 个字节
void *memcpy (void *dest ,const void *src,unsigned n);	从源 src 中复制 n 个字节到目标 dest 中
int memicmp(const void *s1,const void *s2,unsigned n);	比较 s1 和 s2 的前 n 个字符,忽略大小写
void *memmove (void *dest,const void *src,unsigned n);	从源 src 中复制 n 个字节到目标 dest 中
void *memset (void *s,int c ,unsigned n);	设置内存块中的 n 个字节为 c
void movedata (unsigned srcseg ,unsigned sroff,	从源地址 srcseg :srcoff 复制 n 个字节
unsigned dstseg,unsigned dstoff,unsigned n);	到目标地址 destseg:destoff 中
void movmem (void *src ,void *dest,unsigned length);	从 src 移动一个 length 字节的块到 dest 中
void setmem (void *dest ,unsigned length ,char value	将 dest 指定的 length 块设置为值 value

10. math.h 数学函数

函 数 原 型	功 能 说 明
int abs (int x);	求 x 的功能
double acos (double x);	反余弦三角函数
double asin (double x);	反正弦三角函数
double atan (double x);	反正切三角函数
double atan2(double y,double x);	反正切三角函数
double atof (const char *s);	字符串到浮点数的转换
double ceil (double x);	上舍入,求不小于 r 的最小整数
double cos(double x)	余弦函数
double cosh (double x);	双曲余弦函数
double exp (double x);	指数函数
double fab (double x);	双精数度数绝对值
double floor (double x);	下舍入,求不大于 x 的最大整数
double fmod (double x,double y)	取模运算,求 x/y 的余数
double frexp(double x,int *exponent)	把双精度数分成尾数的指数
double hypot (double x,double y)	计算直角三角形的斜边长
long labs (long x);	长整形绝对值
double log (double x);	自然对数函数
double log10(double x);	以 10 为底的对数函数
int matterr (struct exception *e);	用户可修改的数字出错处理函数
double modf (double x,double *ipart);	把双精度数分成整数和小数
double poly (double x,int degree ,double coeff[]);	根据 coeff[]参数产生并计算一个多项式
double pow (double x,double y);	指数函数,x 的 y 次幂
double pow10(int p);	指数函数,10 的 p 次幂
double sin (double x);	正弦函数
double sinh (double x);	双曲正弦函数

续表

函 数 原 型	功 能 说 明
double sqrt (double x);	平方根函数
double tan (double x);	正切函数
double tanh (double x);	双曲正切函数

11. stdio.h 以流为基础的 I/O 函数

函 数 原 型	功 能 说 明
void clearer(FILE *stream);	复位错误标志，将指定流的错误等标志复位
int fclose(FILE *stream);	关闭被命名的数据流
int fflush(FILE * stream);	清除一个流
int fgetc(FILE *stream);	返回命名输入流上的下一个字符
int fgetpos(FILE *stream,fpos_t *pos);	取得当前文件指针
char *fgets(char *s,int n,FILW *stream);	从流中读取一个字符串
FILE *fopen(const char *path,const char *format,...);	打开文件，并使其与一个流相连
int fprintf(FILE *stream,const char *format,...);	传送格式化输出到一个流中
int fputc(intc,FILE *stream);	送一个字符 c 到指定流 stream 上
int fputs(const chat*s,FILE *stream);	送一个字符串 s 到指定流 stream 上
int fread(void *ptr,int size,int count,FILE *stream);	从指定输入流中读数据
FILE * freopen(const char *path,const char *mode,FILW *stream);	将一个新文件与一个流相连
int fscanf(FILE *stream, const char *format,...);	从一个流中执行格式化输入
int fseek(FILE *stream,long offset,int whence);	重定位流上的文件指针
int fsetpos(FILE *stream,const fpos_t *pos);	设置与流相联的文件指针到新的位置
long ftell(FILE *stream);	返回当前文件的指针
int fwrite(const void *ptr,int size,int count,FILE *stream);	将 n 个长度均为 size 字节的数据添加到流
char *gets(char *s);	从流中取一字符串
void perror(const char *s)	打印系统错误信息
int printf(const char * format,...);	产生格式化的输出到标准输出设备
int puts(const char *s);	送一字符串到流中
int rename(const char *oldname,const char *newname);	重命名文件
void rewind(FILE *stream);	重定位流
int scanf(const char *format,...);	从标准输入流中格式化输入
void setbuf(FILE *stream, char *buf);	把缓冲区与流相连
int setvbuf(FILE *stream, char *buf,int type,int size);	把缓冲区与流相连
int sprintf(char *buffer,const char *format,...);	把指定 format 格式输出到字符串 buffer 中
int sscanf(const char *buffer,const char *format,...);	扫描字符串 buffer，并格式化输入
char *strerror(int errnum);	返回指向错误信息字符串的指针
FILE *tmpfile(void);	以二进制方式打开暂存文件
char *tmpnam(char *s);	创建一个独立的文件名，作为临时文件名

续表

函 数 原 型	功 能 说 明
int ungetc(int c,FILE *stream);	把一个字符退回到输入流中
int fcloseall(void)	关闭打开的所有流
FILE *fdopen(int handle,char *type);	把流与一个文件句柄相连
int fgetchar(void)	从标准输入流中读取字符
int flushall(void)	清除所有流
int fputchar(int c);	送一个字符到标准输出流（stdout）中
int getc(FILE *stream);	从流 stream 的当前位置读取一个字符
int getw(FILE *stream);	从流中取一整数
int putc(int ch,FILE *stream);	将字符 ch 写到流 stream 中去
int putw(int w,FILE *stream);	将指定流 stream 输出整型数 w
char *_strerror(const char *s);	建立用户定义的错误信息
int unlink(const char *path);	删除由 path 指定的文件
#define ferror(f)((f)->flags&_F_ERR)	检测流上的错误
#define feof(f)((f)->flags&_F_EOR)	检测流上的文件结束符
#define fileno(f)((f)->fd)	返回指定流的文件句柄
#define remove(path) unlink(path)	删除由 path 指定的文件
#define getchar() getc(stdin)	从 stdin 流中读字符
#define putchar(c)put((c),stdout)	在 stdout 上输出字符

12. stdlib.h 其他函数

函数原型或宏定义	功 能 说 明
void abort(void);	异常终止一个程序
int abs(int x);	返回整型数的绝对值
int atexit(atixit_t func);	注册终止函数
double atof(const cahr*s);	字符串到浮点数的转换
int atoi(const char *s);	字符串到浮点数的转换
long atol(const char *s);	字符串到浮点数的转换
void *bsearch(const void *key,const void *base,int *nelem,int width,int(*fcmp)(/*const void *,const void * */));	数组的二分法搜索
void * calloc(unsigned nitems,unsigned size);	分配主存储器
div_t div(int numer,int denom);	将两个整数相除，返回商和余数
void exit(int status);	终止程序
char *getenv(const char *name);	从环境中取一字符串
long labs (long x);	返回长整型的绝对值
ldiv_tl div(long number,long denom);	将两个长整型相除，返回商和余数
void *malloc(unsigned size);	从存储堆分配一长为 size 字节的块
void qsort (void *base ,size_t width,int (*fcmp)(/*const void *,const void * */));	使用快速排序例程进行排序

续表

函数原型或宏定义	功 能 说 明
int rand(void);	随机数发生器
void *realloc(void *block,size_t size);	重新分配主存
void srand(unsigned seed);	初始化随机数发生器
souble strtod(constchar *s,char * *endptr);	将字符串装换为 double 型值
long strtol(const char *s,char * *endptr,int radix);	将字符串转换为 long int 型值
unsigned long strtoul(const char * s,char * *endptr, int radix);	将字符串转换为给定制 unsigned long 值
int system(const char *command);	执行由 command 给定的 DOS 命令
#define max(a,b)(((a)>(b))? (a):(b))	返回两个数中的较大者
#define min(a,b)(((a)>(b))? (a):(b))	返回两个数中的较小者
#define random(num) (rand()%(num))	返回一个从 0 到 num-1 的随机数
#define randomize()srand((unsigned)time(NULL))	初始化随机数发生器
char *ecvt(double value,int ndig,int *dec,int *sign);	把一个浮点数转换成字符串
void_exit (int status);	终止程序
char *fcvt(double value ,int ndig,int *dec,int *sign);	把一个浮点数转换成字符串
char *gcvt(double value,int ndec,char *bufhar *s,int x);	把一个浮点数转换成字符串
char *strrev(char *s);	将串中的字符顺序逆转
char *strset(char *s,int ch);	将一个串中的所有字符都设置为指定字符
int strspn(const char *s1,const char * s2);	在串中查找指定字符串的第一次出现
char *strstr(const char * s1,const char * s2);	在串中查找指定字符串的第一次出现
char *strtok(char *s1,const char *s2);	查找由第二个串中指定的分界符隔开的单词
char *strupr(char *s);	在串中的小写字母转换成大写字母

13. string.h 字符串函数

函 数 原 型	功 能 说 明
void *memchr(const void *s,int c,size_t n);	在字符串的前部搜集字符 c 首次出现的位置
int memcmp(const void *s1,const void *s2,size_t n);	比较字符串的前 n 个字符
void *memcpy(void *dest,const void *srx,size_t n);	将字符串的前 n 个字符复制到数组中(不允许重叠)
void *memmove(void *dest,const void *src,size_t n);	将字符串的前 n 个字符复制到数组中
void *memset(void *s,int c,size_t n);	将字符复制到字符串的前 n 个字符中
char *strcat(char *dest,const char *src);	连接字符串
char *strchr(const char *s,int c);	在字符串中查找某字符第一次出现的位置
int strcmp(const char *s1,const char *s2);	比较字符串
char *strcpy(char *dest,const char *src);	复制字符串
size_t strlen(const char *s);	统计字符串中字符的个数
char *strncat(char *dest,const char *src,size_t maxlen);	将 maxlen 个字符连接到字符串,并以 NULL 结尾
int strncmp(const char *s1,const char *s2,size_t maxlen);	比较字符串中前 maxlen 个字符
char *strncpy(char *dest,const char *src,size_t maxlen);	将 maxlen 个字符复制到字符串

函 数 原 型	功 能 说 明
char *strnset(char *s,int ch,size_t n);	将字符 ch 复制到字符串的前 *n* 个字符中
char *strset(char *s,int ch);	将字符串中的全部字符都变为字符 ch
char *strstr(const char * s1,const char * s2);	寻找子字符串在字符串中首次出现的位置

14.　time.h 系统时间函数

函 数 原 型	功 能 说 明
char *asctime(const struct tm *tblock);	转换日期和时间为 ASCII 码
clock_t clock(void);	确定处理器时间
char *ctime(const time_t,*time);	转换日期和时间为字符串
double difftime (time_t time2,time_t time1);	计算两个时刻之间的时间差
struct tm *gmtime(const time_t *timer);	将日期和时间变为格林威尔时间（GMT）
struct tm *localtime(const time_t *timer);	将日期和时间变为结构
int stime(time_t *tp);	设置系统日期和时间
time_t time(time_t *timer);	取一天的时间
void tzset(void);	设置全局变量 daylight,timezone,tzname

附录 Ⅳ
编译错误指南

下面将初学者在学习和使用 C 语言时容易犯的错误列举出来，以起到提醒作用。这些错误在以前各章中大多已提到，为了便于查阅，在此集中列举，供初学者参考。

（1）忘记定义变量。

如：

```
main()
{ x=3;
  y=4;
  printf("%d\n",x+y) ;
}
```

（2）输入/输出的数据的类型与所用格式说明符不一致。

如：

```
main()
{ int a=3;
  float b=4.5;
  printf("%f%d\n",a ,b);
}
```

（3）未注意 int 型数据的数值范围，使得到的结果与设计的结果完全不同。

（4）输入变量时忘记使用地址符。

如：

```
scanf("%d%d",a,b);
```

（5）输入时数据的组织与要求不符。

（6）误把"="作为"等于"比较符。

"="在 C 语言中是赋值运算符，而"等于"是关系运算符，用"=="来表示。

（7）语句后面漏了分号。

分号是 C 语言语句不可缺少的一部分，每条语句后面必须有分号。

（8）在不该加分号的地方加了分号。

如：

```
if(a>b);
printf("a is larger than b\n");
```

本意为当 a>b 时输出"a is larger than b"的信息，此处在 if(a>b)后面加了分号，则结果就会出现错误。

（9）对应该有花括弧的复合语句，忘记加花括弧。

复合语句是一个整体，要么都执行，要么都不执行，如果忘记了花括弧，就不构成复合语句，则结果也会与设计的不同。

（10）括弧不配对。

当一个语句中使用多层括弧时常出现这类错误，如：

```
while((c=getchar()!='#')
putchar(c);
```

此处的 while((c=getchar()!='#') 后面少了一个右括弧。

（11）在用标识符时，忘记了大小写字母的区别。C 语言是区分大小写字母的，出现这种情况，在编译时系统会把它们认为是两个不同的标识符。

（12）引用数组元素时误用了圆括弧。

（13）在使用数组元素时，元素的下标越界。经常把定义时的"元素个数"误认为是"可使用的最大下标值"。

（14）误以为数组名代表数组中全部元素。

如：

```
main()
 { int a[4]={1,3,5,7};
   printf("%d%d%d%d\n",a);
 }
```

在此，企图用数组名代表全部元素。在 C 语言中，数组名代表数组首地址，不能通过数组名输出全部数组元素。

（15）混淆字符数组与字符指针的区别。

如：

```
main()
{ char str[4];
  str="Comuter and C";
  printf("%s\n",str);
}
```

编译出错，str 是数组名，代表数组首地址，在编译时对 str 数组分配了一段内存单元，因此在程序运行期间 str 是一个常量，不能再被赋值。因此，str="Comuter and C" 是错误的。如果把"char str[4];"改成"char *str;"，则程序正确。

（16）在引用指针变量前没有对它赋予确定的值。

如：

```
main()
{ char *p;
  scanf("%s",p);
}
```

（17）switch 语句的各分支中漏写 break 语句。

（18）混淆字符和字符串的表示形式。

C语言中，字符是用单引号括起来的，而字符串是用双引号括起来的。

（19）所调用的函数在调用语句之后定义，而又在调用前未加说明。

（20）误认为形参值的改变会影响实参的值。

（21）没有注意函数参数的求值顺序。导致结果与设计的不同。

（22）混淆结构体类型与结构体变量的区别，对一个结构体类型进行赋值。

（23）使用文件时忘记打开，或打开方式与使用情况不匹配。

以上只是列举了一些初学者常出现的错误，这些错误大多是对C语法不熟悉导致的。对C语言使用多了，比较熟练了，犯这些错误自然就会减少了。在深入使用C语言后，还会出现其他一些更深入、更隐蔽的错误。

程序出错有3种情况。

（1）语法错误。指违背了C语法的规定，对这类错误，编译程序一般能给出"出错信息"，并且告诉你在哪一行出错，只要细心，是可以很快发现并排除的。

（2）逻辑错误。程序并无违背语法规则，但程序执行结果与原意不符。这是由于程序设计人员设计的算法有错误或编写程序时有错误。

（3）运行错误。程序既无语法错误，也无逻辑错误，但在运行时出现错误甚至停止运行。